Chemie heute SII

Lösungsheft 1–3

Schroedel

Chemie heute – Sekundarbereich II

Lösungsheft

Bearbeitet von:
Rosemarie Förster, Chemnitz
Dieter Matthé, Dresden
Dr. Sebastian Musli, Osnabrück
Jens Rickers, Ludwigsburg
Eva-Maria Zausch, Berlin
Dr. Cosima Kuhl, Münster
Steffen Menze, Lippstadt
Martin Paech, Weipoltshausen
Claas Riedel, Großerkmannsdorf

Bildquellenverzeichnis:
Arbeitsheft 1: 38.1 Hans Tegen, Hambühren; 48.1 akg images, Berlin.
Arbeitsheft 2: 7.1a: picture alliance; 7.1b: Science Photo Library/Agentur Focus, Hamburg; 20.1: Manfred Simper, Wennigsen; 20.2: Stills online Bildagentur, Hamburg; 53.1: Jens Rickers, Ludwigsburg; 52.1: SPL Garry Watson/Agentur Focus, Hamburg; 52.2 Hans Tegen, Hambühren; 52.3: Volkmar Schultz/keystone, Hamburg; 52.4: Minkus Images, Hannover; 52.5: vario images; 52.6: Stills online Bildagentur, Hamburg; 52.7: Werbefotografie Weiss GmbH, Gersthofen.
Arbeitsheft 3: 9.1: SSPL/Science Museum, 39.2: Volkmar Schulz/keystone, Hamburg; 44.1: Berkefeld GmbH, Celle.

Druck A^4 / Jahr 2013
Alle Drucke der Serie A sind im Unterricht parallel verwendbar.

Redaktion: Dr. Mario Puchner
Grafik: Birgitt Biermann-Schickling, Karin Mall, Claas Riedel, Günther Schlierf, Uwe Wiegand, Dr. Winfried Zemann
Satz: Druckhaus „Thomas Müntzer“ GmbH, Bad Langensalza
Druck und Bindung: westermann druck GmbH, Braunschweig

ISBN 978-3-507-**10661**-1

Hinweise zum Umgang mit den Arbeitheften

Die Arbeitshefte 1 bis 3 stellen eine Ergänzung des Chemieunterrichts in der Sekundarstufe II dar und bieten eine Auswahl von Aufgaben und Arbeitsblättern für den Grund- und Leistungskurs. Thematisch wurde folgende Aufteilung vorgenommen:

Arbeitsheft 1 (ISBN 978-3-507-10659-8):
Atombau – chemische Bindung,
Komplexchemie,
Geschwindigkeit chemischer Reaktionen und chemisches Gleichgewicht,
Energie bei chemischen Reaktionen

Arbeitsheft 2 (ISBN 978-3-507-10660-4):
Säure/Base-Reaktionen,
Redoxreaktionen und Elektrochemie,
Strukturaufklärung

Arbeitsheft 3 (ISBN 978-3-507-10662-8):
Kohlenwasserstoffe,
Organische Sauerstoff-Verbindungen,
Chemie am Menschen (Kunststoffe, Farbstoffe, Waschmittel und Tenside),
Chemie im Menschen (Nährstoffe, Arzneimittel)

Die zahlreichen Arbeitsblätter eröffnen vielfältige Möglichkeiten, das Interesse der Schülerinnen und Schüler zu wecken und ihre Kenntnisse zu vertiefen. Jedes Kapitel wird mit einem auffälligen Deckblatt eingeleitet. Einige Arbeitsblätter eignen sich auch zur Durchführung und Auswertung von Schülerexperimenten. Am Ende eines Kapitels erfolgt eine Zusammenfassung der neuen Inhalte im Basiswissen. Zur Wissenssicherung und zur Kompetenzförderung sind auf den Trainingsseiten ein Schnelltest, eine zu vervollständigende Map sowie materialgebundene Klausuraufgaben enthalten. Am Ende eines jeden Arbeitshefts werden den Schülerinnen und Schülern Beispielaufgaben für die schriftliche Abiturprüfung angeboten. Die Aufgaben beziehen sich auf die in den Arbeitsheften jeweils vorangehenden Kapitel und enthalten Anforderungsbereiche, Erwartungshorizont und Lösungen zur Selbstkontrolle.

Die Arbeitshefte können sowohl im Unterricht als auch zuhause eingesetzt werden. Für eine Bearbeitung im Unterricht und zur Vorbereitung sind zahlreiche Arbeitsblätter und Lösungen auch auf der CD-ROM Chemie heute S II interaktiv (ISBN 978-3-507-10670-3) hinterlegt.

Inhaltsverzeichnis Arbeitsheft 1

Themenfeld I: Atombau – chemische Bindung

Deckblatt: Atombau – chemische Bindung ... 5
Arbeitsblatt: Energieniveauschema – Elektronenkonfiguration 6
Arbeitsblatt: Quantenzahlen und Orbitale 7
Arbeitsblatt: Ionenbindung – salzartige Stoffe .. 8
Arbeitsblatt: LEWIS-Formeln und Elektronenpaarabstoßungs-Modell 9
Arbeitsblatt: Molekülorbitale – Hybridisierung... 10
Arbeitsblatt: Zwischenmolekuare Bindungen ... 11
Basiswissen: Atombau – chemische Bindung ... 12
Training: Schnelltest 13
Training: Übungsklausur 14

Themenfeld II: Komplexchemie

Deckblatt: Komplexchemie 15
Arbeitsblatt: Aufbau und Nomenklatur von Komplexverbindungen 16
Arbeitsblatt: Nomenklatur von Komplexverbindungen 17
Arbeitsblatt: Chemische Bindung in Komplexverbindungen (I) 18
Arbeitsblatt: Chemische Bindung in Komplexverbindungen (II) 19
Arbeitsblatt: Ligandenaustausch – Stabilität von Komplexen 20
Arbeitsblatt: Löslichkeit von Komplexverbindungen 21
Praktikum: Eigenschaften von Komplexverbindungen 22
Praktikum: Nachweis von Eisen(III)-Ionen und Kupfer (II)-Ionen 23
Praktikum: Komplexbildungsreaktionen auf Filtrierpapier 24
Arbeitsblatt: Chelatkomplexe im Labor 25
Arbeitsblatt: Komplexe in Natur und Technik ... 26
Praktikum: Komplexometrische Wasserhärtebestimmung 27
Basiswissen: Komplexchemie 28
Training: Schnelltest 29
Training: Übungsklausur 30

Inhaltsverzeichnis Arbeitsheft 1

Themenfeld III: Geschwindigkeit chemischer Reaktionen und chemisches Gleichgewicht

Deckblatt: Geschwindigkeit chemischer Reaktionen und chemisches Gleichgewicht 31
Praktikum: Die Reaktionsgeschwindigkeit 32
Arbeitsblatt: Reaktionsgeschwindigkeit und Stoßtheorie 33
Praktikum: Reaktionsgeschwindigkeit und Zerteilungsgrad 34
Arbeitsblatt: Der Katalysator – ein Phänomen .. 35
Arbeitsblatt: Homogene Katalyse und heterogene Katalyse 36
Arbeitsblatt: Das Massenwirkungsgesetz 37
Arbeitsblatt: Anwendung des Massenwirkungsgesetzes auf das Estergleichgewicht 38
Arbeitsblatt: Prinzip von LE CHATELIER 39
Arbeitsblatt: Die Lage des Gleichgewichts – ein Spiel 40
Arbeitsblatt: Gasgleichgewichte 41
Arbeitsblatt: Fällungsreaktionen – Löslichkeitsprodukt 42
Praktikum: Abhängigkeit der Löslichkeit 43
Basiswissen: Geschwindigkeit chemischer Reaktionen und chemisches Gleichgewicht 44
Training: Schnelltest 45
Training: Übungsklausur 46

Themenfeld IV: Energie bei chemischen Reaktionen

Deckblatt: Energie bei chemischen Reaktionen 47
Arbeitsblatt: Energieerhaltungssatz 48
Praktikum: Kalorimetrische Bestimmungen molarer Reaktionsenthalpien 49
Praktikum: Kalorimetrische Bestimmung von Reaktionsenthalpien 50
Praktikum: Bestimmung molaren Neutralisationsenthalpien 51
Arbeitsblatt: Volumenarbeit bei chemischen Reaktionen 52
Praktikum: Brennwertbestimmung bei Lebensmitteln 53
Arbeitsblatt: Satz von HESS.................. 54
Arbeitsblatt: Molare Reaktionsenthalpie und molare Reaktionsenergie 55
Arbeitsblatt: Spontane Reaktionen und Unordnung – Entropie 56
Arbeitsblatt: Freie Enthalpie – Triebkraft chemischer Reaktion 57
Basiswissen: Energie bei chemischen Reaktionen 58
Training: Schnelltest 59
Training: Übungsklausur 60

Atombau – chemische Bindung

1. Ergänzen Sie die fehlenden Begriffe.

Schalenmodell

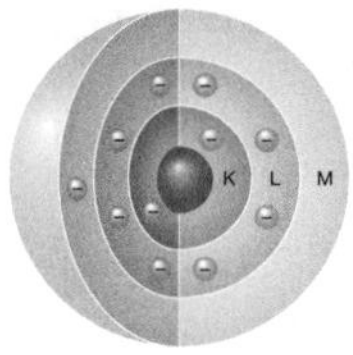

Natrium-Atom (Na):

Atomkern
11 p^+
12 n

Atomhülle
K-Schale: 2 e^-
L-Schale: 8 e^-
M-Schale: 1 e^-

Atomkern:

– besteht aus **positiv** geladenen Protonen und **Neutronen**.

– enthält fast die gesamte **Masse** des Atoms.

Atomhülle:

– besteht aus **Elektronen**.

– die Außenelektronen **auf der äußeren Schale**.

Orbitalmodell

Ein Orbital ist **ein Bereich, in dem sich ein Elektron mit einer bestimmten Wahrscheinlichkeit aufhält.**

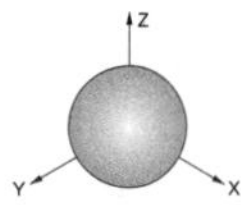

s-Orbital

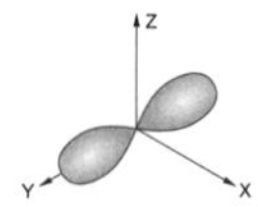

p_y-Orbital

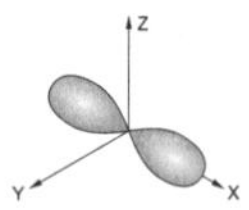

p_x-Orbital

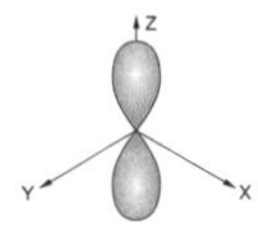

p_z-Orbital

2. Vervollständigen Sie untenstehende Tabelle.

Metalle	Molekülverbindungen	**Ionenverbindungen**
Metallbindung	**Elektronenpaarbindung**	Ionenbindung
Magnesium: **Mg**	Stickstoff: **N_2**	**Natriumchlorid**: NaCl
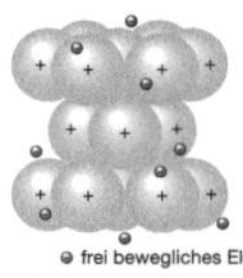	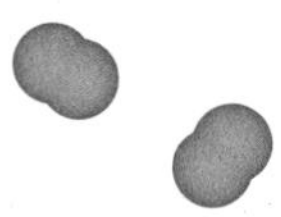	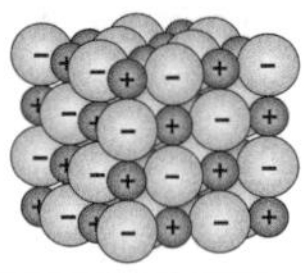

Arbeitsblatt

Energieniveauschema – Elektronenkonfiguration

1. Erläutern Sie den Aufbau des Calcium-Atoms auf der Basis des Schalenmodells.

20 Elektronen; 20 Protonen; 20 Neutronen; 2 Außenelektronen; 4 besetzte Schalen; Schalenbesetzung: K 2; L 8; M 8; N 2 Elektronen

2. Nennen Sie die Formel für die Berechnung der maximalen Besetzung der Schalen und vervollständigen Sie die Tabelle.

$z = 2\,n^2$

Schale	K	L	M	N
maximale Anzahl der Elektronen *z*	**2**	**8**	**18**	**32**

3. Beschriften Sie das Energieniveauschema und ergänzen Sie die folgende Tabelle.

Unterniveau	s	p	d	f
Anzahl der Unterniveaus	**1**	**3**	**5**	**7**
Anzahl der Elektronen	**2**	**6**	**10**	**14**

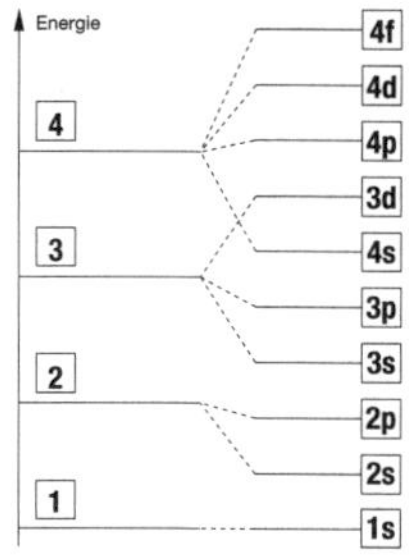

4. Ergänzen Sie die Angaben in der Schreibweise für die Elektronenkonfiguration.

$1s^2$

- **Hauptniveau**
- **Anzahl der Elektronen**
- **Unterniveau**

5. Formulieren Sie die Regeln für die Besetzung der Unterniveaus mit Elektronen.

Energiearme Zustände werden zuerst besetzt. Energiegleiche Orbitale werden zunächst einfach besetzt (HUNDsche Regel). Jedes Orbital kann maximal 2 Elektronen mit unterschiedlichem Spin aufnehmen (PAULI-Prinzip).

6. Geben Sie die Reihenfolge an, in der die Unterniveaus besetzt werden und vergleichen Sie diese mit der Stellung der Elemente im Periodensystem.

In der 1. Periode wird das s-Niveau besetzt, ab der 2. das p-Niveau, ab der 3. das d-Niveau und ab der 4. das d-Niveau. In der 1. und 2. Hauptgruppe werden die s-Niveaus aufgefüllt, von der 3. bis 8. die p-Niveaus, in den Nebengruppen die d-Niveaus und bei den Lanthanoiden die f-Niveaus.

Quantenzahlen und Orbitale

Arbeitsblatt

1. Geben Sie den Zusammenhang zwischen den vier Quantenzahlen und den Orbitalen an. Vervollständigen Sie die Tabelle.

Hauptquantenzahl *n*: **gibt das Hauptniveau an**

Nebenquantenzahl *ℓ*: **gibt das Unterniveau an**

Magnetquantenzahl *m*: **beschreibt Aufspaltung im Magnetfeld**

Spinquantenzahl *s*: **gibt Eigenrotation des Elektrons an**

n	Schale	$2\,n^2$	*ℓ*	Orbital	*m*	Anzahl der Orbitale	Anzahl der Elektronen pro Orbital
1	K	1	0	1s	0	1	2
2	**L**	8	0 1	**2s** **2p**	**0** **−1, 0, +1**	**1** **3**	**2** **6**
3	**M**	**18**	**0** **1** **2**	**3s** **3p** **3d**	**0** **−1, 0, +1** **−2, −1, 0, +1, +2**	**1** **3** **5**	**2** **6** **10**
4	**N**	**32**	**0** **1** **2** **3**	**4s** **4p** **4d** **4f**	**0** **−1, 0, +1** **−2, −1, 0, +1, +2** **−3, …, 0, … +3**	**1** **3** **5** **7**	**2** **6** **10** **14**

2. a) **${}_{9}F$: Elektronenkonfiguration: $1s^2\,2s^2\,2p^5$**
Quantenzahlen: $n = 2$; $l = 1$, $m = 0$, $s = -\frac{1}{2}$

${}_{19}K$: Elektronenkonfiguration: $1s^2\,2s^2\,2p^6\,3s^2\,3p^6\,4s^1$
Quantenzahlen: $n = 4$; $l = 0$, $m = 0$, $s = +\frac{1}{2}$

${}_{34}Se$: Elektronenkonfiguration: $1s^2\,2s^2\,2p^6\,3s^2\,3p^6\,4s^2\,3d^{10}\,4p^4$
Quantenzahlen: $n = 4$; $l = 1$, $m = -1$, $s = -\frac{1}{2}$

b) **${}_{24}Cr$: tatsächliche Elektronenkonfiguration: [Ar] $4s^1\,3d^5$**
erwartete Elektronenkonfiguration; [Ar] $4s^2\,3d^4$

${}_{29}Cu$: tatsächliche Elektronenkonfiguration: [Ar] $4s^1\,3d^{10}$
erwartete Elektronenkonfiguration; [Ar] $4s^2\,3d^9$
Bei Chrom ist das d-Orbital mit 5 Elektronen halbbesetzt, bei Kupfer mit 10 Elektronen das Orbital vollbesetzt. Vollbesetzte und halbvollbesetzte Orbitale sind energetisch günstiger.

c) **$n = 5$ und $l = 2$: 5d-Orbital**
$m = -2$: La oder Os
$s = -\frac{1}{2}$: 2. Elektron im Orbital: Os
Os: [Xe] $6s^2\,4f^{14}\,5d^6$

Arbeitsblatt

Ionenbindung – salzartige Stoffe

1. Salzartige Stoffe entstehen aus Metallen und Nichtmetallen.
a) Erklären Sie, warum Metalle bevorzugt Kationen und Nichtmetalle Anionen bilden.

Metall-Atome haben wenige Außenelektronen. Durch Abgabe von Elektronen erreichen sie eine Edelgaskonfiguration. Nichtmetall-Atome erreichen durch Elektronenaufnahme eine stabile Elektronenkonfiguration.

b) Erläutern Sie, warum Stoffe mit Ionenbindung entstehen.

Aufgrund der hohen Elektronegativitätsunterschiede bilden sich Ionenverbindungen.

2. Erklären Sie mit Hilfe der Struktur die folgenden Eigenschaften salzartiger Stoffe:
a) Festigkeit, hohe Schmelztemperatur und hohe Siedetemperatur

Ionengitter ist sehr stabil, die Gitterenergie ist hoch. Sie muss aufgewendet werden, um die Ionen aus dem Gitter heraus zu lösen, so dass sie beweglich werden.

b) Gute Wasserlöslichkeit, elektrische Leitfähigkeit in wässrigen Lösungen.

Dipolmoleküle des Wassers lagern sich an den Kanten des Ionengitters an und lösen Ionen aus dem Gitter heraus. Das Gitter wird zerstört; Ionen werden von Wasser-Molekülen umgeben und können sich in der Lösung frei bewegen.

3. Beim Lösen von Salzen in Wasser entstehen hydratisierte Ionen. Geben Sie für die folgenden Stoffe die Dissoziationsgleichungen an: Natriumsulfat, Aluminiumchlorid, Magnesiumhydroxid, Calciumnitrat, Lithiumhydroxid, Kaliumphosphat, Natriumcarbonat, Eisen(III)-hydrogensulfat, Kaliumpermanganat.

$Na_2SO_4\,(aq) \longrightarrow 2\,Na^+\,(aq) + SO_4^{2-}\,(aq)$

$AlCl_3\,(aq) \longrightarrow Al^{3+}\,(aq) + 3\,Cl^-\,(aq)$

$Mg(OH)_2\,(aq) \longrightarrow Mg^{2+}\,(aq) + 2\,OH^-\,(aq)$

$Ca(NO_3)_2\,(aq) \longrightarrow Ca^{2+}\,(aq) + 2\,NO_3^-\,(aq)$

$LiOH\,(aq) \longrightarrow Li^+\,(aq) + OH^-\,(aq)$

$K_3PO_4\,(aq) \longrightarrow 3\,K^+\,(aq) + PO_4^{3-}\,(aq)$

$Na_2CO_3\,aq) \longrightarrow 2\,Na^+\,(aq) + CO_3^{2-}\,(aq)$

$Fe(HSO_4)_3\,(aq) \longrightarrow Fe^{3+}\,(aq) + 3\,HSO_4^-\,(aq)$

$KMnO_4\,(aq) \longrightarrow K^+\,(aq) + MnO_4^-\,(aq)$

LEWIS-Formeln und Elektronenpaarabstoßungs-Modell

Arbeitsblatt

Die Bindung zwischen Nichtmetall-Atomen beruht auf der Bildung gemeinsamer Elektronenpaare. Dabei entstehen Moleküle mit unpolarer oder mit polarer Elektronenpaarbindung.

1. In LEWIS-Formeln werden Elektronenpaare durch Striche, einzelne Elektronen durch Punkte dargestellt.
a) Geben Sie die Aussage der Oktettregel wieder:

Für Atome in Verbindungen ist die Summe der freien und der Bindungselektronen meist acht.

b) Vervollständigen Sie die Tabelle zur Aufstellung von LEWIS-Formeln.

Schritt	Beispiel: NH_3	Beispiel: CN^-
1. Summe der Außenelektronen für alle Atome bestimmen	$5 + 3 \cdot 1 = 8$	$4 + 6 = 10$
2. Anzahl der bis zum Oktett fehlenden Elektronen berechnen	$8 + 3 \cdot 2 = 14$	$8 + 8 = 16$
3. Anzahl gemeinsamer Elektronenpaare bestimmen	$14 - 8 = 6 \Rightarrow$ 3 Paare	$16 - 10 = 6 \Rightarrow$ 3 Paare
4. Anzahl der freien Elektronen zum Oktett ergänzen	$8 - 6 = 2$	$10 - 6 = 4$
5. LEWIS-Formeln aufstellen		

2. Bei vielen Molekülen tritt zwischen zwei Atomen eine polare Elektronenpaarbindung auf. Ob ein Molekül ein Dipol ist, hängt von der räumlichen Struktur ab. Geben Sie für die untenstehenden Moleküle die LEWIS-Formel an und markieren Sie die Bereiche mit positiver beziehungsweise negativer Teilladung (δ+, δ–). Geben Sie an, ob ein Dipol-Molekül vorliegt.

Stickstoff (N_2) |N≡N|	Bromwasserstoff (HBr) δ^+ H–Br δ^-	Tetrachlormethan (CCl_4) C mit vier |Cl|
Wasser (H_2O) δ– O, δ+ H, H δ+	Chlorethan (CH_3CH_2Cl) H–C–C–Cl mit je zwei H	Wasserstoff (H_2) H–H
Methan (CH_4) H–C–H mit H oben und unten	Kohlenstoffdioxid (CO_2) δ– δ+ δ– O=C=O	Schwefeldioxid (SO_2) δ^+ S, δ^- O, O δ^-

Molekülorbitale – Hybridisierung

Arbeitsblatt

Ausgehend vom Orbitalmodell stellt man sich ein bindendes Elektronenpaar als die Überlappung zweier einfach besetzter Atomorbitale vor. Es entsteht ein sogenanntes Molekülorbital.

1. Geben Sie für das H-Atom die Elektronenkonfiguration in Kästchenschreibweise an. Skizzieren Sie die Bindung im H_2-Molekül und geben Sie den Namen der Bindung an.

H-Atom: **$1s^1$** [↑]

H_2-Molekül: σ-Bindung

H–H

2. Ein Kohlenstoff-Atom geht in der Regel vier Elektronenpaarbindungen ein. Im Grundzustand besitzt es jedoch nur zwei einfach besetzte p-Orbitale. Das Bindungsverhalten ist so nicht erklärbar. Daher erweitert man die Modellvorstellung um das Konzept der Hybridisierung. Durch Anregung eines 2s-Elektrons erreicht das Kohlenstoff-Atom eine Elektronenverteilung mit vier einfach besetzten Orbitalen.
a) Ergänzen Sie in untenstehendem Schema die fehlenden Kästchen und Pfeile. Berücksichtigen Sie dabei die relative Lage der Hybridorbitale.

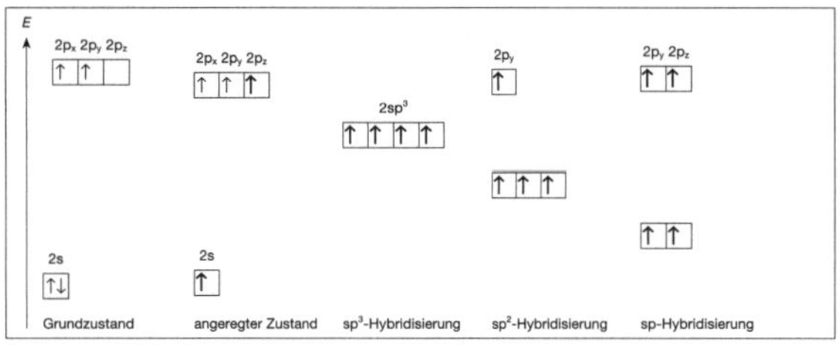

b) Geben Sie für die in den Abbildungen gegebenen Verbindungen die Hybridisierung der Atome sowie die Elektronenverteilung in Kästchenschreibweise an.

Wasser	Kohlenstoffdioxid
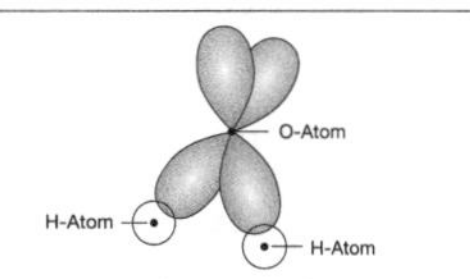	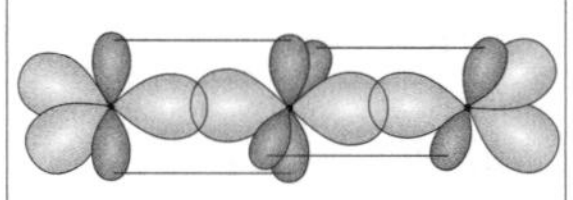
O-Atom: **sp^3 1s [↑↓] $2sp^3$ [↑↓ ↑↓ ↑↓ ↑]**	O-Atom 1: **sp^2 1s [↑↓] $2sp^2$ [↑↓ ↑↓ ↑] $2p_y$ [↑]**
H-Atom 1: **s 1s [↑]**	C-Atom: **sp 1s [↑↓] 2sp [↑ ↑] $2p_y$ $2p_z$ [↑ ↑]**
H-Atom 2: **s 1s [↑]**	O-Atom 2: **sp^2 1s [↑↓] $2sp^2$ [↑↓ ↑↓ ↑] $2p_z$ [↑]**

Zwischenmolekulare Bindungen

Arbeitsblatt

1. Vervollständigen Sie die Tabelle.

	VAN-DER-WAALS-Bindung	Dipol-Bindung	Wasserstoffbrückenbindung
vorkommend zwischen den Teilchen von	**allen Molekülen mit induzierten oder permanenten Dipolen**	**zwei Dipolen oder Dipol und Ion**	**polarisierten H-Atomen und freiem EP von F-, O- oder N-Atomen**
Zunahme/Abnahme der Anziehungskräfte			
Zunahme/Abnahme der Siede- und Schmelztemperaturen			

2. Ergänzen Sie die Abbildung für die HF-Moleküle und beschreiben Sie, warum die Wasserstoffbrückenbindung entsteht.

Durch die hohe Elektronegativität von F-Atomen sind die H-Atome stark polarisiert. Sie gehen eine Wasserstoffbrückenbindung mit den benachbarten freien EP der F-Atome ein.

3. Iod ist bei Zimmertemperatur fest. Bei Wärmezufuhr sublimiert es.
a) Geben Sie an, was man unter dem Begriff *Sublimation* versteht.

Sublimieren ist der direkte Übergang aus dem festen in den gasförmigen Zustand.

b) Begründen Sie diese Aggregatzustandsänderung mit den zwischenmolekularen Bindungen.

Bei Wärmezufuhr geraten die im Gitter angeordneten Iod-Moleküle in Bewegung. Sie treten aus dem Gitter aus. Da die VAN-DER-WAALS-Kräfte nur gering sind, gehen die Moleküle gleich in die Gasphase über.

4. In der Abbildung sind die Siedetemperaturen der folgenden Stoffe eingetragen. Ordnen Sie die Stoffe den Punkten zu und begründen Sie diese Zuordnung mit Hilfe der zwischenmolekularen Bindungen.

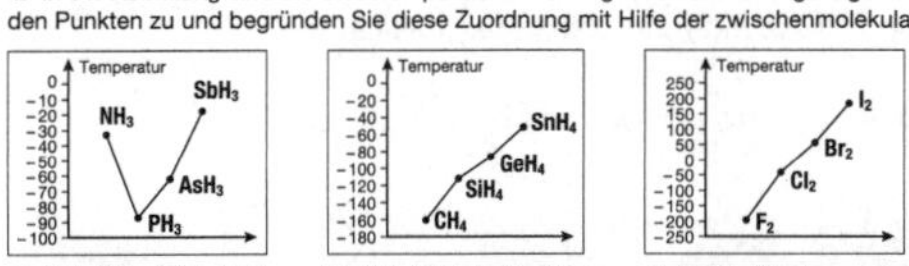

a) NH_3, PH_3, AsH_3, SbH_3 **b)** CH_4, SiH_4, GeH_4, SnH_4 **c)** F_2, Cl_2, Br_2, I_2

- **NH_3 ist die leichteste Verbindung, bildet aber Wasserstoffbrückenbindungen aus und hat daher eine höhere Siedetemperatur als PH_3 und AsH_3**
- **CH_4 bis SnH_4 ordnen sich entsprechend der zunehmenden Masse und Größe ihrer Teilchen ein. Sie sieden aufgrund ihrer geringen Masse und ihrer Bindungsstruktur bei negativen Temperaturen. Sie bilden zwischen den Molekülen nur VAN-DER-WAALS-Bindungen; sie sind keine Dipole.**
- **F_2 bis I_2 ordnen sind proportional zu ihrer Masse und Größe der Teilchen in das Diagramm. Sie bilden nur VAN-DER-WAALS-Bindungen und unterscheiden sich in den Massen stark voneinander, daher gehen die Siedetemperaturen weiter auseinander als bei den XH_4-Verbindungen.**

Atombau – chemische Bindung

Basiswissen

Ergänzen Sie die fehlenden Angaben zum Basiswissen.

Atombau

Quantentheoretische Atommodelle:

BOHRsches Modell:
Elektronen bewegen sich strahlungsfrei auf bestimmten Bahnen (Energieniveaus) um den Atomkern.

Orbitalmodell: Orbitale sind
Bereiche in der Atomhülle, in dem sich ein Elektron mit einer bestimmten Wahrscheinlichkeit aufhält.

Besetzungsregeln

Energieprinzip:
Energieärmere Zustände werden zuerst besetzt.

HUNDsche Regel:
Orbitale werden zunächst einfach besetzt.

PAULI-Prinzip:
Alle Elektronen eines Atoms müssen sich in mindestens einer Quantenzahl unterscheiden.

Angabe der Elektronenverteilung:

Elektronenkonfiguration
$_{16}S$: **$1s^2\ 2s^2\ 2p^6\ 3s^2\ 3p^4$**

Kästchenschreibweise nach PAULING:
$_{16}S$: [Ne] [↑↓] [↑↓ ↑ ↑]
3s 3p

Chemische Bindung

Metallbindung – Elektronengas-Modell

Anziehung **zwischen Elektronen und positiven Metallionen**.

Struktur: Metall-Atome bilden häufig
Metallgitter.

Ionenbindung

Salzartige Stoffe bestehen aus
positiv geladenen Kationen und negativ geladenen Anionen.

Ungerichtete **elektrostatische** Anziehung führt zu einem **Ionengitter**.

Bei der Bildung des Gitters wird **Gitterenergie frei**.

Elektronenpaarbindung

Die Bindung erfolgt durch **ein gemeinsames Elektronenpaar**.

Oktettregel:
Für ein Atom in einem Molekül ist die Summe der Bindungselektronen und freien Elektronen meist acht.

Elektronenpaarbindungen zwischen gleichartigen Atomen sind **unpolar**.

Der räumliche Bau eines Moleküls kann erklärt werden mit Hilfe des
Elektronenpaarabstoßungsmodells.

Zwischenmolekulare Bindungen

a) **VAN-DER-WAALS-Bindungen**
b) **Wasserstoffbrückenbindungen**
c) **Dipol/Dipol-Bindungen**

Schnelltest

Training

1. **B** 2. **A, D**; 3. **B, D**; 4. **B, C**; 5. **B, C, D**; 6. **A, C, D**, 7. **B, C**

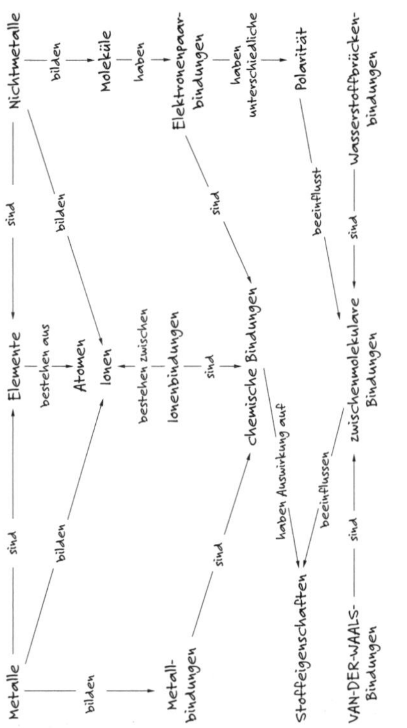

Training Übungsklausur

Lithium und seine Verbindungen

A1 a) Beim Lithium-Atom ist die innere Schale, die K-Schale, vollbesetzt. Auf der äußeren Schale, der L-Schale, befindet sich ein Elektron.

b) Beim Zusammenstoß nehmen Atome Energie auf. Die Elektronen werden dabei kurzzeitig in ein höheres Niveau angehoben. Bei der Rückkehr in ein niedrigeres Niveau wird die Energie in Form von Strahlung abgegeben. Die Wellenlänge der abgegebenen Strahlung hängt dabei vom Übergang ab. Für das Lithium-Atom sind verschiedene Übergänge möglich, was zu verschiedenen Linien im Spektrum führt.

c)

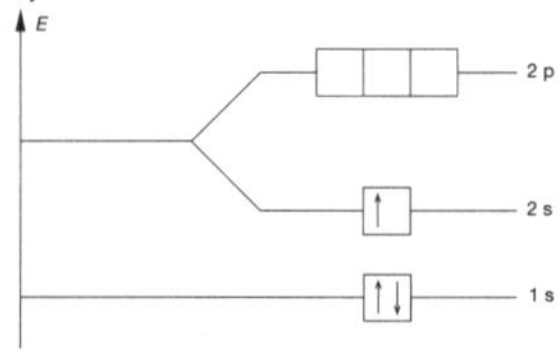

letztes Elektron:
$n = 2$; $\ell = 0$, $m = 0$, $s = +\frac{1}{2}$

d) Lithium leitet den elektrischen Strom, lässt sich gut verformen und ist ein guter Wärmeleiter. Metalle sind aus einem Metallgitter bestehend aus positiven Atomrümpfen und dem frei beweglichen Elektronengas aufgebaut. Die frei beweglichen Elektronen sind verantwortlich für die gute Leitfähigkeit. Darüber hinaus ermöglicht das Elektronengas bei mechanischem Druck ein Vorbeigleiten einzelner Schichten von Metallkationen im Metallgitter.

e)

Cl-Atom: 1s [↑↓] 2s [↑↓] 2p [↑↓|↑↓|↑↓] 3s [↑↓] 3p [↑↓|↑↓|↑]

Für die Besetzung von Energieniveaus gelten folgende Regeln:
Energieärmere Niveaus werden zuerst besetzt.
Energiereichere Niveaus werden zunächst einfach besetzt.
Alle Elektronen in einem Atom unterscheiden sich in mindestens einer Quantenzahl.
Beim Lithium-Atom wird zunächst das unterste Niveau mit zwei Elektronen besetzt, dann folgt das 2s-Niveau, das einfach besetzt ist.

f) $2\ Li(s) + Cl_2(g) \longrightarrow 2\ LiCl(s)$
Lithium: Metallbindung
Chlor: Elektronenpaarbindung
Lithiumchlorid: Ionenbindung

g) Lithiumchlorid leitet in Lösung und als Schmelze den elektrischen Strom. Es besitzt eine vergleichsweise hohe Schmelztemperatur. Die elektrische Leitfähigkeit geht auf Ionen zurück, die in Lösung und in der Schmelze freibeweglich sind. Die starken Anziehungskräfte zwischen den Lithium-Ionen und den Chlorid-Ionen sind die Ursache für die hohe Schmelztemperatur.

Training Übungsklausur

Wasser als Lösemittel

A2 a) Vgl. Seite 10 Aufgabe 2b

b) Aufgrund der Elektronegativitätsdifferenz zwischen Sauerstoff und Wasserstoff ist die OH-Bindung polar. Das Wasserstoff-Atom ist positiv polarisiert, das Sauerstoff-Atom negativ polarisiert. Das positiv polarisierte H-Atom bildet eine Bindung zu einem freien Elektronenpaar eines O-Atoms eines benachbarten Moleküls aus. Die Wasserstoffbrückenbindung ist eine zwischenmolekulare Bindung. Die Anziehung zwischen H-Atom und dem freien Elektronenpaar des O-Atoms ist deutlich schwächer als eine Elektronenpaarbindung.

c) Das CO_2-Molekül ist linear gebaut, während das SO_2-Molekül aufgrund des freien Elektronenpaars am Schwefel-Atom gewinkelt ist.

d) $CO_2(g) + H_2O(l) \longrightarrow H^+(aq) + HCO_3^-(aq)$
$SO_2(g) + H_2O(l) \longrightarrow H^+(aq) + HSO_3^-(aq)$
Beim Lösen in Wasser kommt es zu einer sauren Reaktion. Schwefeldioxid löst aufgrund des Dipolcharakters besser in Wasser.

e) Beim Lösen von Magnesiumchlorid in Wasser wird das Ionengitter zerstört und die Ionen werden von einer Hülle aus Wasser-Molekülen umgeben. Zwischen den Ionen im Gitter liegen Ionenbindungen vor. Zwischen den Ionen in Lösung und den Wasser-Molekülen liegen Ion/Dipol-Bindungen vor.

f) Beim Lösen eines Salzes in Wasser wird die Hydratationsenthalpie freigesetzt. Ist diese größer als die aufzuwendende Gitterenergie löst sich das Salz unter Erwärmung auf. Die Löslichkeit von Feststoffen nimmt mit steigender Temperatur zu.

Komplexchemie

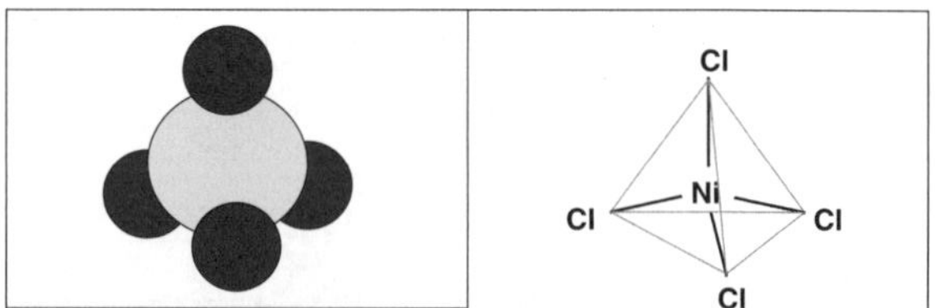

$[NiCl_4]^{2-}$, Tetrachloroniccolat(II)-Ion, tetraedrisch

Bindungsmodelle in der Komplexchemie

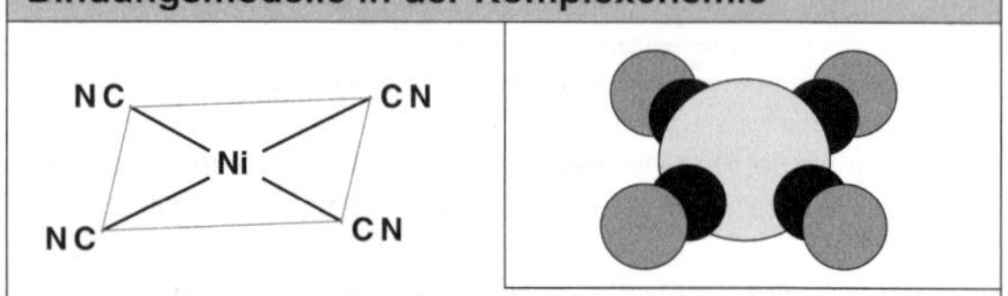

$[NiCN_4]^{2-}$, Tetracyanoniccolat(II)-Ion, planar-quadratisch

am Beispiel der Nickel-Komplexe

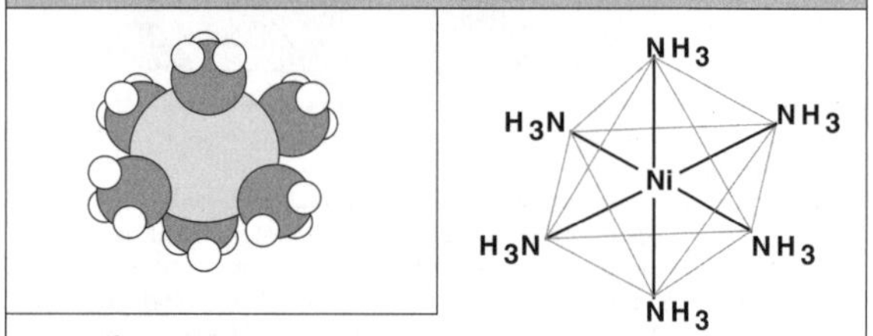

$[Ni(NH_3)_6]^{2+}$, Hexaamminnickel(II)-Ion, oktaedrisch

Arbeitsblatt — Aufbau und Nomenklatur von Komplexverbindungen

1. Salzartige Komplexverbindungen bestehen aus komplexen Ionen und Gegen-Ion. Das komplexe Ion ist aus dem Zentralion und den Liganden aufgebaut. Die Anzahl der Liganden entspricht der Koordinationszahl. Im vorliegenden Beispiel ist die Koordinationszahl vier. Beschriften Sie den schematischen Aufbau einer Komplexverbindung.

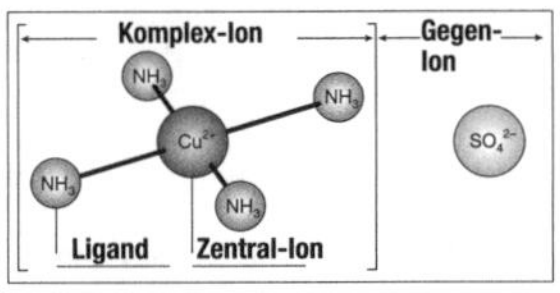

2. In Komplexen nehmen die Liganden eine symmetrische Anordnung um das Zentralion ein. Damit entstehen energiearme und somit stabile Strukturen. Die häufigsten Koordinationszahlen sind 2, 4 und 6. Daraus ergeben sich folgende Anordnungen. Benennen Sie die räumlichen Anordnungen der Liganden.

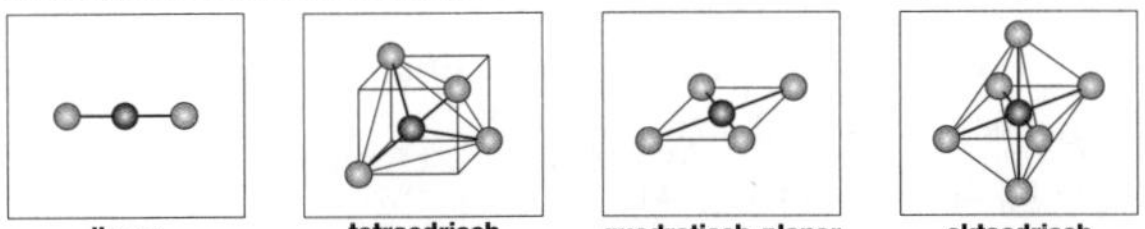

linear | **tetraedrisch** | **quadratisch-planar** | **oktaedrisch**

3. Die Elementsymbole gehen zumeist auf den Anfangsbuchstaben der entsprechenden lateinischen oder griechischen Begriffe zurück. Ergänzen Sie die fehlenden Namen.

Symbol	deutscher Name	lateinischer oder griechischer Name
H	Wasserstoff	Hydrogenium
N	Stickstoff	**Nitrogenium**
S	Schwefel	**Sulfur**
Ag	Silber	**Argentum**
Sb	**Antimon**	Stibium
Hg	**Quecksilber**	Hydragyrum
Bi	**Bismut**	Bismutum

Symbol	deutscher Name	lateinischer oder griechischer Name
C	Kohlenstoff	Carbonium
O	Sauerstoff	**Oxigenium**
Fe	Eisen	**Ferrum**
Cu	Kupfer	**Cuprum**
Sn	**Zinn**	Stannum
Au	**Gold**	Aurum
Pb	**Blei**	Plumbum

4. Anionische Liganden bekommen in der Regel die Endung **-o**.

chemisches Zeichen	Name
F^-	**fluoro**
Cl^-	**chloro**
Br^-	**bromo**
I^-	**iodo**
OH^-	**hydroxo**
CN^-	cyano
OCN^-	cyanato
SCN^-	thiocyanato

chemisches Zeichen	Name
NO^{2-}	**nitrito**
SO_4^{2-}	**sulfato**
$S_2O_3^{2-}$	**thiosulfato**
CO_3^{2-}	**carbonato**
H_2O	**aqua**
NH_3	**ammin**
CO	carbonyl
NO	nitrosyl

Nomenklatur von Komplexverbindungen — Arbeitsblatt

Für die richtige Benennung von Komplexverbindungen ist es entscheidend, ob das komplexe Ion ein Anion oder ein Kation ist.

1. Geben Sie nach dem vorgegebenen Beispielen die Namen der weiteren Komplexe an.

Komplexverbindungen mit komplexen Kation

	komplexes Kation					Anion
	Anzahl der Liganden	Name des Liganden	Name des Zentralions	Oxidationszahl des Zentralions		Name des Anions
$[Cu(NH_3)_4]SO_4$	Tetra	ammin	kupfer	(II)	–	sulfat
	⇒	Tetraamminkupfer(II)-sulfat				
$[Ag(NH_3)_2]Cl$	**Di**	**ammin**	**silber**	**(I)**	**–**	**chlorid**
	⇒	**Diamminsilber(I)-chlorid**				
$[Fe(H_2O)_6]Cl_2$	**Hexa**	**aqua**	**eisen**	**(II)**	**–**	**chlorid**
	⇒	**Hexaaquaeisen(II)-chlorid**				

Komplexverbindungen mit komplexen Anion

	Kation	komplexes Anion			
	Name des Kations	Anzahl der Liganden	Name des Liganden	Name des Zentralions	Oxidationszahl des Zentralions
$Na[(Al(OH)_4$	Natrium	tetra	hydroxo	aluminat	(III)
	⇒	Natriumtetrahydroxoaluminat(III)			
$Na[Ag(CN)_2]$	**Natrium**	**di**	**cyano**	**argentat**	**(I)**
	⇒	**Natriumdicyanoargentat(I)**			
$K_4[Fe(CN)_6]$	**Kalium**	**hexa**	**cyano**	**ferrat**	**(II)**
	⇒	**Kaliumhexacyanoferrat(II)**			

2. Bei verschiedenen Liganden ist die Reihenfolge alphabetisch. Geben Sie den Namen des Ions an.

$[FeCl_2(H_2O)_4]^+$	**Tetraaquadichloroeisen(II)-Ion**

3. Benennen Sie die folgenden Komplexverbindungen bzw. geben Sie die Formeln an.

$[FeCl(H_2O)_5]Cl_2$	**Pentaaquachloroeisen(III)-chlorid**
$K_3[Fe(CN)_6]$	Kaliumhexacyanoferrat(III)
$Na_3[FeF_6]$	**Natriumhexafluoroferrat(III)**
$Na_2[Zn(CN)_4]$	Natriumtetracyanozinkat(II)

Arbeitsblatt — Chemische Bindung in Komplexverbindungen (I)

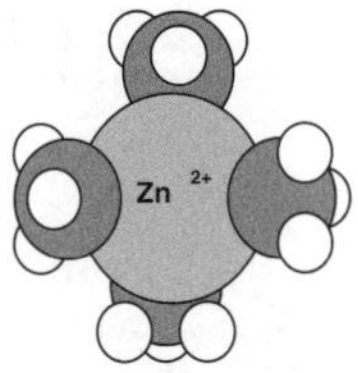

Kalottenmodell von $[Zn(NH_3)_4]^{2+}$

1. a) Notieren Sie die Elektronenkonfiguration für das Zink-Atom, das Zn^{2+}-Ion und das Krypton-Atom.

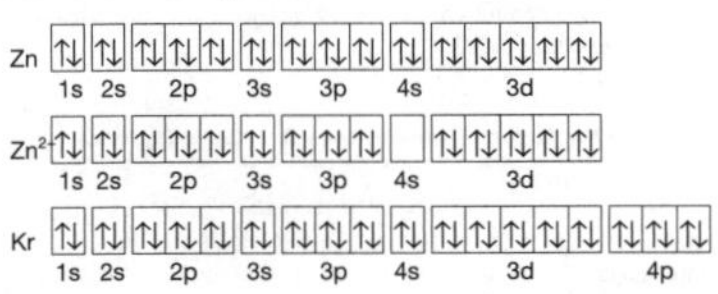

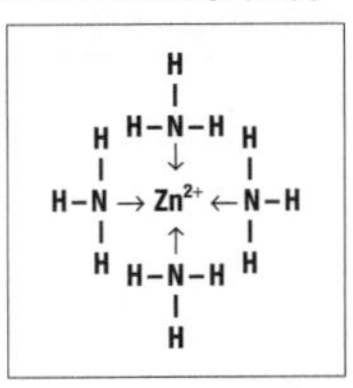

LEWIS-Formel von $[Zn(NH_3)_4]^{2+}$

b) Erklären Sie die Bindung zwischen dem Zentralion und den Liganden im Tetraamminzink(II)-Ion.

Das Zink-Ion besitzt 28 Elektronen. Bis zur Erreichung der Edelgasstruktur (Krypton) werden acht Elektronen bzw. vier Elektronenpaare benötigt. Es stehen vier Ammoniak-Moleküle mit je einem freien Elektronenpaar am Stickstoff zu Verfügung. Damit können sich zwischen Zentralion und Liganden vier koordinative Bindungen ausbilden.

c) Übertragen Sie die Lewis-Formel für das Tetraamminzink(II)-Ion in nebenstehendes Kästchen.

d) Erklären Sie, warum sich im Tetraamminzink(II)-Ion eine Tetraederstruktur ausbildet.

Vom Zn^{2+}-Ion gehen vier Bindungen aus. Der entstehende Tetraeder ist die energieärmste und damit stabilste Struktur, die unter diesen Bedingungen entstehen kann.

2. Eisen(II)-Ionen haben im Gegensatz zum Zink(II)-Ion bei der Bildung von komplexen Ionen meist die Koordinationszahl sechs, bilden Oktaeder. Erklären Sie diesen Sachverhalt.

Eisen-Atome mit der OZ 26 besitzen in der Atomhülle 26 Elektronen, Eisen(II)-Ionen folglich 24 Elektronen. Bis zum Erreichen einer stabilen Edelgaskonfiguration fehlen noch 12 Elektronen. Werden sechs Liganden mit sechs freien Elektronenpaaren gebunden, wird die Edelgaskonfiguration von Krypton (36 Elektronen) erreicht. Bei der Bindung von sechs Liganden ist der Oktaeder eine stabile räumliche Anordnung.

Chemische Bindung in Komplexverbindungen (II) — Arbeitsblatt

$_{26}$Fe

1. Eisen(II)-Ionen haben im Gegensatz zu Zink(II)-Ionen bei der Bildung von komplexen Ionen in der Regel die Koordinationszahl 6. Erklären Sie diesen Sachverhalt.

Eisen hat die Ordnungszahl 26, d. h. in der Atomhülle sind Eisen-Atoms 26 Elektronen. Bei der Bildung von Eisen(II)-Ionen werden 2 Elektronen abgegeben. Es verbleiben noch 24 Elektronen. 12 Elektronen sind nötig, um die Edelgaskonfiguration von Krypton 36 zu erreichen. Lagern sich um die Eisen(II)-Ionen sechs Liganden, dann werden 6 Elektronenpaare und somit 12 Elektronen angelagert. Damit wird eine stabile Edelgaskonfiguration erzielt.

2. Erklären Sie mit Hilfe der Edelgasregel und des Elektronenpaarabstoßungs-Modells die Anzahl der Liganden und die zu erwartende Struktur des Komplexes. Lösen Sie die Aufgabe, in dem Sie die Tabelle ausfüllen.

Ion bzw. Komplex	Elektronenkonfiguration …		Anzahl der Liganden	Bindungswinkel und Struktur des Komplexes	Beispiel
	… des freien Ions	… des Zentralion und der Hybridisierung im Komplex			
Al^{3+}	**[Ne]**	**[Ne] $3s^2$ $3p^6$ bzw. [Ar] sp^3-Hybridisierung**	**4**	**109,5° tetraedrisch**	**$[Al(OH)_4]^-$**
Co^{3+}	**[Ar] $3d^6$**	**[Ar] $3d^{10}$ $4s^2$ $4p^6$ bzw. [Kr] d^2 sp^3-Hybridisierung**	**6**	**90° oktaedrisch**	**$[Co(NH_3)_6]^{3+}$**
Hg^{2+}	**[Xe] $5d^{10}$**	**[Xe] $5d^{10}$ $6s^2$ $6p^6$ bzw. [Rn] sp^3-Hybridisierung**	**4**	**109,5° tetraedrisch**	**$[HgI_4]^{2-}$**

$_{82}$Pb

3. Begründen Sie mit Hilfe des Orbitalmodells, warum im $[PbCl_3]^-$-Ion eine trigonal-planare Struktur auftritt.

Blei hat die Ordnungszahl 82, das Blei(II)-Ion besitzt folglich 80 Elektronen. Um die nächste Edelgaskonfiguration zu erreichen, (Radon 86) sind 3 Liganden mit je einem freien Elektronenpaar nötig. Damit eine stabile Struktur entsteht, ergibt sich eine sp^2-Hybridisierung des Blei-Ions mit einem Bindungswinkel von 120°. Sie führt zu einer trigonal-planaren Struktur.

Arbeitsblatt – Ligandenaustausch – Stabilität von Komplexen

1. Die wässerige Lösung einer Eisen(III)-salz-Lösung ist gelblich bis ocker gefärbt.

a) Stellen Sie die Reaktionsgleichung für das vorliegende Protolysegleichgewicht auf und erklären Sie, warum diese Salzlösung sauer reagiert. Gehen Sie von einer stufenweisen Protolyse aus.

$[Fe(H_2O)_6]^{3+} + H_2O \rightleftharpoons [FeOH(H_2O)_5]^{2+} + H_3O^+$

saure Reaktion durch Überschuss von Hydronium-Ionen

b) Bei Zugabe von Salzsäure entsteht eine gelbe Lösung. Es haben sich Pentaaquachloroeisen(III)-Ionen gebildet. Erklären Sie die Reaktion und stellen Sie die Reaktionsgleichung auf.

Hydroxid-Ionen werden als Liganden durch Chlorid-Ionen verdrängt.

$[FeOH(H_2O)_5]^{2+} + H_3O^+ + Cl^- \rightleftharpoons [FeCl(H_2O)_5]^{2+} + 2\ H_2O$

c) Werden Thiocyanat-Ionen zu Hexachloroferrat(III)-Ionen gegeben, so kommt es zu einer kräftigen Rotfärbung. Formulieren Sie die Reaktionsgleichung.

$[FeCl(H_2O)_5]^{2+} + SCN^- \rightleftharpoons [FeSCN(H_2O)_5]^{2+} + Cl^-$

d) Zur rot gefärbten Lösung werden Fluorid-Ionen gegeben. Die Lösung entfärbt sich. Stellen Sie die Reaktionsgleichung auf und benennen Sie die Komplexverbindungen.

$[FeSCN(H_2O)_5]^{2+} + F^- \rightleftharpoons [FeF(H_2O)_5]^{2+} + SCN^-$

e) Setzt man das Komplexbildungsgleichgewicht in das MWG ein, so erhält man als Gleichgewichtskonstante die Komplexbildungskonstante K_A. Mit ihr ist eine Aussage zur Stabilität der Komplexverbindung möglich. Setzen Sie die Reaktion aus Aufgabe d) in das MWG ein und erklären Sie die Entfärbung.

$$K_A = \frac{c([FeF(H_2O)_5]^{2+}) \cdot c(SCN^-)}{c([FeSCN(H_2O)_5]^{2+}) \cdot c(F^-)}$$

Da die Lösung entfärbt wurde, hat sich das Gleichgewicht auf die Seite von $[FeF(H_2O)_5]^{2+}$-Ionen verlagert.

Der Pentaaquafluoroeisen(III)-Komplex ist sehr beständig, d. h. der Wert des Bruches und somit Gleichgewichtskonstante *K* sind groß.

f) Vergleichen Sie die Gleichgewichtskonstanten für die Bildung der vier an der Reaktion b) bis d) beteiligten komplexen Ionen und beurteilen Sie deren Stabilität. Fügen Sie entsprechend „<“ oder „>“-Zeichen ein.

$K([FeOH(H_2O)_5]^{2+}) < K([FeCl(H_2O)_5]^{2+}) < K([FeSCN(H_2O)_5]^{2+}) < K([FeF(H_2O)_5]^{2+})$

Löslichkeit von Komplexverbindungen – Arbeitsblatt

Ein wichtiges Merkmal von Komplexverbindungen ist ihre gute Löslichkeit in Wasser. Schwerlösliche Stoffe lösen sich dagegen oft erst bei Überschuss des Fällungsmittels oder nach Zugabe von bestimmten Reagenzien.

1. Löslichkeit von Silberhalogeniden:

a) Zu einem Silberchlorid-Niederschlag wird konzentrierte Salzsäure im Überschuss gegeben. Stellen Sie die Reaktionsgleichung auf und benennen Sie das Reaktionsprodukt.

$AgCl + Cl^- \rightleftharpoons [Ag(Cl)_2]^-$; Dichloroargentat(I)-Ion

b) Silberchlorid, Silberbromid und Silberiodid sollen durch Auflösen unter Komplexbildung unterschieden werden. Als Lösemittel stehen Ammoniak-Lösung (verd.) und Natriumthiosulfat-Lösung zur Verfügung. Erklären Sie Ihre Vorgehensweise und stellen Sie die Reaktionsgleichungen auf.

Silberiodid löst sich in beiden Reagenzien nicht. AgBr löst sich nur in Natriumthiosulfatlösung.

AgCl löst sich in Ammoniak-Lösung und Natriumthiosulfat-Lösung.

$AgCl + 2\ NH_3 \rightleftharpoons [Ag(NH_3)_2]^+ + Cl^-$

$AgCl + 2\ S_2O_3^- \rightleftharpoons [Ag(S_2O_3)_2]^{3-} + Cl^-$

$AgBr + 2\ S_2O_3^- \rightleftharpoons [Ag(S_2O_3)_2]^{3-} + Br^-$

2. Die nebenstehende Abbildung zeigt die Löslichkeit von Aluminiumhydroxid in Abhängigkeit vom pH-Wert. Bei der Aufbereitung von Bauxit in der Technik wird Aluminiumhydroxid in einem Überschuss von Hydroxid-Ionen gelöst. Bei welchen pH-Werten ist das möglich? Begründen Sie Ihre Aussage. Stellen Sie die Reaktionsgleichung auf.

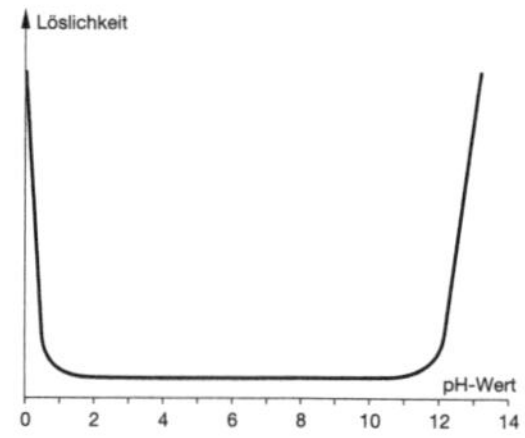

pH > 12

$Al(OH)_3 + OH^- \rightleftharpoons [Al(OH_4)]^-$

3. Gold wird aus metallarmen Erzen durch Cyanidlaugerei gewonnen. Dabei wird das feingemahlene Erz in Gegenwart von Luftsauerstoff mit Cyanid-Lösung behandelt. Es bildet sich eine wasserlösliche Dicyanometall-Koordinationsverbindung.

a) Stellen Sie die Reaktionsgleichung auf.

$4\ Au^+ + O_2 + 2\ H_2O + 8\ CN^- \rightleftharpoons 4\ [Au(CN)_2]^- + 4\ OH^-$

b) Die Gewinnung des Metalls erfolgt durch Ausfällung mit dem unedleren Zink. Stellen Sie die Reaktionsgleichung auf. Geben Sie an, wie dieser Vorgang in der Technik bezeichnet wird.

$2\ [Au(CN)_2]^- + Zn \rightleftharpoons [Zn(CN)_4]^{2-} + 2\ Au$

Praktikum – Eigenschaften von Komplexverbindungen

Salzartige Komplexverbindungen dissoziieren in wässerigen Lösungen in komplexe Ionen und Gegen-Ionen. Die komplexen Ionen zerfallen nur in geringem Maße in Zentralteilchen und Liganden und reagieren somit als einheitliches Ganzes. Lösungen von Komplex-Ionen haben oft eine charakterische Farbe.

Versuch: Untersuchung der Eigenschaften von komplexen Ionen

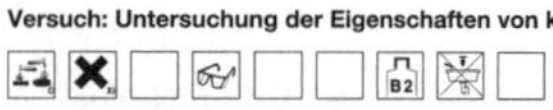

Materialien: Reagenzgläser, Reagenzglasständer, Pipetten;
Kupfer(II)-sulfat-Lösung (0,5 mol · l^{-1}), Ammoniak-Lösung (5 mol · l^{-1}; Xi), Natriumhydroxid-Lösung (2 mol · l^{-1}; C), Eisennägel, Eisen(III)-chlorid-Lösung (1 mol · l^{-1}), Ammoniumthiocyanat-Lösung (1 mol · l^{-1}), Kaliumhexacyanoferrat(III)-Lösung (1 mol · l^{-1}).

Durchführung:

1. Geben Sie in die Reagenzgläser 1 und 2 je 2 ml Kupfer(II)-sulfat-Lösung. Geben Sie in Glas 1 danach einen Eisennagel und in Glas 2 etwa zehn Tropfen Ammoniak-Lösung und nach kurzem Schütteln ebenfalls einen Eisennagel. Notieren Sie Ihre Beobachtungen nach zehn Minuten.
2. Geben Sie in die Reagenzgläser 3 und 4 ebenfalls je 2 ml Kupfer(II)-sulfat-Lösung. In Glas 3 kommen fünf Tropfen Natriumhydroxid-Lösung. Reagenzglas 4 erhält zehn Tropfen Ammoniak-Lösung und nach kurzem Schütteln der Lösung fünf Tropfen Natriumhydroxid-Lösung.
3. In Reagenzglas 5 geben Sie 1 ml Eisen(III)-chlorid-Lösung und in Glas 6 1 ml Kaliumhexacyanoferrat(III)-Lösung. Beide Gläser erhalten anschließend zwei Tropfen Ammoniumthiocyanat-Lösung.

Auswertung:

a) Notieren Sie für die Gläser 1 bis 4 Ihre Beobachtungen und stellen Sie für die ablaufenden Reaktionen die Reaktionsgleichungen auf.

Glas 1: Die Lösung entfärbt sich, am Eisennagel setzt sich rotbraunes Kupfer ab.

$[Cu(H_2O)_4]^{2+}(aq) + 2\ H_2O(l) + Fe(s) \rightleftharpoons [Fe(H_2O)_6]^{2+}(aq) + Cu(s)$

Glas 2: Die Lösung färbt sich kräftig blauviolett, der Eisennagel ist unverändert.

$[Cu(H_2O)_4]^{2+}(aq) + 4\ NH_3(aq) \rightleftharpoons [Cu(NH_3)_4]^{2+}(aq) + 4\ H_2O(l)$

Glas 3: Es fällt ein hellblauer Niederschlag aus.

$[Cu(H_2O)_4]^{2+}(aq) + 2\ OH^-(aq) \rightleftharpoons [Cu(H_2O)_2(OH)_2](s) + 2\ H_2O(l)$

Glas 4: Nach Zugabe von Ammoniak-Lösung entsteht wieder eine blauviolette Farbe, bei weiterer Zugabe von NaOH erfolgt keine Reaktion.

$[Cu(H_2O)_4]^{2+}(aq) + 4\ NH_3(aq) \rightleftharpoons [Cu(NH_3)_4]^{2+}(aq) + 4\ H_2O(l)$

b) Notieren Sie für die Gläser 5 und 6 Ihre Beobachtungen und erklären Sie die unterschiedlichen Ergebnisse.

In der Eisen(III)-chlorid-Lösung liegen die Eisen(III)-Ionen nur hydratisiert vor und können mittels Thiocyanat-Ionen nachgewiesen werden. Es kommt zu einer kräftigen Rotfärbung. Im Kaliumhexacyanoferrat(III) sind die Eisen(III)-Ionen fest koordinativ mit den Cyanid-Ionen verbunden. Die komplexen Ionen zerfallen praktisch nicht in Eisen(III)-Ionen und Cyanid-Ionen, folglich können auch keine Eisen(III)-Ionen nachgewiesen werden. Die Farbe der Lösung bleibt unverändert.

Nachweis von Eisen(III)-Ionen und Kupfer(II)-Ionen – Praktikum

Für den Nachweis von Ionen in einer Probelösung nutzt man charakteristische Reaktionen. Dabei muss je nach Zusammensetzung der Probe eine geeignete Abfolge der Reaktionsschritte entwickelt werden, damit keine Störungen auftreten. Dieses Grundprinzip der qualitativen Analyse wird hier an einem einfachen Beispiel veranschaulicht.

Versuch: Nachweis von Eisen(III)-Ionen und Kupfer(II)-Ionen

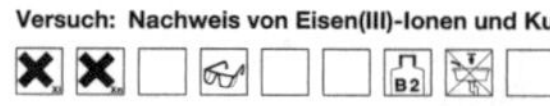

Materialien: Reagenzgläser, Reagenzglasständer, Pipetten;
Kaliumhexacyanoferrat(II)-Lösung (1 mol · l^{-1}), Ammoniak-Lösung (2 mol · l^{-1}; Xi), Ammoniumthiocyanat-Lösung (1 mol · l^{-1}), Natriumfluorid-Lösung (Xn), Analysenlösung: Gemisch aus Eisen(III)-chlorid und Kupfer(II)-chlorid (Xn).

Durchführung: Entwickeln Sie Arbeitsschritte, die zum eindeutigen Nachweis von Kupfer(II)-Ionen und Eisen(III)-Ionen führen, wenn beide Ionen nebeneinander in der Lösung vorliegen. Führen Sie die Nachweise durch.
Hinweis: Eisen(III)-Ionen bilden mit Ammoniak-Lösung einen dunklen Niederschlag. Diese Reaktion ist als Nachweisreaktion aber nicht ausreichend.

Auswertung:

a) Vervollständigen Sie die Tabelle.

	Arbeitsschritte	Beobachtung
1	Nachweis der Eisen(III)-Ionen mit Ammoniumthiocyanat-Lösung	kräftige Rotfärbung der Lösung
2	Zugabe von Natriumfluorid-Lösung zum Binden der Eisen(III)-Ionen	Lösung wird wieder gelblich
3	Nachweis der Kupfer(II)-Ionen mit Ammoniaklösung oder mit Kaliumhexacyanoferrat(II)-Lösung	blauviolette Färbung der Lösung rotbrauner Niederschlag

b) Stellen Sie für die drei ablaufenden Reaktionen die Reaktionsgleichungen auf.

$[Fe(H_2O)_6]^{3+}(aq) + SCN^-(aq) \rightleftharpoons [Fe(SCN)(H_2O)_5]^{2+}(aq) + H_2O(l)$

$[Fe(SCN)(H_2O)_5]^{2+}(aq) + F^-(aq) \rightleftharpoons [FeF(H_2O)_5]^{2+}(aq) + SCN^-(aq)$

$[Cu(H_2O)_4]^{2+}(aq) + 4\ NH_3^+(aq) \rightleftharpoons [Cu(NH_3)_4]^{2+}(aq) + 4\ H_2O(l)$

oder:

$2\ [Cu(H_2O)_4]^{2+}(aq) + [Fe(CN)_6]^{4-}(aq) \rightleftharpoons Cu_2[Fe(CN)_6]^{4-}(s) + 8\ H_2O(l)$

c) Erklären Sie die nach Arbeitsschritt 2 ablaufende Reaktion.

Eisen(III)-Ionen stören den Nachweis der Kupfer(II)-Ionen, weil sie sowohl mit Ammoniak-Lösung als auch mit Kaliumhexacyanoferrat(II)-Lösung reagieren. Mittels Fluorid-Ionen werden die Eisen(III)-Ionen durch Ligandenaustausch in einem stabileren Fluoro-Komplex gebunden.

Praktikum

Komplexreaktionen auf Filtrierpapier

Versuchsreihe	Tropfenzahl Lösung 1		Tropfenzahl Lösung 2 und ...		Art des Tropfens	Beobachtung
I. a)	$FeCl_3$	1	$K_4[Fe(CN)_6]$	1	n	**tiefblauer Niederschlag**
b)	$FeCl_3$	1	NH_4SCN	1	n	**tiefrote Lösung**
c)	$FeCl_3$	1	$F^- + SCN^-$	je 1	i	**keine Farbreaktion**
d)	$FeCl_3$	1	$SCN^- + F^-$	je 1	i	**zuerst Rotfärbung, dann Entfärbung**
II. a)	$FeSO_4$	1	$K_3[Fe(CN)_6]$	1	n	**blaugrüner Niederschlag**
b)	$FeSO_4$	1	NH_4SCN	1	n	**keine Reaktion**
c)	$FeSO_4$	1	$HCl + H_2O_2 + NH_4SCN$	je 1	i	**tiefrote Lösung**
III. a)	$CuSO_4$	1	$K_4[Fe(CN)_6]$	1	n	**brauner Niederschlag**
b)	$CuSO_4$	1	$NH_3 \cdot H_2O$	2	i	**violettblaue Lösung**

Auswertung:

a) Verwenden Sie zur Auswertung Ihren Hefter. Notieren Sie Ihre Beobachtungsergebnisse und kleben die Filterpapiere auf. Unterscheiden Sie nach Niederschlägen und Farbreaktionen. (Niederschläge zeigen eine scharfe Begrenzung, Farbreaktionen wandern weiter. Beantworten Sie die Aufgaben *b)* und *c)* schriftlich).

b) Formulieren Sie Reaktionsgleichungen für die entsprechenden Komplexreaktionen.

I. a) $4\,Fe^{3+} + 3\,[Fe(CN)_6]^{4-} \rightleftharpoons Fe_4[Fe(CN)_6]_3$

b) $Fe^{3+} + 6\,SCN^- \rightleftharpoons [Fe(SCN)_6]^{3-}$

c) $Fe^{3+} + 6\,F^- \rightleftharpoons [FeF_6]^{3-}$

d) $Fe^{3+} + 6\,SCN^- \rightleftharpoons [Fe(SCN)_6]^{3-}$

$[Fe(SCN)_6]^{3-} + 6\,F^- \rightleftharpoons [FeF_6]^{3-} + 6\,SCN^-$

II. a) $3\,Fe^{2+} + 2\,[Fe(CN)_6]^{4-} \rightleftharpoons Fe_3[Fe(CN)_6]_2$

c) $2\,Fe^{2+} + 2\,H^+ + H_2O_2 \rightleftharpoons 2\,Fe^{3+} + 2\,H_2O$, **weiter siehe I. d)**

III. a) $2\,Cu^{2+} + [Fe(CN)_6]^{4-} \rightleftharpoons Cu_2[Fe(CN)_6]$

b) $Cu^{2+} + 4\,NH_3 \rightleftharpoons [Cu(NH_3)_4]^{2+}$

c) Vergleichen Sie diese Art des Experimentierens hinsichtlich Umweltverträglichkeit, Ökonomie und Aussagekraft mit den Versuchen in Reagenzgläsern.

Beim Experimentieren auf Filtrierpapier entstehen keinerlei verunreinigte Abwässer. Auch eine Aufbereitung von verbrauchten Lösungen im Labor entfällt. Die benötigte Chemikalienmenge wird stark vermindert. Die Aussagekraft der Komplexbildungsreaktionen auf dem Filtrierpapier ist ebenfalls eindeutig.

Chelatkomplexe im Labor

Arbeitsblatt

Der Begriff *Chelate* ist aus dem Griechischen (*chele* = Scheren von Krebstieren) abgeleitet und wird für Komplexe verwendet, bei denen das Metall-Ion von Liganden umgeben ist, die mehrere freie Elektronenpaare besitzen und somit mehrere Bindungen zum Zentralion ausbilden können.

1. Unterscheiden Sie zwischen einzähnigen und mehrzähnigen Liganden und nennen Sie je ein Beispiel.

Sind Liganden nur über ein Atom mit dem Zentralion verbunden, so spricht man von einzähnigen Liganden. Ein Beispiel ist das Stickstoff-Atom im Ammoniak-Molekül.

Erfolgt die Koordination des Liganden an das Zentralion über mehrere Atome, so nennt man diese Liganden mehrzähnig. Ein Beispiel für einen zweizähnigen Liganden ist Ethylendiamin, bei dem zwei Stickstoff-Atome eine Bindung mit einem Metall-Ion eingehen.

2. Erklären Sie den Chelateffekt.

Die Chelatbildung wird durch einen Entropieeffekt begünstigt. Die Verdrängung von Wasser-Molekülen durch Chelatbildner führt zur Vergrößerung der Teilchenanzahl und Abnahme des Ordnungszustandes. Mehrzähnige Liganden sind vorwiegend organische Reste mit vielen Atomen. Hat ein mehrzähniger Ligand mit einem Haftatom am Zentralion angegriffen, ist aufgrund der räumlichen Nähe die Wahrscheinlichkeit groß, dass weitere Bindungen ausgebildet werden.

3. Nickel(II)-Ionen reagieren mit Diacetyldioxim als Komplexbildner zu einem roten, schwerlöslichen Chelatkomplex.

a) Geben Sie die Haftatome eines Diacetyldioxim-Moleküls an.

zwei Stickstoff-Atome

b) Zeichnen Sie die Strukturformel des Komplexes.
Hinweis: Es entsteht ein planarer Komplex. Von zwei Hydroxy-Gruppen wird je ein Proton abgespalten.

Diacetyldioxim

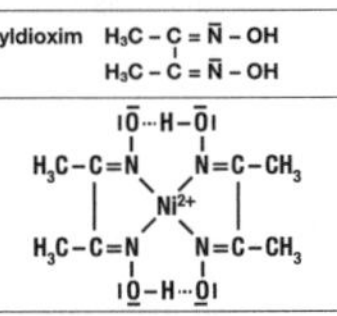

4. Nennen Sie weitere Nachweisreaktionen, bei denen Chelatkomplexe gebildet werden. Geben Sie die nachgewiesenen Stoffe und die Reagenzien an.

z. B.: Stärkenachweis, Reaktion mit FEHLING-Lösung, Nachweis von Magnesium- und Calcium-Ionen (Komplexometrie)

Arbeitsblatt

Komplexe in Natur und Technik

1. Schwarz-Weiß-Fotografie: Ein wichtiger Vorgang in der Schwarz-Weiß-Fotografie ist das Fixieren. Erklären Sie den Vorgang des Fixierens in der Dunkelkammer und stellen Sie dafür die Reaktionsgleichung auf.

Die nichtbelichteten Anteile des lichtempfindlichen Silberbromids werden mit Natriumthiosulfat-Lösung vollständig herausgelöst. Die Dunkelkammer verhindert eine Schwarzfärbung der Bilder, die durch Tageslicht verursacht würde.

$AgBr(s) + 2\,S_2O_3^{2-}(aq) \rightleftharpoons [Ag(S_2O_3)_2]^{3-}(aq) + Br^-(aq)$

2. Aluminiumgewinnung: Bei der Gewinnung von Aluminium muss zunächst das Aluminiumerz Bauxit aufgeschlossen werden. Dabei löst sich das Aluminiumhydroxid unter Komplexbildung gut in Natriumhydroxid-Lösung auf. Die im Erz enthaltenen Verbindungen von Silicium, Eisen und Titan werden dagegen nicht aufgelöst. Stellen Sie die Reaktionsgleichung auf.

$Al(OH)_3(s) + OH^-(aq) \rightleftharpoons [Al(OH)_4]^-(aq)$

3. Galvanotechnik: Um Gegenstände mit einem metallischen Überzug zu versehen, werden diese in Lösungen von Cyanokomplexen getaucht. Die Metall-Schicht wird elektrolytisch abgeschieden. Die Liganden verhindern das Ausfallen von Metall-Kristallen in der Lösung. Beschreiben Sie das Gleichgewicht für die Silber-Galvanotechnik. Stellen Sie die Reaktionsgleichung auf.

Das Gleichgewicht liegt auf der Seite des Dicyanoargentat-Komplexes.

$[Ag(CN)_2]^-(aq) \rightleftharpoons Ag^+(aq) + 2\,CN^-(aq)$

4. Chelatkomplexe in der Biologie: Chelatkomplexe werden auch von Pflanzen und höheren Tieren für Stoffwechselvorgänge genutzt. Dabei dienen den Metallionen vier Porphyrin-Gerüste als Liganden. Benennen Sie die abgebildeten, biologisch wirksamen Chelatkomplexe mit den in der Biologie üblichen Namen. Entnehmen Sie aus der Literatur Vorkommen und Funktion dieser Chelatkomplexe.

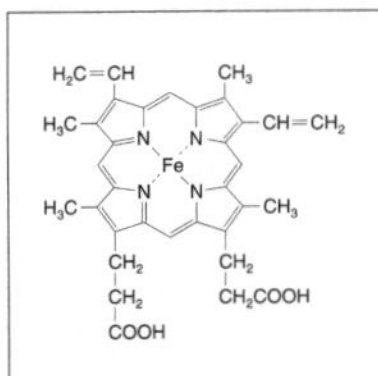	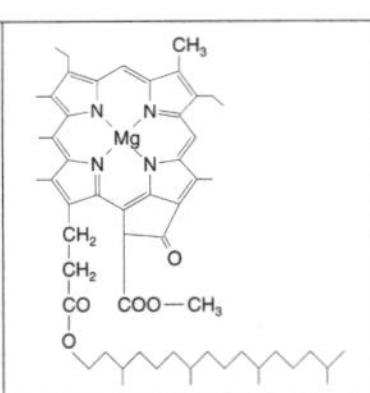	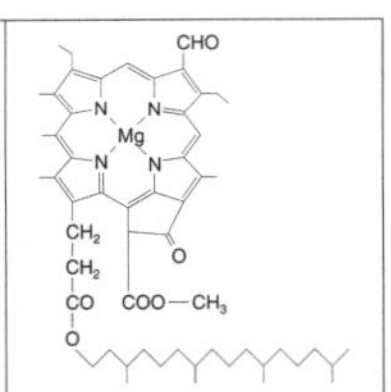
Name: **Häm-Gruppe**	Name: **Chlorophyll a**	Name: **Chlorophyll b**
Teil des Hämoglobins in den Erythrocyten im Blut; Sauerstofftransport	**grüne Farbstoffe in den Chloroplasten der Pflanzenzellen; Aufnahme und Umwandlung von Lichtenergie in chemisch nutzbare Energie**	

Komplexometrische Wasserhärtebestimmung

Praktikum

Versuch 1: Komplexometrische Wasserhärtebestimmung

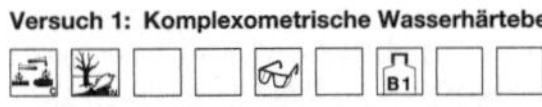

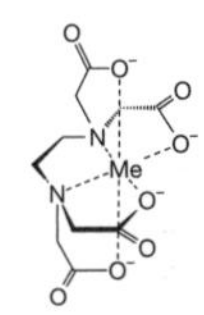

Metall-EDTA-Chelatkomplex

Materialien: Bürette, Erlenmeyerkolben (300 ml, weite Form), Vollpipetten (1 ml, 200 ml), Gasbrenner, Dreifuß, Drahtnetz;
Wasserprobe (beispielsweise Trinkwasser), EDTA-Lösung (Ethylendiamintetraacetat-Lösung, 0,05 mol · l^{-1}), frisch bereitete gesättigte wässrige Murexid-Lösung, Indikatorpuffertablette (Eriochromschwarz), Natronlauge (konz., C), Salzsäure (konz., C), Ammoniak-Lösung (konz., C, N), Universalindikator-Papier.

Durchführung:

Bestimmung der Calcium-Ionen in einer Wasserprobe

1. 200 ml der Wasserprobe werden mit Natronlauge versetzt, bis der pH-Wert 12 erreicht ist.
2. Geben Sie anschließend 1 ml Murexid-Lösung zu.
3. Nun wird mit EDTA-Lösung titriert bis ein Farbumschlag nach blauviolett erfolgt. Notieren Sie den Verbrauch an EDTA-Lösung.
4. Führen Sie die Schritte 1 bis 3 noch zweimal durch.

Bestimmung der Magnesium-Ionen in einer Wasserprobe

5. Die in Schritt 3 titrierte Lösung wird angesäuert und kurz erwärmt bis das Murexid zerstört ist und somit die blauviolette Färbung verschwindet.
6. Geben Sie dann eine Indikatorpuffertablette mit Eriochromschwarz zu und stellen Sie durch Zugabe von Ammoniak-Lösung einen pH-Wert von 10 ein.
7. Titrieren Sie dann mit EDTA-Lösung bis ein Farbumschlag nach grün bzw. blau erfolgt. Notieren Sie den Verbrauch an EDTA-Lösung.
8. Wiederholen Sie den Versuch noch zweimal und bilden Sie Mittelwerte für die Konzentrationsberechnungen.

Beobachtung:

Bestimmung der Calcium-Ionen		Bestimmung der Magnesium-Ionen	
V_1(EDTA) = **5,5** ml	mittlerer Verbrauch	V_1(EDTA) = **1,0** ml	mittlerer Verbrauch
V_2(EDTA) = **5,0** ml	V(EDTA) = **5,0** ml	V_2(EDTA) = **1,5** ml	V(EDTA) = **1,25** ml
V_3(EDTA) = **4,5** ml		V_3(EDTA) = **1,0** ml	

Aufgaben:

a) Berechnen Sie die Konzentration an Calcium-Ionen und Magnesium-Ionen Ihrer Wasserprobe im Hefter und übertragen Sie Ihre Ergebnisse.

$c(Ca^{2+})$ = **1,25 mmol · l^{-1}** $c(Mg^{2+})$ = **0,3 mmol · l^{-1}**

b) Die Gesamthärte der Wasserprobe ergibt sich aus der Summe beiden Einzelkonzentrationen an Calcium-Ionen und Magnesium-Ionen. Berechnen Sie diesen Wert.

Gesamthärte = **1,55 mmol · l^{-1}**

c) Bei der noch heute verwendeten Angabe in deutschen Härtegraden [°d] entspricht 1 °d einer Gesamtkonzentration von 0,18 mmol · l^{-1}. Berechnen Sie den Härtegrad *deutschen Härte* Ihrer Probe.

Grad deutscher Härte = **8,6 °d**

Komplexchemie

Ergänzen Sie die fehlenden Angaben zum Basiswissen.

Komplexverbindung

Aufbau eines Komplex-Teilchens:

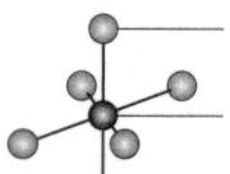

Ligand

Zentralion

geometrische Anordnung: **oktaedrisch**

Nomenklatur von Komplex-Teilchen:

kationischer Komplex:

Beispiel: $[Fe(H_2O)_6]^{3+}$

Name: **Hexaaquaeisen(III)-Ion**

anionischer Komplex:

Name: Dicyanoargentat(I)-Ion

Beispiel: **$[Ag(CH)_2]^-$**

Stabilitätskonstante

Die Stabilitätskonstante ist ein Maß für die **Stabilität** eines Komplexes.

Es handelt sich dabei um eine **Gleichgewichtskonstante.**

Für das $[Fe(CN)_6]^{4-}$(aq) ergibt sich:

$$K = \frac{c([Fe(CN)_6]^{4-})}{c(Fe^{2+}) \cdot c_6(CN^-)}$$

$K = 2{,}5 \cdot 10^{35}\ mol^{-6} \cdot l^{-6}$

… dies bedeutet, der Komplex ist **sehr stabil.**

Ligandenaustausch

Bei der Bildung von Komplexen in wässrigen Lösungen kommt es zu einem **Ligandenaustausch**, solche Reaktionen sind meist mit **Farbänderung** verbunden.

Beispiel:

$[Cu(H_2O)_6]^{2+}(aq) + 4\ NH_3(aq) \rightleftharpoons$ **$[Cu(NH_3)_4]^{2+}(aq) + 6\ H_2O(l)$**

Das **Tetraamminkupfer(II)-Ion** ist das beständigere komplexe Ion.

Die Lösung verändert ihre Farbe von **hellblau** zu **dunkelblau**.

Maskierung

In der Analytik verhindert man durch den Einsatz von Komplexverbindungen die **Bildung von Niederschlägen**. So wird durch die Anwesenheit von Ammoniak beim Aldehyd-Nachweis die Bildung von **Silberhydroxid** verhindert.

$Ag^+(aq)$ **$+ 2\ NH_3(aq) \rightleftharpoons [Ag(NH_3)_2]^+(aq)$**

technische Anwendung

Durch Komplexbildung werden **schwerlösliche Salze** in Lösungen überführt.

Bei der Aluminiumgewinnung löst sich Aluminiumhydroxid in Natronlauge.

$Al(OH)_3(s)$ **$+ OH^-(aq) \rightleftharpoons [Al(OH)_4]^-(aq)$**

Schnelltest

1. **b**; 2. **b, c**; 3. **c**; 4. **a, c**; 5. **b, c**; 6. **c**; 7. **b**; 8. **c**

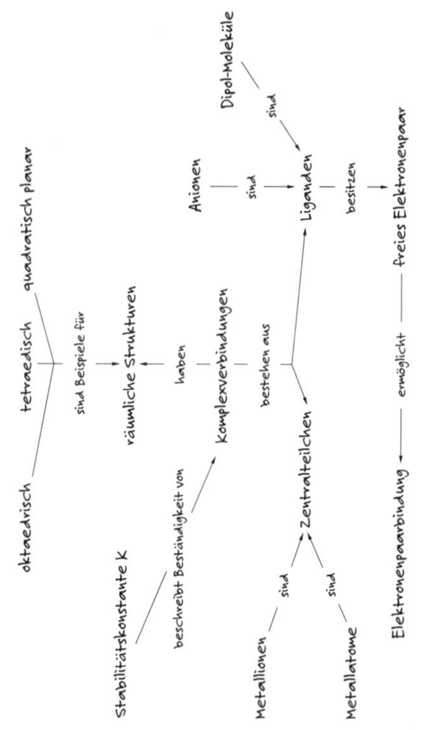

Übungsklausur

Eisen(II)-Ionen in Komplexverbindungen

A1 a) Wasser-Moleküle sind Dipol-Moleküle, die über ein freies Elektronenpaar am Sauerstoff-Atom mit einem positiven Ion in Wechselwirkung treten. Dabei wird das Sauerstoff-Atom zum Kation ausgerichtet.

b) Das Eisen(II)-Ion hat in seiner Atomhülle 24 Elektronen. Bis zum Erreichen der nächsten Edelgaskonfiguration, der des Kryptons, fehlen 12 Elektronen. Folglich können sechs Liganden mit je einem Elektronenpaar gebunden werden. Bei sechs Liganden entsteht als räumlich stabile Struktur ein Oktaeder.

c) In wässriger Lösung liegt das Eisen(II)-Ion hydratisiert vor: $[Fe(H_2O)_6]^{2+}$. Bei der Reaktion mit Wasser wird ein Proton der Hydrathülle abgespalten. Es bildet mit einem Wasser-Molekül ein Hydronium-Ion, welches für die saure Reaktion verantwortlich ist:

$[Fe(H_2O)_6]^{2+}(aq) + H_2O(l) \longrightarrow [Fe(OH)(H_2O)_5]^+(aq) + H_3O^+(aq)$

d) Die hydratisierten Eisen(II)-Ionen reagieren mit Cyanid-Ionen zu einer sehr stabilen Komplexverbindung, sodass für eine Fällungsreaktion keine Eisen(II)-Ionen mehr zur Verfügung stehen:

$[Fe(H_2O)_6]^{2+}(aq) + 6\ CN^-(aq) \longrightarrow [Fe(CN)_6]^{4-}(aq) + 6\ H_2O(l)$

e) Diacetyldioxim ist ein zweizähniger Ligand und bildet mit Eisen(II)-Ionen einen Chelatkomplex. Aufgrund des Chelateffekts, sind solche Komplexe stabiler als Komplexe mit einzähnigen Liganden.

f) Für die Vergiftung durch Kohlenstoffmonooxid kann man vereinfacht folgende Reaktion annehmen:

$[Häm(O_2)] + CO \rightleftharpoons [Häm(CO)] + O_2$

Das chemische Gleichgewicht liegt auf der rechten Seite. Wird die Sauerstoffkonzentration durch die Beatmung mit reinem Sauerstoff erhöht, so verschiebt sich das Gleichgewicht wieder nach links, dass heißt, Kohlenstoffmonooxid wird vom Häm-Komplex abgespalten und dafür wieder Sauerstoff angelagert.

Übungsklausur

Maskierung von Metallionen

A2 a) Zunächst kommt es zwischen den Blei-Ionen und den Chlorid-Ionen zu einer Fällungsreaktion:

$Pb^{2+}(aq) + 2\ Cl^-(aq) \longrightarrow PbCl_2(s)$

Bei Überschuss von Cl^--Ionen löst sich der Niederschlag unter Komplexbildung auf:

$PbCl_2(s) + Cl^-(aq) \longrightarrow [PbCl_3]^-(aq)$

b) Wird die Bleinitrat-Lösung mit verdünnter Natronlauge versetzt, fällt Bleihydroxid aus. Dieser Niederschlag löst sich bei Überschuss von Hydroxid-Ionen unter Komplexbildung auf:

$Pb^{2+}(aq) + 2\ OH^-(aq) \longrightarrow Pb(OH)_2(s)$

$Pb(OH)_2(s) + OH^-(aq) \longrightarrow [Pb(OH)_3]^-(aq)$

c) Blei(II)-Ionen haben in ihrer Atomhülle 80 Elektronen. Zur Edelgaskonfiguration von Radon fehlen sechs Elektronen. Somit können drei Liganden mit je einem Elektronenpaar angelagert werden. Eine stabile Struktur bildet sich, wenn eine trigonal planare Struktur entsteht. Die drei Liganden liegen in einer Ebene und bilden Winkel von 120° miteinander. Das setzt eine sp^2-Hybridisierung voraus.

d) Glas 1: kräftige Rotfärbung, Eisen(III)-Ionen werden nachgewiesen.

$[Fe(H_2O)_6]^{3+}(aq) + SCN^-(aq) \longrightarrow [Fe(SCN)(H_2O)_5]^{2+}(aq) + H_2O(l)$

Glas 2: Es fällt ein dunkler Niederschlag von Eisen(III)-hydroxid aus.

$[Fe(H_2O)_6]^{3+} + 3\ OH^-(aq) \longrightarrow [Fe(OH)_3(H_2O)_3](s) + 3\ H_2O(l)$

vereinfacht:

$Fe^{3+}(aq) + 3\ OH^-(aq) \longrightarrow Fe(OH)_3(s)$

e) Nach Zugabe der Natriumfluorid-Lösung bleibt die Lösung klar. Das ändert sich auch nicht, wenn Thiocyanat-Ionen oder Hydroxid-Ionen zugegeben werden. Durch die Zugabe der Fluorid-Ionen wurden die Eisen(III)-Ionen maskiert. Es ist ein stabiler Komplex mit Fluorid-Ionen als Liganden entstanden. Die typische Nachweisreaktion mit Thiocyanat-Ionen bleibt genauso aus wie die Fällungsreaktion mit Hydroxid-Ionen. Für die Maskierung kann folgende Reaktionsgleichung angegeben werden:

$[Fe(H_2O)_6]^{3+} + F^-(aq) \longrightarrow [FeF(H_2O)_5]^{2+}(aq)$

Geschwindigkeit chemischer Reaktionen und chemisches Gleichgewicht

1. Ordnen Sie die oben genannten Angaben dem Navigationssystem zu und erklären Sie kurz, was die Größen angeben.

Die Momentangeschwindigkeit gibt an, wie schnell man zu einem Zeitpunkt ist.

Die mittlere Geschwindigkeit gibt an, wie schnell man im Mittel über die gesamte Fahrtzeit war. Die verbleibende Fahrtzeit ist der Quotient aus verbleibender Strecke und mittlerer Geschwindigkeit.

2. Geben Sie für den Begriff *Geschwindigkeit* eine kurze Definition an.

Unter Geschwindigkeit versteht man die Änderung des Weges mit der Zeit.

3. Beschreiben Sie den Unterschied zwischen der Momentangeschwindigkeit und der mittleren Geschwindigkeit?

Mittlere Geschwindigkeit ist blind für den Geschwindigkeitsverlauf;

aktuelle Geschwindigkeit gibt nur eine Momentaufnahme wider.

Eine chemische Reaktion bewegt sich makroskopisch gesehen zwar nicht von Ort zu Ort, aber sie verläuft dennoch mit einer gewissen Geschwindigkeit.

4. Zeichnen Sie ein Teilchenbild für einen möglichen Anfangszustand der Reaktion A + B ⟶ C, einen möglichen Endzustand und einen Zeitpunkt während der Reaktion.

5. Entwickeln Sie – analog zur Geschwindigkeit beim Autofahren – eine Definition für die Reaktionsgeschwindigkeit und übertragen Sie diese auf die Größen in einem „Reaktionsnavigationssystem".

Reaktionsgeschwindigkeit: Änderung der Teilchenanzahl mit der Zeit

Mittlere Reaktionsgeschwindigkeit: Änderung der Teilchenanzahl mit der Zeit in einem Intervall

Momentangeschwindigkeit: Änderungsrate der Teilchenanzahl an einem bestimmten Punkt

Noch zu fahrende Strecke: verbleibendes Edukt

Restliche Fahrtzeit: Zeit bis zum Ende der Reaktion

Praktikum **Die Reaktionsgeschwindigkeit**

Auswertung:

a) Notieren Sie Ihre Beobachtungen und erklären Sie die Gewichtsveränderung im Laufe der Reaktion.

Das Marmorstück löst sich unter Gasentwicklung langsam auf.

b) Geben Sie die Reaktionsgleichungen für die Reaktion und die Nachweisreaktion an.

$CaCO_3(s) + 2\,H^+(aq) + 2\,Cl^-(aq) \longrightarrow Ca^{2+}(aq) + 2\,Cl^-(aq) + H_2O(l) + CO_2(g)$

$Ca^{2+}(aq) + 2\,OH^-(aq) + CO_2(aq) \longrightarrow CaCO_3(s) + H_2O(l)$

c) Berechnen Sie mit Hilfe Ihres Rechners für jeden Messpunkt die Masse an Kohlenstoffdioxid in g und die Stoffmenge an Kohlenstoffdioxid in mmol.

$\frac{t}{s}$	$\frac{m_{gesamt}}{g}$	$\frac{m(CO_2)}{g}$	$\frac{n}{mmol}$
0	187,88	0	0
30	187,49	0,39	8,864
60	187,38	0,5	11,364
90	187,28	0,6	13,636
120	187,21	0,67	15,227
150	187,17	0,71	16,136
180	187,14	0,74	16,818
210	187,11	0,77	17,5

$\frac{t}{s}$	$\frac{m_{gesamt}}{g}$	$\frac{m(CO_2)}{g}$	$\frac{n}{mmol}$
240	187,09	0,79	17,955
270	187,07	0,81	18,409
300	187,05	0,83	18,864
330	187,04	0,84	19,091
360	187,03	0,85	19,318
390	187,02	0,86	19,545
420	187,01	0,87	19,773

d) Erstellen Sie ein Diagramm, in dem die Stoffmenge gegen die Zeit aufgetragen ist, und interpretieren Sie dieses im Hinblick auf die Reaktionsgeschwindigkeit.

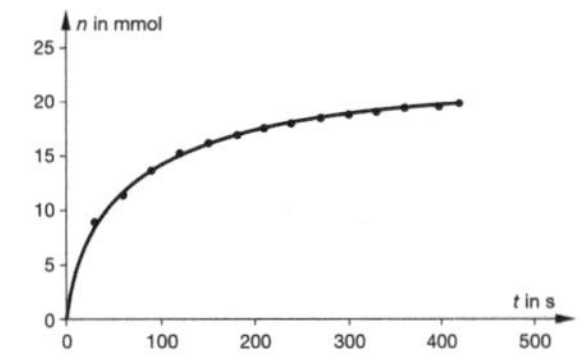

Im Verlauf der Reaktion nimmt die je Zeiteinheit gebildete Menge an CO_2 ab, das heißt die Reaktionsgeschwindigkeit wird kleiner. Dies liegt an einer geringeren Stoßwahrscheinlichkeit der Eduktmoleküle.

e) Berechnen Sie die Durchschnittsgeschwindigkeit zwischen zwei beliebigen Punkten und bestimmen Sie graphisch die Momentangeschwindigkeit bei $t = 60$ s.

Durchschnittsgeschwindigkeit ist Änderung der Stoffmenge mit der Zeit in einem Intervall. Es gilt $\overline{v} = |n_2 - n_1| / |t_2 - t_1|$. Die Momentangeschwindigkeit kann grafisch als Steigung der Tangente bestimmt werden.

Reaktionsgeschwindigkeit und Stoßtheorie Arbeitsblatt

Damit Stoffe miteinander reagieren können, müssen sie zusammengebracht werden. Dies gilt sowohl für die Stoffebene als auch für die Teilchenebene. Nach der Stoßtheorie können zwei Teilchen nur dann reagieren, wenn sie sich treffen und dabei ein sogenannter „reaktiver Stoß" stattfindet.

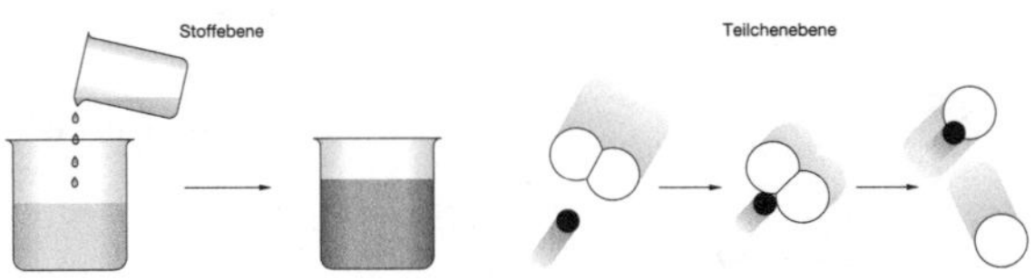

Die Geschwindigkeit der Gesamtreaktion hängt von der Anzahl der reaktiven Stöße ab. Entsprechend können Einflüsse auf die Reaktionsgeschwindigkeit auch immer mit Hilfe der Stoßtheorie erklärt werden.

1. Bei der Reaktion von Calciumcarbonat mit Salzsäure beobachtet man im Laufe der Zeit eine Abnahme der Reaktionsgeschwindigkeit. Erklären Sie diesen Sachverhalt kurz mit Hilfe der Stoßtheorie.

Je weiter eine Reaktion fortschreitet, desto weniger Eduktteilchen und desto mehr Produktteilchen liegen vor. Die Konzentration der Edukte verringert sich, die Wahrscheinlichkeit, dass zwei Teilchen sich treffen, nimmt ab.

2. Prüfen Sie die folgenden Aussagen auf ihre Richtigkeit und begründen Sie Ihre Entscheidung mit Hilfe der Stoßtheorie.

Durch die Erfindung des Kühlschranks, wurden Lebensmittel länger haltbar.	Beim Schweißen von Schienen reagiert Aluminium mit Eisenoxid. Da flüssiges Eisen als Produkt entsteht, wird die Reaktion beschleunigt, indem mit einem Stempel während der Zündung auf das Gemisch gepresst wird.	1 kg Braten hält sich länger als 1 kg Hackfleisch!	„Viel hilft viel!" (alte Chemiker-Weisheit)
☒ richtig ☐ falsch	☐ richtig ☒ falsch	☒ richtig ☐ falsch	☒ richtig ☐ falsch
Herabsetzen der Temperatur verlangsamt die Reaktion. Teilchen bewegen sich langsamer.	**Der Reaktionsraum wird nur unmerklich verkleinert. Daher kein Einfluss auf die Reaktionsgeschwindigkeit**	**Hackfleisch besitzt einen höheren Zerteilungsgrad und damit eine höhere Wahrscheinlichkeit für Zusammenstöße.**	**Stimmt in Bezug auf hohe Konzentrationen, da es aufgrund der höheren Teilchenanzahl zu mehr Zusammenstößen kommt.**

Praktikum **Reaktionsgeschwindigkeit und Zerteilungsgrad**

Aufgaben:

a) Notieren Sie Ihre Beobachtungen.

Magnesium reagiert mit Salzsäure unter Gasentwicklung.

b) Stellen Sie die Reaktionsgleichung für die vorliegende Reaktion von Magnesium mit Salzsäure auf.

$Mg(s) + 2\,H^+(aq) + 2\,Cl^-(aq) \longrightarrow Mg^{2+}(aq) + 2\,Cl^-(aq) + H_2(g)$

c) Berechnen Sie mit Hilfe Ihres Rechners das Volumen und die Stoffmenge des entstehenden Wasserstoffs. Erstellen Sie ein Diagramm, bei dem die Stoffmenge an Wasserstoff gegen die Zeit aufgetragen ist.

d) Bestimmen Sie rechnerisch die Durchschnittsgeschwindigkeit für alle Reaktionen im Zeitintervall (t_1; t_2). Geben Sie an, welche Aussagen sich über den Zusammenhang von Reaktionsgeschwindigkeit und Zerteilungsgrad treffen lassen

$\overline{v} = |n_2 - n_1| / |t_2 - t_1|$

Je höher der Zerteilungsgrad, desto höher die Durchschnittsgeschwindigkeit.

e) Erklären Sie den Zusammenhang mit Hilfe der Stoßtheorie. Fertigen Sie dazu Teilchenbilder an, die Ihre Aussagen verdeutlichen.

Je höher der Zerteilungsgrad, desto höher ist die Wahrscheinlichkeit eines reaktiven Stoßes, da mehr Magnesium-Atome zur Reaktion verfügbar stehen und so eine höhere Durchmischung erreicht werden kann.

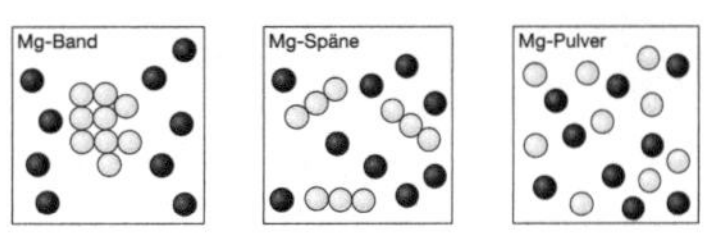

Der Katalysator – ein Phänomen

Arbeitsblatt

Katalysatoren sind heute an einer Vielzahl chemischer Prozesse beteiligt. Der moderne Umweltschutz ist ohne Katalysator nicht denkbar. Alle grundlegenden Stoffwechselreaktionen von Lebewesen werden durch Enzyme (Biokatalysatoren) gelenkt.

1. Bei der Herstellung von Synthesegas aus Erdgas reagiert Methan mit Wasserdampf an einem Nickel-Katalysator zu Wasserstoff und Kohlenstoffmonooxid. Stellen Sie die Reaktionsgleichung auf und berechnen Sie die molare Reaktionsenthalpie. Skizzieren und beschriften Sie für diese Reaktion ein Energieverlaufsdiagramm.

$CH_4(g) + H_2O(g) \rightleftharpoons 3\,H_2(g) + CO(g)$

$\Delta_R H = (-111\ kJ \cdot mol^{-1})$
$\quad - ((-75\ kJ \cdot mol^{-1}) + (-24\ kJ \cdot mol^{-1}))$
$\quad = 206\ kJ \cdot mol^{-1}$

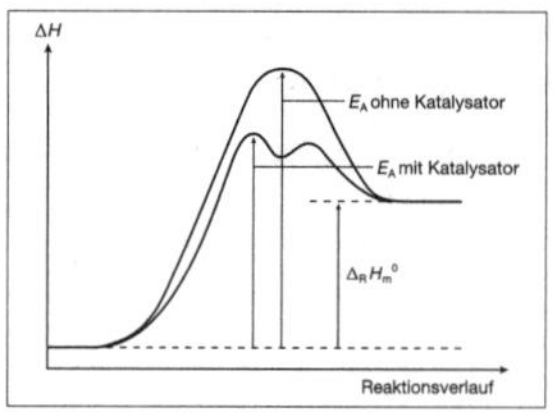

2. Nennen Sie fünf Merkmale eines Katalysators.

Ein positiver Katalysator setzt die Aktivierungsenergie herab, dadurch wird die Reaktionsgeschwindigkeit vergrößert. Die Einstellzeit des chemischen Gleichgewichtes verkürzt sich. Zwischen den Edukten und dem Katalysator entstehen Zwischenprodukte. Nach der Reaktion liegt er unverändert vor.

3. Erläutern Sie den Einfluss eines Katalysators auf das chemische Gleichgewicht und die molare Reaktionsenthalphie.

Die Lage eines chemischen Gleichgewichtes und die Reaktionsenthalpie werden nicht beeinflusst. Es wird nur die Einstellzeit verkürzt.

4. Ein Katalysator besitzt oft selektive Wirkung. Erklären Sie diesen Begriff an Beispielen.

Die Selektivität gibt an, in welchem Maße ein bestimmtes Reaktionsprodukt im Vergleich zu anderen gebildet wird. Ethanol reagiert am Kupferkatalysator zu Ethanal und Wasserstoff, dagegen mit einem Aluminiumoxidkatalysator zu Ethen und Wasser. Verschiedene Katalysatoren führen zu unterschiedlichen Reaktionswegen.

5. BERZELIUS leitete den Begriff der chemischen Katalyse aus dem griechischen ab. Das bedeutet danach „Auflösung". Das chinesische Schriftzeichen für Katalyse wurde von dem Zeichen „Heiratsvermittler" abgeleitet. Erklären Sie die Gemeinsamkeiten beider Ableitungen.

Bei einer chemischen Reaktion werden in den Molekülen Bindungen gebrochen, d. h. „aufgelöst". Neue Bindungen werden unter Bildung neuer Moleküle geknüpft, die Moleküle werden miteinander „verheiratet". Durch Katalysatoren wird das Aufgeben alter und Entstehen neuer Bindungen erleichtert.

Praktikum

Homogene Katalyse und heterogene Katalyse

Versuch: Zersetzung von Wasserstoffperoxid

Materialien: 7 Reagenzgläser, Reagenzglasgestell, Holzspan, Gasbrenner, Spatel, Pipetten; Mangan(IV)-oxid (Braunstein; Xn), Eisen(III)-chlorid-Lösungen unterschiedlicher Konzentrationen (w = 2,5 %, w = 5 % und w = 10 %), Wasserstoffperoxid-Lösung (w = 3 %), Trockenhefe.

Durchführung:

1. Geben Sie in sieben durchnummerierte Reagenzgläser jeweils 5 ml Wasserstoffperoxid-Lösung.
2. In Reagenzglas 1 wird eine Spatelspitze Braunstein, in Reagenzglas werden 3 Spatelspitzen gegeben. Schütteln Sie vorsichtig und halten Sie einen glimmenden Holzspan hinein.
3. In die Reagenzgläser 3 bis 5 werden jeweils 2,5 ml der unterschiedlich konzentrierten Eisen(III)-chlorid-Lösungen gegeben. Führen Sie auch hier die Glimmspanprobe durch.
4. Schlämmen Sie etwa einen halben Spatel Trockenhefe 2,5 ml Wasser auf, schütteln Sie gut und überführen Sie die Suspension in Reagenzglas 6. Auch hier wird die Glimmspanprobe durchgeführt.
5. Geben Sie 2,5 ml Wasser in Reagenzglas 7 und prüfen Sie auch hier mit dem glimmenden Holzspan.

Beobachtung:

1	2	3	4	5	6	7
Sauerstoffnachweis in allen Fällen positiv						**keine Reaktion**
Gasentwicklung bei 2 stärker		**Gasentwicklung nimmt mit steigender Konzentration zu.**				

Aufgaben:

a) Stellen Sie die Reaktionsgleichung für den Zerfall von Wasserstoffperoxid auf.

$2\,H_2O_2 \xrightarrow{Kat.} 2\,H_2O + O_2$

b) Erklären Sie, bei welchen Versuchen es sich um eine heterogene Katalyse, bei welchen um eine homogene Katalyse handelt. Ordnen Sie die Stoffe den Begriffen Biokatalysator und technischer Katalysator zu.

Bei den Versuchen 1, 2 und 6 läuft eine heterogene Katalyse ab, bei 3, 4 und 5 eine homogene. MnO_2 und $FeCl_3$ sind technische Katalysatoren, die Enzyme der Hefe Biokatalysatoren.

c) Ordnen Sie die Reaktionsschritte einer heterogen katalysierten Reaktion von Schritt 1 bis 5 und zeichnen Sie einen entsprechenden „Teilchen-Comic" für die Zersetzung von Wasserstoffperoxid:
[a] Desorption der Produkte von der Grenzfläche. **[b]** Adsorption des Edukts an die Grenzfläche. **[c]** Diffusion des Edukts zur Oberfläche des Katalysators **[d]**. Diffusion der Produkte in die umgebende Lösung. **[e]** Chemische Reaktion an der Grenzfläche.

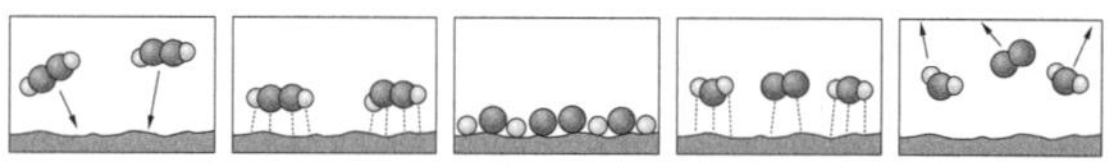

Das Massenwirkungsgesetz

Arbeitsblatt

Durch das **M**ASSEN**W**IRKUNGS**G**ESETZ (MWG) werden Gleichgewichtsprozesse quantitativ erfasst.

1. Formulieren Sie das MWG für die Reaktion 2 A + 2 B ⇌ C + D. Setzen Sie für die Edukte und Produkte die Konzentrationen ein und geben Sie die Einheit der Gleichgewichtskonstanten K_c für dieses Beispiel an. Wovon ist die Gleichgewichtskonstante K_c abhängig?

$K_c = \frac{c_C \cdot c_D}{c_A^2 \cdot c_B^2}$ Einheit für K_c: $\frac{l^2}{mol^2}$

K_c ist eine temperaturabhängige Konstante

2. Vervollständigen Sie die Tabelle, indem Sie anhand der Gleichgewichtskonstanten die Lage des Gleichgewichts ermitteln, die passenden Gleichgewichtspfeile einzeichnen ⇽ oder ⇾ und das Massenwirkungsgesetz für jede Reaktion formulieren.

K_c	Reaktionsgleichung	MWG
54,5	$H_2(g) + I_2(g) \rightleftharpoons 2\,HI(g)$	$K_c = \frac{c^2(HI)}{c(H_2) \cdot c(I_2)}$
0,97	$N_2O_4(g) \rightleftharpoons 2\,NO_2(g)$	$K_c = \frac{c^2(NO_2)}{c(N_2O_4)}$
36,9	$2\,SO_2(g) + O_2(g) \rightleftharpoons 2\,SO_3(g)$	$K_c = \frac{c^2(SO_3)}{c^3(SO_2) \cdot c(O_2)}$

3. Für die Reaktion A ⇌ B werden die folgenden Angaben gemacht:
Ordnen Sie die K_c-Werte in der Abbildung den Bechergläsern zu. Beurteilen Sie, ob diese Reaktion exotherm oder endotherm abläuft und begründen Sie Ihre Antwort mit Hilfe des MWG.

T in K	273	315	401
K_c	0,09	1	11

☐ Edukt:
■ Produkt:

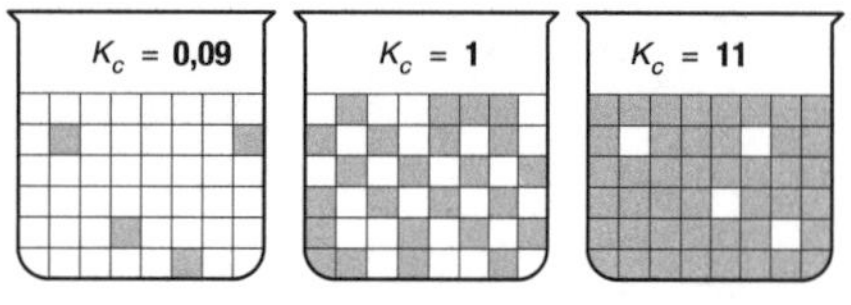

Die Reaktion verläuft endotherm, denn mit zunehmender Temperatur werden mehr Produkte gebildet. Der Wert des Bruches im MWG steigt und damit K_c.

Arbeitsblatt

Anwendung des MWG auf das Estergleichgewicht

1. Stellen Sie die Reaktionsgleichung und das MWG für die Umsetzung von Propanol und Propansäure zu Propansäurepropylester und Wasser auf.

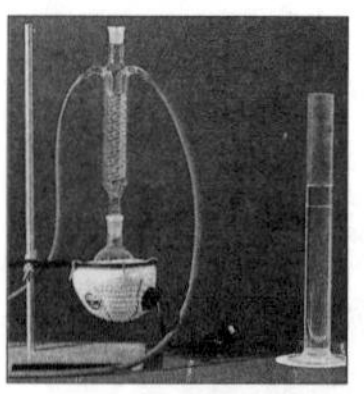

$C_2H_5{-}CH_2OH + C_2H_5{-}COOH \xrightleftharpoons{Katalysator} C_2H_5{-}CH_2O{-}\overset{\overset{O}{\|}}{C}{-}C_2H_5 + H_2O$

$K_c = \frac{n(C_3H_7O{-}CO{-}C_2H_5) \cdot n(H_2O)}{n(C_3H_7OH) \cdot n(C_2H_5COOH)}$

2. Berechnen Sie die im Gleichgewicht vorliegenden Stoffmengen und tragen Sie diese in die Tabelle ein (K_c = 4). Geben Sie die Ausbeute an Ester an.

	vor der Reaktion		im Gleichgewicht				
	n (Propanol) / mol	n (Propansäure) / mol	n (Propanol) / mol	n (Propansäure) / mol	n (Ester) / mol	n (Wasser) / mol	Ausbeute an Ester η
a)	1	1	**0,33**	**0,33**	**0,67**	**0,67**	**0,67**
b)	1	2	**0,14**	**1,14**	**0,85**	**0,85**	**0,85**
c)	1	3	**0,1**	**2,1**	**0,90**	**0,90**	**0,90**
d)	1	4	**0,07**	**3,07**	**0,93**	**0,93**	**0,93**
e)	1	5	**0,055**	**4,005**	**0,945**	**0,945**	**0,945**
f)	1	8	**0,3**	**7,03**	**0,97**	**0,97**	**0,97**

3. Tragen Sie im Diagramm die Ausbeute an Ester η gegen die Stoffmenge an Propansäure auf und werten Sie das Diagramm aus.

Mit Erhöhung der Säuremenge erhöht sich auch die Esterausbeute. Die Kurve nähert sich asymptotisch dem Wert 1 an. Bei größeren Stoffmengen als 3 mol Säure tritt keine wesentliche Ausbeutesteigerung auf.

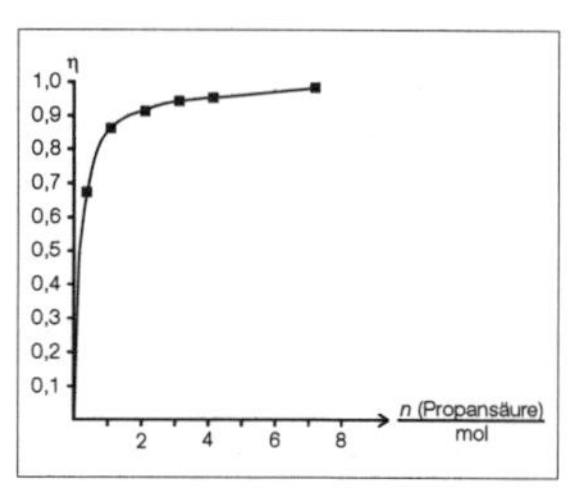

Prinzip von LE CHATELIER

Arbeitsblatt

1. Formulieren Sie das Prinzip von LE CHATELIER.

Jede Störung eines Gleichgewichts durch die Änderung der äußeren Bedingungen führt zu einer Verschiebung des Gleichgewichts, die der Störung entgegen wirkt.

2. Ein eingestelltes chemisches Gleichgewicht kann durch Temperatur-, Druck- und Konzentrationsänderungen beeinflusst werden.

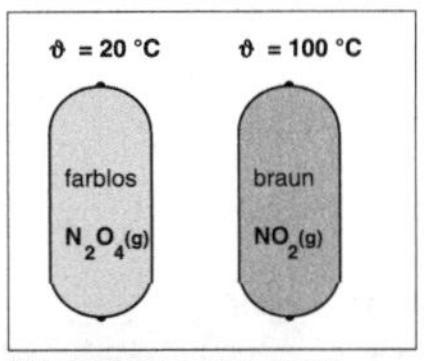

Einfluss der Temperatur auf das N_2O_4/NO_2-Gleichgewicht

a) Stellen Sie die Reaktionsgleichung für den Zerfall des farblosen Distickstofftetraoxids zu rotbraunem Stickstoffdioxid auf und erklären Sie den Einfluss einer Temperaturerhöhung auf dieses Gleichgewicht.

$N_2O_4(g) \rightleftharpoons 2\,NO_2(g)$; $\Delta_R H > 0$

Bei erhöhter Temperatur wird verstärkt das braune Stickstoffdioxid gebildet. Das Gleichgewicht wird auf die Seite der endothermen Reaktion verschoben.

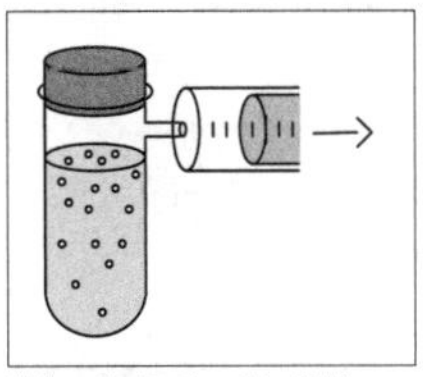

Einfluss des Drucks auf das Kohlensäure-Gleichgewicht

b) Stellen Sie die Reaktionsgleichung für den Zerfall der gelösten Kohlensäure auf und erklären Sie an diesem Beispiel die Druckabhängigkeit der Lage des chemischen Gleichgewichts.

$H_2CO_3(aq) \rightleftharpoons H_2O(l) + CO_2(g)$

Bei Anwendung eines Unterdrucks (Herausziehen des Kolbens) wird verstärkt Kohlenstoffdioxid gebildet. Das Gleichgewicht verlagert sich auf die Seite der Volumenzunahme.

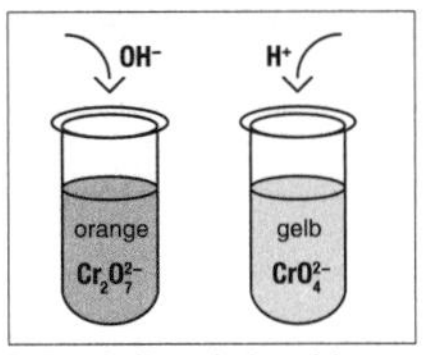

Einfluss der Konzentration auf das $Cr_2O_7^{2-}/CrO_4^{2-}$-Gleichgewicht

c) Erklären Sie den Einfluss der Zugabe von OH^--Ionen bzw. H^+-Ionen auf das folgende chemische Gleichgewicht:

$Cr_2O_7^{2-} + OH^- \rightleftharpoons 2\,CrO_4^{2-} + H^+$

Bei der Zugabe von OH^--Ionen (Zufuhr eines Edukts) bilden sich verstärkt Chromat-Ionen (Farbumschlag: orange → gelb).

Bei der Zugabe von H^+-Ionen (Zufuhr eines Produkts) bilden sich verstärkt Dichromat-Ionen (Farbumschlag: gelb → orange).

Arbeitsblatt

Die Lage des Gleichgewichts – ein Spiel

t in s	0	10	20	30	40	50	60	70	80	90	100	110
Spieler 1	30	**29**	**28**	**27**	**23**	**23**	**23**	**22**	**21**	**21**	**20**	**21**
Spieler 2	0	**1**	**2**	**3**	**7**	**7**	**7**	**8**	**9**	**9**	**10**	**9**

1. Skizzieren Sie in Ihrem Hefter ein Diagramm, in dem Sie jeweils die Anzahl der Paare gegen die Zeit auftragen.

Das Gleichgewicht stellt sich bei 21 : 9 Paaren ein.

Änderung der Bedingungen:
Jeder Spieler bekommt an Strohhalmstückpaaren den Mittelwert aus den letzten vier Messpunkten des ersten Spieles. Dann wird weitergespielt, wie oben beschrieben. Allerdings kommen ein paar Änderungen hinzu:

Änderung der Temperatur: Spieler 1 darf nur eine Hand benutzen und darf immer nur ein Röllchen gleichzeitig aufnehmen und in die andere Hälfte legen.

t in s	0	10	20	30	40	50	60	70	80	90	100
Spieler 1	**21**	**22**	**23**	**25**	**24**	**25**	**24**	**25**	**25**	**25**	**25**
Spieler 2	**9**	**8**	**7**	**5**	**6**	**5**	**6**	**5**	**5**	**5**	**5**

Änderung der Konzentration: Spieler 1 bekommt 15 weitere Strohhalmstücke einer Farbe hinzu.

t in s	0	10	20	30	40	50	60	70	80	90	100
Spieler 1	**21**	**22**	**19**	**19**	**18**	**18**	**17**	**16**	**17**	**17**	**16**
Spieler 2	**9**	**8**	**11**	**11**	**12**	**12**	**13**	**14**	**13**	**13**	**14**

2. Erstellen Sie auch für diese Experimente jeweils ein Diagramm und diskutieren Sie die drei vergleichend.

Bei einer Temperaturänderung wird das Gleichgewicht auf die Seite der Edukte verschoben, die Hinreaktion verläuft langsamer.

Bei Konzentrationsänderung auf der Eduktseite verlagert sich das Gleichgewicht auf die Seite der Produkte.

3. Welche Möglichkeiten könnte es geben, eine Änderung des Drucks darzustellen? Planen Sie eine geeignete Regeländerung und führen Sie das Experiment durch.

Mögliche Variationen sind: Das Spielfeld wird für einen Spieler vergrößert und den anderen verkleinert.

Ein Spieler erhält die doppelte Anzahl an Röllchen.

Gasgleichgewichte

Arbeitsblatt

Konvertierung von Synthesegas $CO(g) + H_2O(l) \rightleftharpoons$ **$CO_2(g) + H_2(g)$;** $\Delta_R H = -41\ kJ \cdot mol^{-1}$	$K_p = \frac{p_{H_2} \cdot p_{CO_2}}{p_{H_2O} \cdot p_{CO}}$	Normal-druck	Fe_2O_3/Cr_2O_3 Cu	350–400 220	**kontinuierliche Arbeitsweise, Überschuss von Wasserdampf**
Methanolsynthese **$CO(g) + 2\,H_2(g) \rightleftharpoons CH_3(OH)(g)$;** $\Delta_R H = -120\ kJ \cdot mol^{-1}$	$K_p = \frac{p_{CH_3OH}}{p^2_{H_2} \cdot p_{CO}}$	20–30 8	ZnO/Cr_2O_3 Cu/Cr	-370 250	**kontinuierliche Arbeitsweise, Überschuss von Wasserstoff**
Ammoniaksynthese **$N_2(g) + 3\,H_2(g)$; $\rightleftharpoons 2\,NH_3(g)$;** $\Delta_R H =$ **$-92\ kJ \cdot mol^{-1}$**	$K_p = \frac{p^2_{NH_3}}{p^3_{H_2} \cdot p_{N_2}}$	20–30	Fe_2O_3	450	**kontinuierliche Arbeitsweise** $n_{H_2} : n_{N_2} = 3 : 1$
Kontaktverfahren **$2\,SO_2(g) + O_2(g)$;** $\rightleftharpoons 2\,SO_3(g)$ $\Delta_R H = -197\ kJ \cdot mol^{-1}$	$K_p = \frac{p^2_{SO_3}}{p^2_{SO_2} \cdot p_{O_2}}$	Normal-druck	V_2O_5	450	**kontinuierliche Arbeitsweise, Überschuss von Sauerstoff (Luft)**
Dampfreformierung $CH_4(g) + H_2O(l) \rightleftharpoons$ **$CO(g) + 3\,H_2(g)$;** $\Delta_R H =$ **$206\ kJ \cdot mol^{-1}$**	$K_p = \frac{p^3_{H_2} \cdot p_{CO}}{p_{H_2O} \cdot p_{CH_4}}$	Normal-druck	NiO/Al_2O_3	750–850	**kontinuierliche Arbeitsweise, Überschuss von Wasserdampf**

2. Konvertierung: **Dieses Gasgleichgewicht ist druckunabhängig. Die Anzahl der Mole der Gase von Ausgangsstoffen und Reaktionsprodukten sind gleich. Folglich wird mit Normaldruck gearbeitet. Die exotherme Reaktion verlangt theoretisch eine niedrige Temperatur. Die Arbeitstemperatur des Katalysators verlangt jedoch die gewählte Reaktionstemperatur.**

Methanolsynthese: **Bei diesem Gasgleichgewicht kommt es zu einer Volumenverminderung, somit wird durch erhöhten Druck die Lage des Gleichgewichts zugunsten der Reaktionsprodukte verschoben. Die Arbeitstemperatur des Katalysators bestimmt, dass die Reaktion bei erhöhter Temperatur ablaufen muss.**

Dampfreformierung: **Die Bildung der Reaktionsprodukte ist mit einer Volumenzunahme verbunden. Da Unterdruck zu kostspielig wäre, wird bei Normaldruck gearbeitet. Die Reaktion ist endotherm. Folglich muss bei erhöhter Temperatur gearbeitet werden.**

3. Kontaktverfahren: **Bei zunehmender Temperatur verschiebt sich die Lage des Gleichgewichts zugunsten der Ausgangsstoffe, im MWG wird der Wert des Bruches kleiner und damit sinkt K_p.**

Dampfreformierung: **Bei zunehmender Temperatur verschiebt sich die Lage des Gleichgewichts zugunsten der Reaktionsprodukte, im MWG wird der Wert des Bruches größer und damit steigt K_p.**

Arbeitsblatt

Fällungsreaktionen – Löslichkeitsprodukt

1. Vervollständigen Sie die folgende Tabelle.

Nachzuweisendes Ion	Formel des Nachweismittels	Reaktionsgleichung für die Fällungsreaktion	Farbe des Niederschlags
Cl^-	**$AgNO_3$**	**$Ag^+(aq) + Cl^-(aq) \rightleftharpoons AgCl(s)$**	**weiß**
Br^-	**$AgNO_3$**	**$Ag^+(aq) + Br^-(aq) \rightleftharpoons AgBr(s)$**	**weiß/gelblich**
I^-	**$AgNO_3$**	**$Ag^+(aq) + I^-(aq) \rightleftharpoons AgI(s)$**	**hellgelb**
SO_4^{2-}	**$BaCl_2$**	**$Ba^{2+}(aq) + SO_4^{2-}(aq) \rightleftharpoons BaSO_4(s)$**	**weiß**
CO_3^{2-}	**$Ba(OH)_2$**	**$Ba^{2+}(aq) + CO_3^{2-}(aq) \rightleftharpoons BaCO_3(s)$**	**weiß**
S^{2-}	**$(CH_3COO)_2Pb$**	**$Pb^{2+}(aq) + S_2^-(aq) \rightleftharpoons PbS(s)$**	**schwarz**
Ag^+	**NaCl**	**$Ag^+(aq) + Cl^-(aq) \rightleftharpoons AgCl(s)$**	**weiß**
Pb^{2+}	**Na_2S**	**$Pb^{2+}(aq) + S_2^-(aq) \rightleftharpoons PbS(s)$**	**schwarz**

Wird das Massenwirkungsgesetz auf gesättigte Lösungen schwerlöslicher Salze angewandt, so erhält man das Löslichkeitsprodukt. Damit werden Fällungsreaktionen quantitativ erfasst. Bei der Anwendung des MWG auf diese gesättigten Lösungen, wird das Gleichgewicht zwischen freibeweglichen Ionen und den undissoziierten Salzteilchen in der Lösung vernachlässigt.

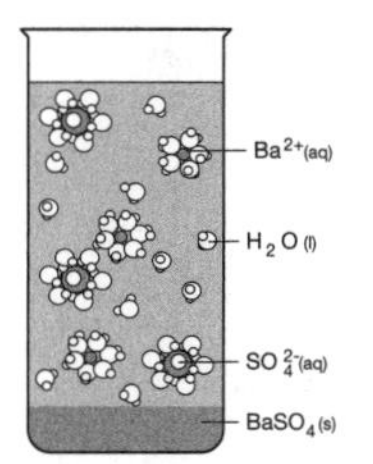

2. Setzen Sie entsprechend nebenstehender Abbildung das Gleichgewicht zwischen den freibeweglichen Ionen und dem Niederschlag ins MWG ein und formulieren Sie die Größengleichung für das Löslichkeitsprodukt

$$K_c = \frac{c(Ba^{2+})(aq) \cdot c(SO_4^{2-})(aq)}{c(BaSO_4)(s)}$$

$K_L(BaSO_4) =$ **$c(Ba^{2+})(aq) \cdot c(SO_4^{2-})(aq)$**

3. Geben Sie die Löslichkeitsprodukte von AgCl, AgBr und AgI an, vergleichen Sie die K_L und pK_L-Werte miteinander und kennzeichnen Sie die Veränderung mit Hilfe der vorgezeichneten Keile, um die Zu- oder Abnahme zu markieren. Berechnen Sie die Konzentration der Ionen in der gesättigten Lösung dieser Salze.

Löslichkeitsprodukt	AgCl	AgBr	AgI
Vergleich von K_L	**$2 \cdot 10^{-10}\ mol^2 \cdot l^{-2}$**	**$5 \cdot 10^{-13}\ mol^2 \cdot l^{-2}$**	**$8 \cdot 10^{-17}\ mol^2 \cdot l^{-2}$**
Vergleich von pK_L	**9,7**	**12,3**	**16,1**
Berechnungen der Ionen-Konzentrationen	$c(Ag^+) =$ **$1{,}41 \cdot 10^{-5}\ mol \cdot l^{-1}$** $c(Cl^-) =$ **$1{,}41 \cdot 10^{-5}\ mol \cdot l^{-1}$**	$c(Ag^+) =$ **$7{,}07 \cdot 10^{-7}\ mol \cdot l^{-1}$** $c(Br^-) =$ **$7{,}07 \cdot 10^{-7}\ mol \cdot l^{-1}$**	$c(Ag^+) =$ **$8{,}94 \cdot 10^{-9}\ mol \cdot l^{-1}$** $c(I^-) =$ **$8{,}94 \cdot 10^{-9}\ mol \cdot l^{-1}$**

Abhängigkeit der Löslichkeit

Praktikum

Versuch: Die Abhängigkeit der Löslichkeit schwerlöslicher Salze von der Temperatur, der Konzentration und den Lösemitteln

Materialien: Reagenzgläser, Reagenzglashalter, Pipetten;
Kaliumchlorid-Lösung (verd.), Kaliumbromid-Lösung (verd.), Kaliumiodid-Lösung (verd.), Perchlorsäure (30%ig; C), Natriumthiosulfat-Lösung (verd.), Silbernitrat-Lösung (verd.), Ammoniak-Lösung (c = 4 mol · l^{-1}; Xi), destilliertes Wasser.

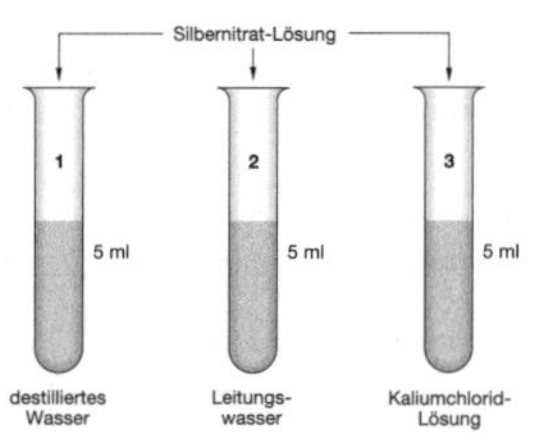

Durchführung:

1. Geben Sie zu etwa 2 ml Kaliumchlorid-Lösung drei Tropfen Perchlorsäure. Erwärmen Sie das Stoffgemisch und kühlen Sie anschließend wieder ab.
2. Füllen Sie drei Reagenzgläser entsprechend nebenstehender Abbildung und geben Sie in jedes Glas vier Tropfen Silbernitrat-Lösung.
3. Erzeugen Sie in zwei Reagenzgläsern einen Niederschlag von AgCl. Untersuchen Sie die Löslichkeit von Silberchlorid in der verdünnten Ammoniak-Lösung und Natriumthiosulfat-Lösung.
4. Wiederholen Sie die Löslichkeitsuntersuchungen aus Schritt 3 mit Niederschlägen von Silberbromid und Silberiodid.

Auswertung:

a) Stellen Sie für die Reaktion von Kalium-Ionen mit Perchlorat-Ionen die Gleichung auf und erklären Sie die Temperaturabhängigkeit dieser Fällungsreaktion.

$K^+(aq) + ClO_4^-(aq) \rightleftharpoons KClO_4(s)$

Beim Erwärmen löst sich der Niederschlag auf, d. h. die Löslichkeit nimmt bei erhöhter Temperatur zu.

b) Notieren Sie Ihre Beobachtung und werten Sie diese aus.

Reagenzglas 1	Reagenzglas 2	Reagenzglas 3
Lösung bleibt klar.	**schwache Trübung**	**kräftiger Niederschlag**

Durch erhöhte Cl^--Ionen Konzentration wird die Löslichkeit herabgesetzt.

c) Tragen Sie Ihre Beobachtungen zur Löslichkeit der Silberhalogenid-Niederschläge in die Tabelle ein und stellen Sie für die Auflösevorgänge die Reaktionsgleichungen auf.

Lösungsmittel	Silberhalogenid		
	AgCl	AgBr	AgI
$NH_3 \cdot H_2O$ (aq)	**+**	**–**	**–**
$Na_2S_2O_3$ (aq)	**+**	**+**	

$AgCl(s) + 2\,NH_3(aq) \rightleftharpoons [Ag(NH_3)_2]^+(aq) + Cl^-(aq)$

$AgCl(s) + 2\,S_2O_3^{2-}(aq) \rightleftharpoons [Ag(S_2O_3)_2]^{3-}(aq) + Cl^-(aq)$

$AgBr(s) + 2\,S_2O_3^{2-}(aq) \rightleftharpoons [Ag(S_2O_3)_2]^{3-}(aq) + Br^-(aq)$

Reaktionsgeschwindigkeit und chemisches Gleichgewicht

Basiswissen

Ergänzen Sie die fehlenden Angaben zum Basiswissen.

Reaktionsgeschwindigkeit

Der klassische Verlauf der Geschwindigkeit einer chemischen Reaktion:

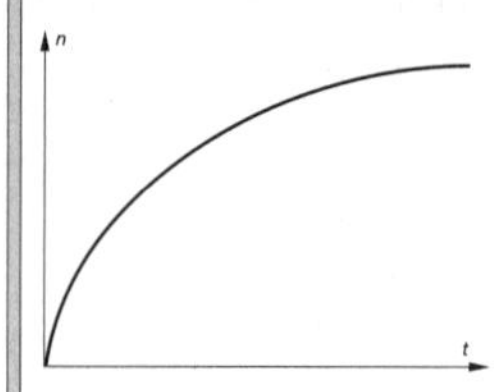

Mathematisch lassen sich die verschiedenen Typen von Reaktionsgeschwindigkeiten wie folgt zusammenfassen:

$v_r = \lim\limits_{\Delta t \to 0} \frac{|\Delta c|}{\Delta t}$ **Momentangeschwindigkeit**

$v_r = \frac{|c_2 - c_1|}{t_2 - t_1}$ **Durchschnittsgeschwindigkeit**

Massenwirkungsgesetz

Für die Reaktion n A + m B $\rightleftharpoons$ n Z

gilt das Massenwirkungsgesetz:

$$K = \frac{c^n(Z)}{c^n(A) \cdot c^m(B)}$$

Dabei gilt für die Lage des Gleichgewichts:

$K > 1$: **Gleichgewicht liegt auf der Produktseite**

$K = 1$: **Gleichgewicht ist ausgeglichen**

$K < 1$: **Gleichgewicht liegt auf der Eduktseite**

Stoßtheorie

Einflüsse auf die Reaktionsgeschwindigkeit:

Temperatur:
Die Teilchen bewegen sich immer schneller und treffen sich so eher.

Zerteilungsgrad:
Die Teilchen sind feiner miteinander vermischt, so können auch „tieferliegende Schichten" schneller erreicht werden.

Konzentration:
Je mehr Teilchen von einer Sorte vorhanden, desto höher die Wahrscheinlichkeit, dass sie sich treffen.

Druck:
Auf kleinerem Raum treffen sich Teilchen eher.

Prinzip von LE CHATELIER

Systeme versuchen immer durch die Verschiebung des Gleichgewichts äußere Zwänge auszugleichen.

Um bei der Reaktion

$A(l) + 2\,B(g) \rightleftharpoons Z(g) + 2\,Y(l)$ $\Delta H^0_m = -225$ kJ/mol

eine möglichst hohe Produktausbeute zu erlangen kann man also:

- **möglichst niedrige Temperatur**
- **möglichst hoher Druck**
- **möglichst hohe Konzentration an Edukten**

Schnelltest

Training

1. **A**; 2. **A**; 3. **C**; 4. **C**; 5. **C**; 6. **B**

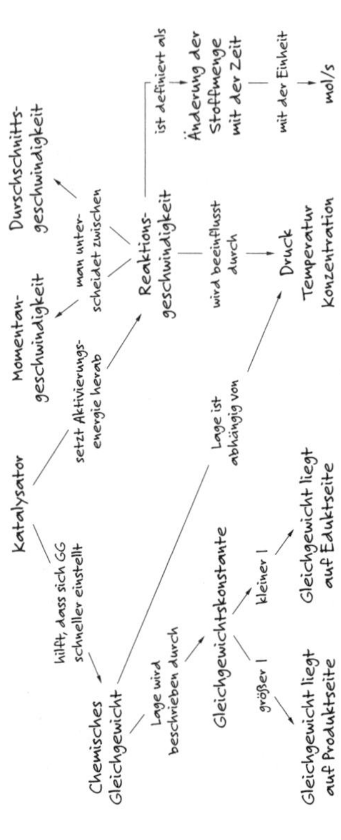

Übungsklausur

Training

Mineralwasserabfüllung

A1 a) „Wirkt auf ein System/Gleichgewicht ein äußerer Zwang, wie Druck oder Temperatur, so wird das System diesem Zwang ausweichen."
Beispiel sind exotherme Reaktionen, deren Gleichgewichtslage sich bei Wärmezufuhr auf die Seite der Edukte verlagert, da die Rückreaktion endotherm verläuft.

b)
$CO_2(g) + H_2O(l) \rightleftharpoons H_2CO_3(aq)$

$H_2CO_3(aq) + H_2O(l) \rightleftharpoons H_3O^+(aq) + HCO_3^-(aq)$

Gesamtreaktion:
$CO_2(g) + 2\,H_2O(l) \rightleftharpoons H_3O^+(aq) + HCO_3^-(aq)$

$$K_c = \frac{c(H_3O^+) \cdot c(HCO_3^-)}{c(CO_2) \cdot c^2(H_2O)}$$

c) Hoher Druck fördert die Verlagerung des Gleichgewichts auf die Produktseite, da dort nur Stoffe in flüssiger Phase vorliegen. Kohlenstoffdioxid löst sich bei niedrigeren Temperaturen besser in Wasser. Die Reaktion verläuft also exotherm.

d) Fein verteiltes Wasser erhöht den Zerteilungsgrad. Dadurch erhöht sich die Reaktionsgeschwindigkeit, und der Gleichgewichtszustand wird schneller erreicht.

Iodwasserstoff

A2 a) Aufstellen der Reaktionsgleichung:
$H_2 + I_2 \rightleftharpoons 2\,HI$

Aufstellen des Massenwirkungsgesetzes:

$$K_c = \frac{c^2(HI)}{c(H_2) \cdot c(I_2)}$$

Ermitteln der Konzentrationen mit Hilfe der Beziehung $c = \frac{n}{V}$:

$c(H_2) = 0{,}15$ mol · l^{-1}
$c(I_2) = 0{,}075$ mol · l^{-1}
$c(HI) = 0{,}21$ mol · l^{-1}

Einsetzen der Werte in das Massenwirkungsgesetz liefert:

$$K_c = \frac{(0{,}21 \text{ mol} \cdot l^{-1})^2}{(0{,}15 \text{ mol} \cdot l^{-1} \cdot 0{,}075 \text{ mol} \cdot l^{-1})} = 3{,}92$$

b) Die Konstante ist > 1, das Gleichgewicht liegt also auf Seiten der Produkte.

c) Der Katalysator verringert die Aktivierungsenergie und erhöht somit die Reaktionsgeschwindigkeit. So kann sich ein Gleichgewicht schneller einstellen. Homogene Katalysatoren befinden sich mit den Reaktanden in derselben Phase. Beispiele hierfür sind Wasserstoff-Ionen bei säurekatalysierten Estersynthesen. Bei einer heterogenen Katalyse liegen Katalysator und Reaktanden in unterschiedlichen Phasen vor. Ein Beispiel hierfür ist der Autoabgaskatalysator.

Energie bei chemischen Reaktionen

Energieumwandlungen bei chemischen Reaktionen

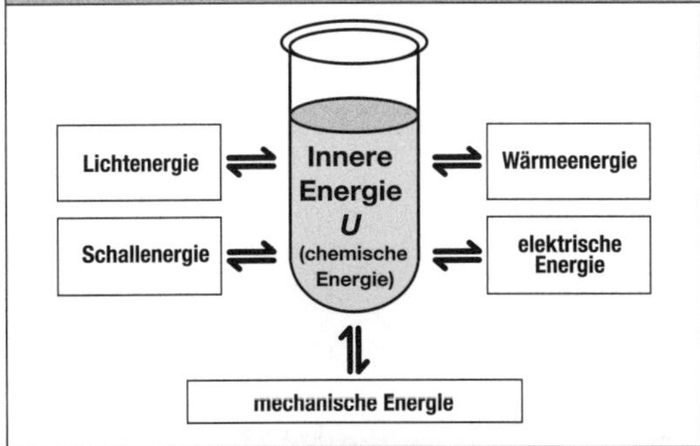

Stoff- und Energieaustausch eines chemischen Systems

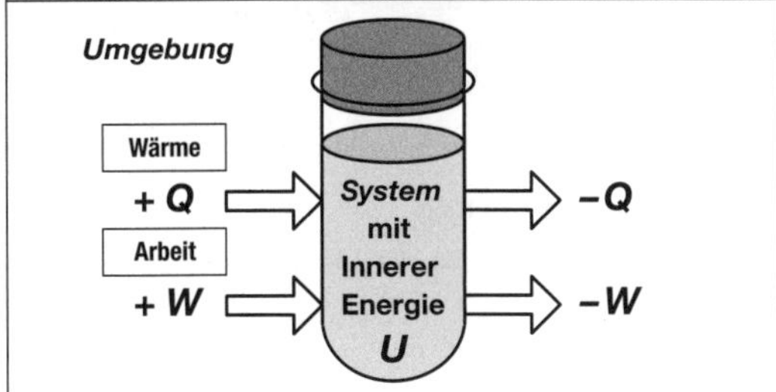

1. Hauptsatz: $\Delta U = Q + W$

Vervollständigen Sie die beiden Abbildungen.

Arbeitsblatt **Energieerhaltungssatz**

1. Formulieren Sie den Energieerhaltungssatz.

Der Energieerhaltungssatz besagt, dass Energie weder erzeugt noch vernichtet werden kann; sie kann lediglich aus einer Form in eine andere umgewandelt werden. In einem abgeschlossenen System ist daher die Gesamtenergie konstant.

2. Einen entscheidenden Beitrag zur Formulierung des Energieerhaltungssatzes leistete die wissenschaftliche Arbeit des Heilbronner Arztes Julius Robert MAYER (1814–1878). Unter dem Titel „Die Mechanik der Wärme" schrieb er über Energieumwandlungen bei Lokomotiven:

„... Diese gewaltige Menge erzeugter Bewegung setzt eine gleich große Menge einer aufgewendeten Kraft voraus. Die in den Lokomotiven wirksame Kraft ist aber die Wärme. Der Aufwand von Wärme oder die Verwandlung der Wärme in Bewegung beruht nur darauf, daß die Wärmemenge, welche der Dampf annimmt, größer ist als diejenige, welche er bei seiner Verdichtung wieder an die Umgebung abgibt. Der Unterschied ergibt die nutzbar gemachte oder die in mechanische Kraft verwandelte Wärme. Ein Teil der Wärme, welche durch die Verbrennung der Kohle gewonnen wird, teilt sich der Umgebung mit und geht so für mechanische Zwecke verloren. Je vollkommener nun der Apparat ist, um so weniger wird verhältnismäßig Wärme an die Umgebung abgesetzt. Die besten Maschinen geben nahezu 5 Prozent Unterschied; 100 Pfund Steinkohlen liefern in einer solchen Maschine keine größere Menge von freier Wärme, als 95 Pfund Steinkohlen abgeben, welche ohne Arbeit verbrennen. Daß Verwandlung von mechanischer Kraft in Wärme stattfindet, lehrt uns allenthalben die Erfahrung. Die hierher einschlagenden Tatsachen, die Wärmeentwicklung bei Stoß und Reibung nämlich, sind längst bekannt. Man beobachte die Erwärmung der großen Mühlsteine, der Achse aller beweglichen Räder; man erinnere sich der Rumford'schen Versuche. Überall die gleiche Erscheinung: endlose Wärmeentwicklung unter Aufwand von mechanischer Arbeit. ..."

Setzen Sie den historischen Text mit der heutigen Formulierung des Energieerhaltungssatzes in Beziehung.

Im heutigen Sinne meint MAYER mit dem Begriff „Kraft" Energie. Er erkennt, dass die vom Dampf durch die Verbrennung von Kohle aufgenommene Wärmeenergie größer ist, als die schließlich in Bewegungsenergie umgesetzte. Die Energiedifferenz „teilt sich der Umgebung mit und geht so für mechanische Zwecke verloren". Dies bedeutet, dass Reibungswärme „verloren" geht. Sie wird an die Umgebung abgegeben. Die Lokomotive ist also ein offenes System mit Stoff- und Energieaustausch. Betrachtet man eine Lokomotive als abgeschlossenes System, bleibt die Gesamtenergie gleich.

3. Chemische Energie kann in verschiedene Energieformen umgewandelt werden. Erläutern Sie jede dargestellte Umwandlung an einem Beispiel aus dem Alltag. Nutzen Sie Ihren Hefter.

Umwandlung in:	Beispiel
Wärmeenergie	In einem Kamin wird die chemische Energie des Holzes in Wärmeenergie umgewandelt.
Elektrische Energie	In einer Brennstoffzelle wird beispielsweise die Energie der Ausgangsstoffe Wasserstoff und Sauerstoff in elektrische Energie umgewandelt.
Mechanische Energie	Bei jeder Explosion kommt es zur Umwandlung von chemischer in mechanische Energie.
Lichtenergie	Leuchtkäfer wandeln in einem Stoffwechselprozess chemische Energie in Licht um.
Chemische Energie	Chemische Energie der Glucose wird bei der Biologischen Oxidation in den Zellen in die chemische Energie von Adenosintriphophat (ATP) umgewandelt.

Kalorimetrische Bestimmung molarer Reaktionsenthalpien **Praktikum**

Zur experimentellen Bestimmung molarer Reaktionsenthalpien verwendet man Kalorimeter. Das sind Gefäße, die gegen den Wärmeaustausch mit der Umgebung gut isoliert sind.

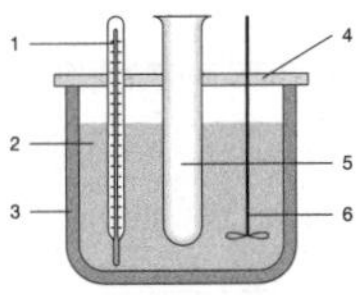

1. Ordnen Sie den Begriffen die entsprechenden Ziffern zu:

③ isoliertes Gefäß
④ Deckel aus Polystyrolschaumstoff
⑤ Reaktionsgefäß
① Thermometer
② Wasser
⑥ Rührer

2. Nennen Sie Voraussetzungen, die chemische Reaktionen für kalorimetrische Messungen erfüllen müssen.

Sie muss schnell, möglichst vollständig und mit einer genügend großen Reaktionswärme verlaufen.

3. a) Formulieren Sie die Reaktionsgleichung für die Bildung von Eisen(II)-sulfid aus den Elementen.

Fe (s) + S (s) → FeS (s)

b) Wie viel Gramm Eisen bzw. Schwefel werden benötigt, um 2,7 g eines stöchiometrischen Gemisches herzustellen?

$m(\mathrm{S}) = 1\ \mathrm{g}; \quad m(\mathrm{Fe}) = 1{,}7\ \mathrm{g}$

c) Berechnen Sie die molare Reaktionsenthalpie.

d) Vergleichen Sie das Ergebnis mit der molaren Bildungsenthalpie für Eisen(II)-sulfid. Begründen Sie ihre Feststellung.

$\Delta_r H_m = \Delta_f H_m$; die Elemente reagieren zu 1 mol Produkt (FeS)

Molare Bildungsenthalpie für Eisen(II)-sulfid

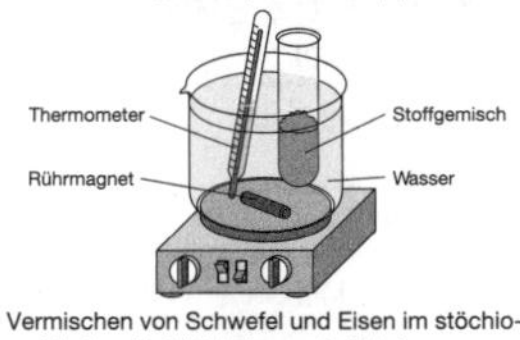

Vermischen von Schwefel und Eisen im stöchiometrischen Verhältnis (gesamt: 2,7 g)
abgemessenes Wasservolumen: $V = 200$ ml
Temperaturänderung messen: $\Delta T = 3{,}3$ K

$\Delta_r H_m =$ **–92** kJ · mol⁻¹

e) Berechnen Sie in Ihrem Hefter, welche Masse an Wasser im Kalorimeter vorhanden ist, wenn unter sonst gleichen Bedingungen gilt: $\Delta T = 5$ K.

$$\Delta_r H_m = -\frac{m(\mathrm{Wasser}) \cdot c_p \cdot \Delta T}{n} \Rightarrow m(\mathrm{Wasser}) = -\frac{\Delta_r H_m \cdot n}{c_p \cdot \Delta T}$$

$$m(\mathrm{Wasser}) = -\frac{-92\ \mathrm{kJ \cdot mol^{-1}} \cdot 0{,}03\ \mathrm{mol}}{4{,}18\ \mathrm{kJ \cdot kg^{-1} \cdot K^{-1}} \cdot 5\ \mathrm{K}} \approx 0{,}132\ \mathrm{kg}$$

Praktikum **Kalorimetrische Bestimmung von Reaktionsenthalpien**

Kalorimetrische Messungen sind besonders einfach, wenn ein Reaktionspartner als Lösung vorliegt. Zur Feststellung der Temperaturänderung ist kein Wasser notwendig. Die Änderung kann sofort in der Lösung abgelesen werden, wodurch Wärmeverluste verringert werden.

Versuch 1: Reaktionsenthalpie der Reaktion von Kupfer(II)-sulfat mit Zink

Materialien: Kalorimeter, Thermometer ($\frac{1}{10}$ K), Messzylinder, Rührstab; Zinkpulver (F), Kupfer(II)-sulfat-Lösung ($c = 0{,}05\ \mathrm{mol \cdot l^{-1}}$)

Durchführung:

1. Geben Sie 50 ml Kupfer(II)-sulfat-Lösung in das Kalorimeter und messen Sie die Temperatur.
2. Fügen Sie etwa 1,5 g Zinkpulver hinzu, rühren Sie leicht um und verfolgen Sie den Temperaturverlauf über fünf Minuten.

Auswertung:

a) Stellen Sie die Reaktionsgleichung auf und berechnen Sie die Masse an Zinkpulver, die für die vollständige Reaktion verbraucht wird.

$Zn(s) + CuSO_4(aq) \rightarrow ZnSO_4(aq) + Cu(s)$

$n = c \cdot V = 0{,}05\ \mathrm{l} \cdot 0{,}05\ \mathrm{mol \cdot l^{-1}}$

$m(\mathrm{Zn}) = 0{,}163\ \mathrm{g}$

b) Warum wird das Zinkpulver nicht abgewogen?

Überschuss an Zink für die vollständige Reaktion

c) Berechnen Sie die molare Reaktionsenthalpie. Vergleichen Sie mit dem Literaturwert ($\Delta_R H = -219\ \mathrm{kJ \cdot mol^{-1}}$). Nennen Sie mögliche Fehlerquellen. ($c_P = 4{,}18\ \mathrm{kJ \cdot K^{-1} \cdot kg^{-1}}$)

$$\Delta_r H_m = -\frac{4{,}18\ \mathrm{kJ \cdot kg^{-1} \cdot K^{-1}} \cdot 0{,}05\ \mathrm{kg} \cdot 2{,}3\ \mathrm{K}}{0{,}0025\ \mathrm{mol}} = -192{,}28\ \mathrm{kJ \cdot mol^{-1}}$$

Ablesefehler für ΔT; schlechte Isolierung

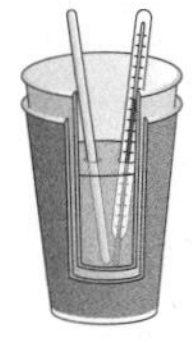

Versuch 2: Reaktionsenthalpie der Reaktion von Schwefelsäure mit Magnesium

Materialien: Kalorimeter, Thermometer ($\frac{1}{10}$ K), Waage, Messzylinder, Rührstab; Schwefelsäure ($c = 1\ \mathrm{mol \cdot l^{-1}}$; Xi), Magnesium-Späne (F)

Durchführung:

1. Geben Sie 250 ml Schwefelsäure in das Kalorimeter und messen Sie die Temperatur.
2. Fügen Sie etwa 0,5 g Magnesium-Späne in Teilen hinzu, rühren Sie leicht um und verfolgen Sie den Temperaturverlauf über fünf Minuten.

Auswertung:

a) Stellen Sie die Reaktionsgleichung auf und berechnen Sie das Volumen an Säure, das für die vollständige Reaktion verbraucht wird.

$Mg(s) + H_2SO_4(aq) \rightarrow MgSO_4(aq) + H_2(g)$

$n = 0{,}5\ \mathrm{g} / 24{,}3\ \mathrm{g \cdot mol^{-1}} \approx 0{,}02\ \mathrm{mol}$

$V = n/c \approx 0{,}02\ \mathrm{l}$

b) Berechnen Sie die molare Reaktionsenthalpie. Vergleichen Sie mit dem Literaturwert ($\Delta_R H = -463{,}1\ \mathrm{kJ \cdot mol^{-1}}$).

$$\Delta_r H_m = -\frac{4{,}18\ \mathrm{kJ \cdot kg^{-1} \cdot K^{-1}} \cdot 0{,}25\ \mathrm{kg} \cdot 8{,}5\ \mathrm{K}}{0{,}02\ \mathrm{mol}} = -444{,}1\ \mathrm{kJ \cdot mol^{-1}}$$

c) Begründen Sie, warum bei der Reaktion von Magnesium mit Salpetersäure ($c = 2\ \mathrm{mol \cdot l^{-1}}$) bzw. mit Salzsäure ($c = 2\ \mathrm{mol \cdot l^{-1}}$) die gleiche molare Reaktionsenthalpie frei wird.

gleiche Reaktion:

$Mg(s) + 2\,H^+(aq) \rightarrow Mg^{2+}(aq) + H_2(g)$

Bestimmung von molaren Neutralisationsenthalpien

Praktikum

Bei der Neutralisation reagieren zwei wässrige Lösungen miteinander. Auch in diesem Fall kann die Temperaturänderung der Flüssigkeiten direkt gemessen werden. Das setzt allerdings voraus, dass die beiden Lösungen die gleiche Ausgangstemperatur haben.

Versuch: Bestimmung von molaren Neutralisationsenthalpien

Materialien: Kalorimeter, Thermometer ($\frac{1}{10}$ K), Messzylinder, Rührstab;
Salzsäure (1 mol · l^{-1}), Schwefelsäure (0,5 mol · l^{-1}), Essigsäure (1 mol · l^{-1}), Natronlauge (1 mol · l^{-1}; C)

Durchführung:

1. Geben Sie 50 ml Salzsäure in das Kalorimeter und messen Sie die Temperatur. Stellen Sie sicher, dass die Natronlauge die gleiche Temperatur besitzt.
2. Fügen Sie nun 50 ml Natronlauge hinzu, rühren Sie leicht um und verfolgen Sie den Temperaturverlauf über fünf Minuten.
3. Wiederholen Sie das Experiment mit den anderen beiden Säuren und notieren Sie die Temperaturänderung.

	Salzsäure und Natronlauge	Schwefelsäure und Natronlauge	Essigsäure und Natronlauge
ΔT	**6,5 K**	**6,3 K**	**6 K**
$\Delta_r H_m$	**–54 kJ · mol^{-1}**	**–52,7 kJ · mol^{-1}**	**–50,2 kJ · mol^{-1}**

Auswertung:

a) Stellen Sie Reaktionsgleichungen für die drei abgelaufenen Reaktionen auf.

$HCl\,(aq) + NaOH\,(aq) \rightarrow NaCl\,(aq) + H_2O\,(l)$

$H_2SO_4\,(aq) + 2\,NaOH\,(aq) \rightarrow Na_2SO_4\,(aq) + 2\,H_2O\,(l)$

$CH_3COOH\,(aq) + NaOH\,(aq) \rightarrow CH_3COONa\,(aq) + H_2O\,(l)$

b) Formulieren Sie die Neutralisation als Ionenreaktion. Bestimmen Sie die Stoffmenge *n* für die durchgeführten Reaktionen.

$H^+\,(aq) + OH^-\,(aq) \rightarrow H_2O\,(l)$; $n(H^+) = n(OH^-) = n(H_2O)$;

$n = c \cdot V = 1\ mol \cdot l^{-1} \cdot 0{,}05\ l = 0{,}05\ mol$

c) Berechnen Sie molaren Reaktionsenthalpien für die drei Reaktionen. In der Literatur wird für die molare Neutralisationsenthalpie $\Delta_r H_m = -56$ kJ · mol^{-1} angegeben. Begründen Sie, warum dieser Wert unabhängig von der verwendeten Säure und Base ist und vergleichen Sie ihn mit Ihren Ergebnissen.

Dem Wesen nach die gleiche Reaktion ⇒ gleicher Wert. Essigsäure ist eine nicht vollständig protolysierte Säure ⇒ Abweichung von Säuren mit vollständiger Protolyse; Ablesefehler für ΔT, schlechte Isolierung, Konzentration ungenau.

Arbeitsblatt

Volumenarbeit bei chemischen Reaktionen

1. Fall	2. Fall	3. Fall
Beispiel: $H_2\,(g) + Cl_2\,(g) \longrightarrow 2\,HCl\,(g)$	Beispiel: $CaCO_3\,(s) \longrightarrow$ **$CaO\,(s) + CO_2\,(g)$**	Beispiel: CO **(g)** $+ \frac{1}{2}\,O_2$ **(g)** $\longrightarrow$ **$CO_2\,(g)$**
2 mol 2 mol	**0** mol **1** mol	**1,5** mol **1** mol
$\Delta V = 0 \Rightarrow W = 0$	ΔV **> 0** ⇒ W **< 0**	ΔV **< 0** ⇒ W **> 0**

Die **molare Volumenarbeit W_m** kann man bei konstantem Druck näherungsweise über folgende Formel berechnen: $W_m = -p \cdot \Delta\nu \cdot V_m$.
V_m ist dabei das molare Volumen eines (idealen) Gases für die gegebenen Reaktionsbedingungen.
$\Delta\nu$ ist die Differenz der stöchiometrischen Faktoren für die gasförmigen Stoffe von Produkten und Edukten.

Beispiel 1:
$Zn\,(s) + 2\,HCl\,(aq) \longrightarrow ZnCl_2\,(aq) + H_2\,(g)$

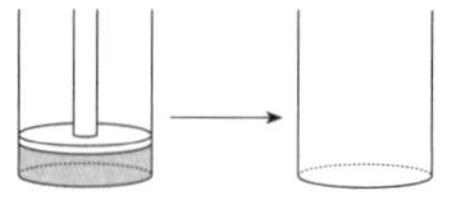

p = 1 013 hPa; ϑ = 25 °C

$\Delta\nu$ = **1 – 0 = 1**

W_m = **$-p \cdot \Delta\nu \cdot V_m$**

= **–101 300 Nm^2 · 0,024 m^3 · mol^{-1}**

= **–2 431 Nm · mol^{-1}**

Beispiel 2:
$NH_3\,(g) + HCl\,(g) \longrightarrow NH_4Cl\,(s)$

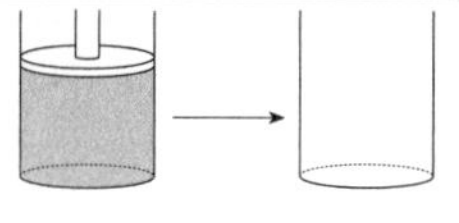

p = 1 013 hPa; ϑ = 25 °C

$\Delta\nu$ = **0 – 2 = –2**

W_m = **$-p \cdot \Delta\nu \cdot V_m$**

= **–101 300 Nm^2 · (–2) · 0,024 m^3 · mol^{-1}**

= **4 862 Nm · mol^{-1}**

1. Ergänzen Sie die fehlenden Angaben in den Beispielen.

2. Ammoniumnitrat wird als Sicherheitssprengstoff verwendet. Es zerfällt explosionsartig in Stickstoff, Sauerstoff und Wasserdampf. Berechnen Sie die molare Volumenarbeit (101,3 hPa; 25 °C). Welche Volumenarbeit entsteht, wenn 20 kg Ammoniumnitrat reagieren?

$NH_4NO_3\,(s) \longrightarrow 2\,H_2O\,(g) + \frac{1}{2}\,O_2\,(g) + N_2\,(g)$

$p = 1\,013\ kPa = 101\,300\ Nm^{-2}$; $\Delta\nu = 3{,}5 - 0 = 3{,}5$; $m = 20\ kg$

$W_m = -p \cdot \Delta\nu \cdot V_m$

$= -101\,300\ N \cdot m^{-2} \cdot (3{,}5) \cdot 0{,}0224\ m^3 \cdot mol^{-1}$

$= -8\,667\ Nm \cdot mol^{-1} \approx -8{,}7\ kJ \cdot mol^{-1}$

$W = n \cdot W_m = \frac{m}{M} \cdot W_m = \frac{20\,000\ g}{80\ g \cdot mol^{-1}} \cdot (-8{,}7)\ kJ \cdot mol^{-1} = -2\,175\ kJ$

Brennwertbestimmung bei Lebensmitteln

Praktikum

Versuch: Bestimmung der Brennwerte mit einem Low-Cost-Kalorimeter

Materialien: Blechdose, Stativ, Stecknadel oder aufgebogene Büroklammer, Flaschenkorken, Alufolie, Thermometer, Messzylinder (100 ml). Waage;
Walnuss, Popcorn, Marshmallow, Mandeln.

Durchführung:

Bau des Low-Cost-Kalorimeters:

1. Schneiden Sie eine 5–6 mm dicke Scheibe des Korkens ab und umwickeln Sie den Korken vollständig mit der Alufolie.
2. Stecken Sie die Stecknadel oder die aufgebogene Büroklammer von unten durch den umwickelten Korken.
3. Wiegen Sie die Blechdose und notieren Sie den Wert. Spannen Sie diese anschließend im Abstand etwa 3–4 cm über der Nadelspitze ein.

Bestimmung des Brennwertes einer Walnuss:

1. Wiegen Sie eine halbe Walnuss und notieren Sie den Wert.
2. Füllen Sie die Blechdose mit 100 ml Leitungswasser und bestimmen Sie dessen Anfangstemperatur.
3. Spießen Sie die Walnusshälfte auf die Nadelspitze.
4. Entzünden Sie die Walnuss mit einem Feuerzeug und positionieren Sie den Korken mit der brennenden Walnuss so unter der Blechbüchse, dass der Abstand zur Dose 3 cm beträgt.
5. Rühren Sie während der Verbrennung das Kalorimeterwasser mit dem Thermometer um.
6. Beobachten Sie die Temperaturerhöhung des Wassers und ermitteln Sie den Maximalwert am Ende der Verbrennung.
7. Wiederholen Sie den Versuch mit Marshmallows, Mandeln und Popcorn. Hinweis: Beim Popcorn sollten mehrere hintereinander verbrannt werden.

Auswertung:

a) Notieren Sie alle Messwerte.

Walnuss: **m(halbe Walnuss) = 2 g; ΔT = 44 K; m(Dose) = 47 g**

Popcorn: **m(3 Stück) = 1,7 g; ΔT = 18 K**

Marshmallow: **m = 5,4 g; ΔT = 22 K**

Mandel: **m = 1,4 g; ΔT = 27 K**

b) Berechnen Sie in Ihrem Heft die Brennwerte der einzelnen Lebensmittel nach folgender Gleichung:

Q(Walnuss) = [4,18 J · g^{-1} · K^{-1} · 100 g · 44 K] + [0,5 J · g^{-1} · K^{-1} · 47 g · 44 K] = 19 426 J = 19,43 kJ

Q(Popcorn) = 7,95 kJ; Q(Marshmallow) = 9,71 kJ; Q(Mandel) = 11,92 kJ

c) Der Brennwert von Lebensmitteln wird auf der Verpackung meist in kJ pro 100 g angegeben. Rechnen Sie Ihre Ergebnisse entsprechend um.

Brennwerte (pro 100 g): **Walnuss = 971,50 kJ** **Popcorn = 467,65 kJ**
Marshmallow = 179,81 kJ **Mandel = 851,43 kJ**

d) Vergleichen Sie die Brennwerte der getesteten Lebensmittel und begründen Sie die Unterschiede. Nutzen Sie die Nährwerttabelle auf der Verpackung.

Die höchsten Brennwerte haben Walnüsse und Mandeln, gefolgt von Popcorn und Marshmallows. Walnüsse und Mandeln enthalten hauptsächlich Fette als Energiespeicher, Popcorn und Marshmallows hingegen Kohlenhydrate. Sie enthalten nur die Hälfte an Energie gegenüber Fetten.

Arbeitsblatt

Satz von HESS

In vielen Fällen entstehen bei chemischer Reaktionen neben Hauptprodukten mehrere Nebenprodukte, die die energetische Untersuchung erschweren. Für die Bestimmung von Reaktionsenthalpien fand 1840 der Chemiker Hermann Heinrich HESS noch vor der Kenntnis des 1. Hauptsatzes einen wichtigen Zusammenhang, den **Satz von HESS**:

Die Reaktionsenthalpie hängt nur vom Ausgangs- und Endzustand eines Systems ab. Sie ist unabhängig vom Reaktionsweg.

Zum Beispiel wurden experimentell die folgenden molaren Reaktionsenthalpien gemessen:

(1) $C\,(s) + O_2\,(g) \rightarrow CO_2\,(g)$;
$\Delta_r H_m = -393$ kJ · mol^{-1}

(2) $CO\,(g) + \frac{1}{2}\,O_2\,(g) \rightarrow CO_2\,(g)$;
$\Delta_r H_m = -282$ kJ · mol^{-1}

Für die unvollständige Verbrennung von Kohlenstoff (Graphit) kann somit die molare Reaktionsenthalpie ermittelt werden:

$C\,(s) + \frac{1}{2}\,O_2\,(g) \longrightarrow CO\,(g)$;

$\Delta_r H_m = (-393 + 282)\ kJ \cdot mol^{-1}$

$= -111\ kJ \cdot mol^{-1}$

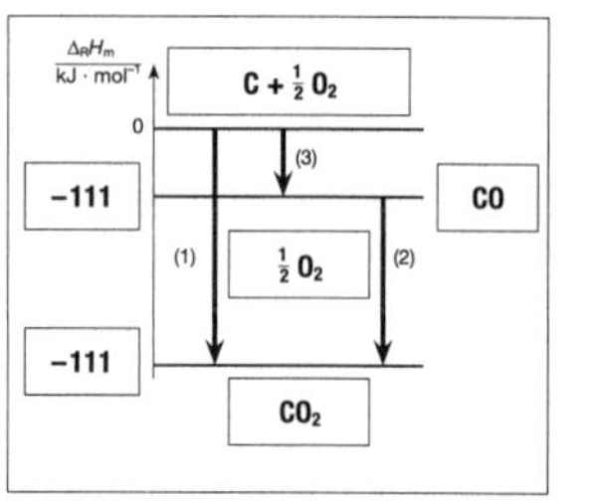

Um molare Reaktionsenthalpien für beliebige Reaktionen berechnen zu können, hat man die molare **Standard-Bildungsenthalpie** $\Delta_f H_m^0$ (auch $\Delta_B H_m$) eingeführt. Unter Standardbedingungen (298 K; 101,3 kPa) ist sie die molare Reaktionsenthalpie für die

Bildung eines Mols einer Verbindung aus ihren Elementen.

Mit Hilfe von Tabellenwerten für $\Delta_f H_m^0$ gilt für die Berechnung der molaren Reaktionsenthalpie $\Delta_R H_m$ der allgemeinen Reaktion **ν_A AB + ν_B CD → ν_C AC + ν_D BD** nach dem Satz von HESS:

$$\Delta_r H_m = \nu_A \cdot \Delta_f H_m(AB) + \nu_B \cdot \Delta_f H_m^0(CD) + \nu_C \cdot \Delta_f H_m^0(AC) + \nu_D \cdot \Delta_f H_m^0(BD)$$

1. Ergänzen Sie die fehlenden Angaben.

2. Vervollständigen Sie die folgenden Reaktionen und berechnen Sie die molaren Reaktionsenthalpien in Ihrem Hefter. Begründen Sie die unterschiedlichen Ergebnisse von Aufgabe b und c.

a) $O_2\,(g) + 2\,H_2\,(g) \longrightarrow$ **$2\,H_2O\,(g)$; $\Delta_r H_m = -484\ kJ \cdot mol^{-1}$**

b) $NaOH\,(s) + HCl\,(aq) \longrightarrow$ **$NaCl\,(aq) + H_2O\,(l)$; $\Delta_r H_m = -99\ kJ \cdot mol^{-1}$**

c) $NaOH\,(aq) + HCl\,(aq) \longrightarrow$ **$NaCl\,(aq) + H_2O\,(l)$; $\Delta_r H_m = -56\ kJ \cdot mol^{-1}$**

d) $C_2H_4\,(g) + 6\,CuO\,(s) \longrightarrow$ **$2\,CO_2\,(g) + 2\,H_2O\,(g) + 6\,Cu\,(s)$;**
$\Delta_r H_m = -332\ kJ \cdot mol^{-1}$

e) $4\,NO_2\,(g) +$ **$2\,H_2O\,(l) + O_2\,(g)$** $\longrightarrow 4\,HNO_3\,(l)$; **$\Delta_r H_m = -252\ kJ \cdot mol^{-1}$**

f) $N_2\,(g) + 3\,H_2\,(g) \longrightarrow$ **$2\,NH_3\,(g)$; $\Delta_r H_m = -92\ kJ \cdot mol^{-1}$**

Stoff	$\frac{\Delta_f H_m^0}{kJ \cdot mol^{-1}}$
H_2O (g)	–242
H_2O (l)	–286
H^+ (aq)	0
OH^- (aq)	–230
Na^+ (aq)	–240
NaOH (s)	–427
Cl^- (aq)	–167
C_2H_4 (g)	52
CuO (s)	–165
NO_2 (g)	33
NH_3 (g)	–46
HNO_3 (l)	–174
NH_4Cl (s)	–314
NH_4^+ (aq)	–132

Molare Reaktionsenthalphie und molare Reaktionsenergie

Arbeitsblatt

Auswertung:	Auswertung:
Die Reaktion ist exotherm.	**Die Reaktion ist exotherm.**
ΔV **> 0** ⇒ W **< 0**	ΔV **= 0** ⇒ W **= 0**
$\Delta_r U_m = Q_{m,p} + W_m$	$\Delta_r U_m = Q_{m,V}$

Die molare Reaktionswärme $Q_{m,p}$ bei konstantem Druck nennt man **molare Reaktionsenthalphie $\Delta_r H_m$**

Die molare Reaktionswärme $Q_{m,V}$ bei konstantem Volumen nennt man **molare Reaktionsenergie $\Delta_r U_m$**

Die molare Reaktionsenthalpie $\Delta_r H_m$ und die molare Reaktionsenergie $\Delta_r U_m$ unterscheiden sich durch **W_m**. Sie sind gleich, wenn **$W_m = 0$**. Der 1. Hauptsatz mit den molaren Größen lautet dann:

$\Delta_r U_m = \Delta_r H_m + W_m$.

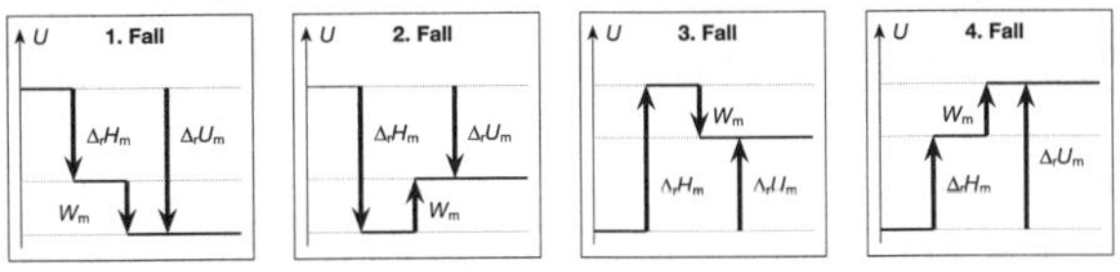

1. Ergänzen Sie die fehlenden Angaben.

2. Interpretieren Sie in Ihrem Hefter die vier Diagramme. Welche Fälle sind nicht dargestellt?

1. Fall: exotherme Reaktion
Die Abgabe von Reaktionswärme und Volumenarbeit bei konstantem Druck ist genau so groß wie die Abgabe der Wärme bei konstantem Volumen. $|\Delta_r U_m| > |\Delta_r H_m|$

2. Fall: exotherme Reaktion
Die Abgabe von Reaktionswärme und die Aufnahme von Volumenarbeit bei konstantem Druck ist genau so groß wie die Abgabe der Wärme bei konstantem Volumen. $|\Delta_r U_m| < |\Delta_r H_m|$

3. Fall: endotherme Reaktion
Die Aufnahme von Reaktionswärme und die Abgabe von Volumenarbeit bei konstantem Druck ist genau so groß wie die Aufnahme der Wärme bei konstantem Volumen. $|\Delta_r U_m| < |\Delta_r H_m|$

4. Fall: endotherme Reaktion
Die Aufnahme von Reaktionswärme und Volumenarbeit bei konstantem Druck ist genau so groß wie die Aufnahme der Wärme bei konstantem Volumen. $|\Delta_r U_m| > |\Delta_r H_m|$

5. Fall (nicht dargestellt): exotherme Reaktion
Die Abgabe von Reaktionswärme bei konstantem Druck ist genau so groß wie die Abgabe der Wärme bei konstantem Volumen. Es findet keine Volumenarbeit statt. $|\Delta_r U_m| = |\Delta_r H_m|$; $W_m = 0$

6. Fall (nicht dargestellt): endotherme Reaktion
Die Aufnahme von Reaktionswärme bei konstantem Druck ist genau so groß wie die Aufnahme der Wärme bei konstantem Volumen. Es findet keine Volumenarbeit statt. $|\Delta_r U_m| = |\Delta_r H_m|$; $W_m = 0$

Arbeitsblatt

Spontane Reaktionen und Unordnung – Entropie

1. Bestimmen Sie die Enthalpie für das Auflösen von Ammoniumchlorid in Wasser (Zahlenwerte siehe Arbeitsblatt Seite 54) und beschreiben Sie mit Hilfe der Abbildung die dabei ablaufenden Vorgänge.

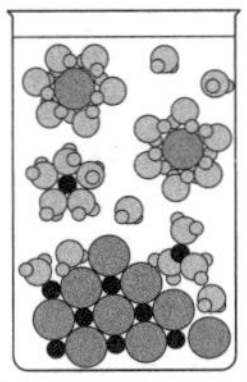

$NH_4Cl(s) \longrightarrow NH_4^+(aq) + Cl^-(aq)$; $\Delta_r H_m = +55\ kJ \cdot mol^{-1}$

Wasser dringt in das Ionengitter ein, setzt die Anziehungskräfte herab, Ionen werden herausgelöst.

⇒ Sie vermischen sich mit Wasser.

Auffällig bei der Untersuchung spontan ablaufender endothermer Reaktionen ist die Zunahme der „Unordnung". Geht man zum Beispiel vom festen Aggregatzustand aus, liegen die Produkte mindestens zum Teil als Gas oder Flüssigkeit vor. Eine Größe, die die Richtung chemischer Reaktionen mit beeinflussen soll, muss daher die Unordnung in Systemen bzw. die Wahrscheinlichkeit von Zustandsänderungen berücksichtigen. Als solche Größe wurde die **Entropie *S*** eingeführt. Ausgehend von der Statistik der Teilchen kann man die Entropie als Maß für die Unordnung des Systems bezeichnen. Die Entropieänderung ΔS wurde thermodynamisch als die zugeführte Wärmemenge bei entsprechender Temperatur definiert:

$$\Delta S = \frac{\Delta Q}{T} \cdot (J \cdot K^{-1}).$$

2. Beim Schmelzen und Verdampfen von Wasser tritt keine Temperaturänderung auf. Berechnen Sie aus der Schmelzenthalpie ($\Delta H^0 = 6\ kJ \cdot mol^{-1}$) und der Verdampfungsenthalpie ($\Delta H^0 = 45\ kJ \cdot mol^{-1}$) die molare Entropieänderung für die Vorgänge. Erklären Sie die Werte auf der Teilchenebene

$\Delta S^0(0\ °C) = \dfrac{6000\ J \cdot mol^{-1}}{273\ K} = 22\ J \cdot K^{-1} \cdot mol^{-1}$

$\Delta S^0(100\ °C) \approx 120{,}6\ J \cdot K^{-1} \cdot mol^{-1}$; der Übergang fest → flüssig → gasförmig erhöht die Unordnung der Teilchen, diese sind beweglicher und vermischen sich.

Stoff	$\frac{\Delta S_m^0}{J \cdot K^{-1} \cdot mol^{-1}}$
$H_2O(g)$	189
$H_2O(l)$	70
$H_2(g)$	131
$H^+(aq)$	0
$OH^-(aq)$	−11
$Na^+(aq)$	59
$NaOH(s)$	64
$Cl^-(aq)$	57
$C_2H_4(g)$	220
$CO_2(g)$	214
$CuO(s)$	43
$Cu(s)$	33
$NO_2(g)$	240
$NH_3(g)$	192
$HNO_3(l)$	156
$N_2(g)$	192
$O_2(g)$	205

Um Entropieänderungen für beliebige Reaktionen berechnen zu können, hat man die **molare Standard-Entropie** ΔS_m^0 (101,3 kPa; 25 °C) eingeführt.

3. Geben Sie die Formel zur Berechnung der Entropieänderung aus den Tabellenwerten an.

$\Delta_r S_m^0 = \sum S_m^0(\text{Produkte}) - \sum S_m^0(\text{Edukte})$

4. Berechnen Sie in Ihrem Hefter die Entropieänderungen der Reaktionen von Aufgabe 2 auf Seite 54.

a) $O_2(g) + 2\ H_2(g) \longrightarrow 2\ H_2O(g)$; $\Delta_r S_m^0 = -163\ J \cdot K^{-1} \cdot mol^{-1}$
b) $NaOH(s) + HCl(aq) \longrightarrow NaCl(aq) + H_2O(l)$; $\Delta_r S_m^0 = 65\ J \cdot K^{-1} \cdot mol^{-1}$
c) $NaOH(aq) + HCl(aq) \longrightarrow NaCl(aq) + H_2O(l)$; $\Delta_r S_m^0 = 81\ J \cdot K^{-1} \cdot mol^{-1}$
d) $C_2H_4(g) + 6\ CuO(s) \longrightarrow 2\ CO_2(g) + 2\ H_2O(g) + 6\ Cu(s)$; $\Delta_r S_m^0 = 526\ J \cdot K^{-1} \cdot mol^{-1}$
e) $4\ NO_2(g) + 2\ H_2O(l) + O_2(g) \longrightarrow 4\ HNO_3(l)$; $\Delta_r S_m^0 = -681\ J \cdot K^{-1} \cdot mol^{-1}$
f) $N_2(g) + 3\ H_2(g) \longrightarrow 2\text{-}NH_3(g)$; $\Delta_r S_m^0 = -201\ J \cdot K^{-1} \cdot mol^{-1}$

Freie Enthalpie – Triebkraft chemischer Reaktionen

Arbeitsblatt

1. Entropie und Enthalpie, Ordnung und Energie sind Faktoren, die die Reaktionsabläufe ermöglichen oder verhindern. Man spricht vom Prinzip der **minimalen** Energie und der **maximalen** Unordnung. GIBBS verknüpfte 1873 beide Zustandsfunktionen zu einer neuen Funktion der **freien Enthalpie ΔG** oder auch GIBBSsche Energie. Mathematischer Ausdruck dieser Funktion ist die GIBBS-HELMHOLTZ-Gleichung: **$\Delta G = \Delta H - T \cdot \Delta S$**. Für chemische Reaktionen lautet sie: **$\Delta_r G = \Delta_r H - T \cdot \Delta_r S$**.

2. **$3\ O_2 \longrightarrow 2\ O_3$; $\Delta_r H_m^0 = 286\ kJ \cdot mol^{-1}$**
$\Delta_r G_m^0 = -137\ J \cdot K^{-1} \cdot mol^{-1}$
$\Delta_r G_m^0 = 286\ kJ \cdot mol^{-1} + 298 \cdot 0{,}137\ kJ \cdot mol^{-1}$
$= 326{,}8\ kJ \cdot mol^{-1}$; nie freiwillig, da $\Delta_r G_m^0 > 0$

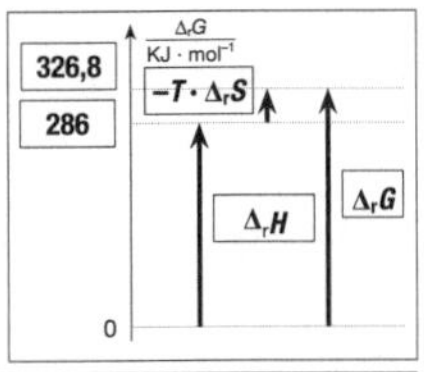

3. **$N_2(g) + 3\ H_2(g) \longrightarrow 2\ NH_3(g)$**
$\Delta_r G_m^0(298\ K) = -50{,}9\ kJ \cdot mol^{-1}$
$\Delta_r G_m^0(723\ K) = 7{,}8\ kJ \cdot mol^{-1}$

$\Delta_r G = 0 \Rightarrow T = \dfrac{\Delta_r H_m}{\Delta_r S_m} = \dfrac{-92}{-0{,}138}\ K = 666{,}6\ K$

Bei 25 °C freiwilliger Ablauf; Einfluss der Entropie nimmt ab. ⇒ ab einer Temperatur von $T = 666{,}6\ K$ und auch bei 450 °C nicht mehr freiwilliger Ablauf.

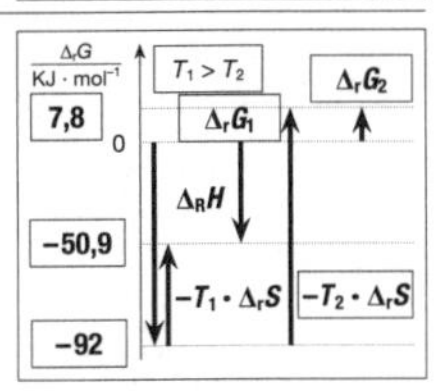

4. **a) $O_2(g) + 2\ H_2(g) \longrightarrow 2\ H_2O(g)$;**
$\Delta_r G_m = -435{,}4\ kJ \cdot mol^{-1}$

b) $NaOH(s) + HCl(aq) \longrightarrow NaCl(aq) + H_2O(l)$;
$\Delta_r G_m = -118{,}4\ kJ \cdot mol^{-1}$

c) $NaOH(aq) + HCl(aq) \longrightarrow NaCl(aq) + H_2O(l)$; $\Delta_r G_m = -80{,}1\ kJ \cdot mol^{-1}$

d) $C_2H_4(g) + 6\ CuO(s) \longrightarrow 2\ CO_2(g) + 2\ H_2O(g) + 6\ Cu(s)$; $\Delta_r G_m = -448{,}7\ kJ \cdot mol^{-1}$

Alle Reaktionen verlaufen bei 25 °C freiwillig. Vier allgemeine Fälle:

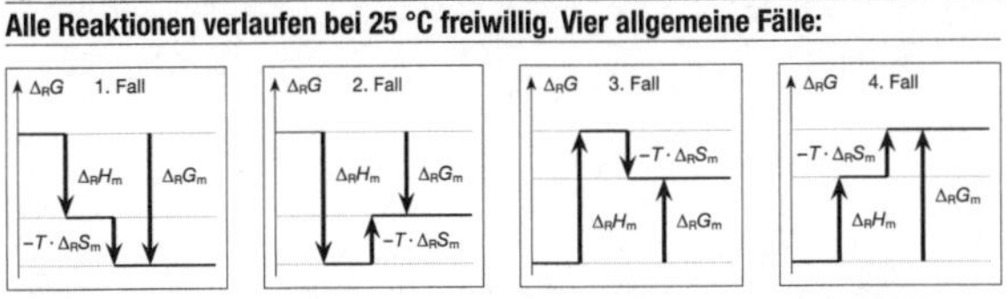

immer freiwillig | **je nach Temperatur freiwillig** | **nie freiwillig**

Basiswissen

Energie bei chemischen Reaktionen

Ergänzen Sie die fehlenden Angaben zum Basiswissen.

Reaktionsenthalpie

Reaktionsenthalpie: **Ist die Wärmemenge einer chemischen Reaktion, die bei einer isobaren Prozessführung abgegeben oder aufgenommen wird.**

Einheit: **[kJ]**

$\Delta_r H =$ **$\Delta_r U - W_m = Q_p$**

Kalorimetrie

Aufbau eines Kalorimeters

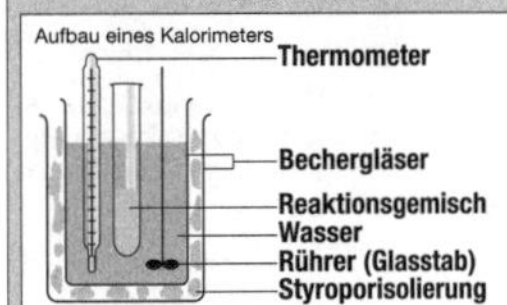

Grundgleichung der Kalorimetrie:

$\Delta_r H =$ **$-c_p \cdot m \cdot \Delta T$**

$\Delta_r H_m =$ **$-\dfrac{c_p \cdot m \cdot \Delta T}{n}$**

Satz von HESS

Satz von HESS: **Wenn man die Reaktion in mehrere Schritte zerlegen kann, dann ist die Enthalpie der Gesamtreaktion gleich der Summen der Reaktionsenthalpien der einzelnen Schritte.**

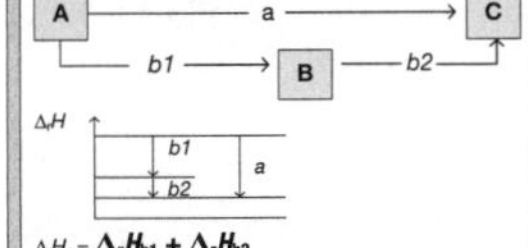

$\Delta_r H_a =$ **$\Delta_r H_{b1} + \Delta_r H_{b2}$**

Molare Standard-Bildungsenthalpie

Standard-Bildungsenthalpie:
Die molare Standard-Bildungsenthalpie $\Delta_f H_m^0$ ist die molare Reaktionsenthalpie für die Bildung eines Mols einer Verbindung aus den Elementen bei Standardbedingungen.

Entropie

Entropie:
Die Entropie *S* ist ein Maß für den Ordnungszustand eines Systems.

2. Hauptsatz der Thermodynamik:
$\Delta S_{gesamt} > 0$

$\Delta_r S_m^0 =$ **$\Sigma \Delta_r S^0_{m\,(Produkte)} - \Sigma \Delta_r S^0_{m\,(Ausgangsstoffe)}$**

Freie Enthalpie

Freie Enthalpie:
Verknüpfung von Enthalpie und Entropie

GIBBS-HELMHOLTZ-Gleichung:
$\Delta_r G_m = \Delta_r H_m - T \cdot \Delta_r S_m$

Lage des chemischen Gleichgewichts bei:

$\Delta_r G_m < 0$:
auf Seite der Reaktionsprodukte

$\Delta_r G_m > 0$:
auf Seite der Ausgangsstoffe

$\Delta_r G_m = 0$:
etwa gleiche Konzentration an Reaktionsprodukten und Ausgangsstoffen

Schnelltest

Training

1. **C**; 2. **A**; 3. **B, D**; 4. **A, B, D**; 5. **C**; 6. **B**; 7. **B**

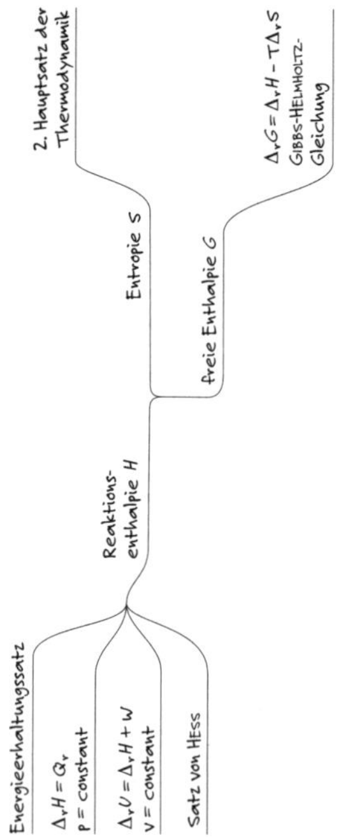

Training

Übungsklausur

Rohrreiniger

A1 a) $2\ Al(s) + 6\ H_2O(l) \longrightarrow 2\ Al(OH)_3(aq) + 3\ H_2(g)$

$4\ H_2(g) + NaNO_3(s) \longrightarrow 2\ H_2O(l) + NH_3(aq) + NaOH(aq)$

b) Es findet eine Entropiezunahme statt, da die Anzahl gelöster und gasförmiger Teilchen zunimmt.

c) $m(NaOH) = 15\ g$
$n(NaOH) = 0{,}375\ mol$

$$\Delta T = \frac{\Delta_r H \cdot n}{c_p \cdot m(\text{Lösung})}$$

$$\Delta T = \frac{43\,000\ J \cdot mol^{-1} \cdot 0{,}375\ mol}{230\ g \cdot 4{,}18\ J \cdot g^{-1} \cdot K^{-1}} = 16{,}8\ K.$$

Kalkablagerungen

A2 a) $Ca^{2+}(aq) + 2\ HCO_3^-(aq) \longrightarrow CaCO_3(s) + H_2O(l) + CO_2(g)$

b)
$\Delta_r H^0_m = \Sigma\Delta_f H^0_m(\text{Produkte}) - \Sigma\Delta_f H^0_m(\text{Edukte})$
$= 38{,}2\ kJ \cdot mol^{-1}$
$\Delta_r S^0_m = \Sigma\Delta_f S^0_m(\text{Produkte}) - \Sigma\Delta_f S^0_m(\text{Edukte})$
$= 247{,}2\ J \cdot K^{-1} \cdot mol^{-1}$
$\Delta_r G^0_m = \Delta_r H^0_m - T\,\Delta_r S^0_m$
$= -35{,}5\ kJ \cdot mol^{-1}$
Im Gleichgewichtszustand überwiegen die Reaktionsprodukte.

c) Der Term für die Entropie wird bei steigender Temperatur größer und folglich wird $\Delta_r G$ kleiner. Das Gleichgewicht verschiebt sich auf die Seite der Reaktionsprodukte. Entsprechend verkalken Warmwasserrohre eher.

Ethanol als Benzinersatz

A3 a) Ethanol:
$C_2H_6O(g) + 3\ O_2(g) \longrightarrow 2\ CO_2(g) + 3\ H_2O(g)$
$\Delta_r H^0_m = 2\ \Delta_f H^0_m(CO_2(g)) + 3\ \Delta_f H^0_m(H_2O(g)) - \Delta_f H^0_m(C_2H_6O(g)) - 3\ \Delta_f H^0_m(O_2(g))$
$= (2 \cdot (-393) + 3 \cdot (-242) - (-235) - 3 \cdot 0)\ kJ \cdot mol^{-1}$
$= -1279\ kJ \cdot mol^{-1}$
Bezogen auf 1 l Ethanol ($m = 785\ g$)
$\approx -22\ MJ$

Benzin (Octan):
$C_8H_{18}(g) + 12{,}5\ O_2(g) \longrightarrow 8\ CO_2(g) + 9\ H_2O(g)$
$\Delta_r H^0_m = 8 \cdot \Delta_f H^0_m(CO_2(g)) + 9 \cdot \Delta_f H^0_m(H_2O(g)) - \Delta_f H^0_m(C_8H_{18}(g)) - 12{,}5 \cdot \Delta_f H^0_m(O_2(g))$
$= (8 \cdot (-394) + 9 \cdot (-242) - (-208) - 12{,}5 \cdot 0)\ kJ \cdot mol^{-1}$
$= -5122\ kJ \cdot mol^{-1}$
Bezogen auf 1 l Benzin ($m = 700\ g$)
$\approx -31\ MJ$

Die Verbrennung von 1 l Ethanol setzt 22 MJ frei, die von 1 l Benzin 31 MJ. Ethanol besitzt also keinen Vorteil gegenüber Benzin hinsichtlich der Energiegewinnung.

b) Bei der Verbrennung von Ethanol im Motor entstehen aus 4 mol Gas (1 mol Ethanol, 3 mol Sauerstoff) 5 mol Gas (2 mol Kohlenstoffdioxid, 3 mol Wasser). Die Entropie nimmt zu. Da gleichzeitig eine exotherme Reaktion vorliegt ist der Wert für $\Delta_r G^0_m < 0$ und das Gleichgewicht liegt auf der Seite der Reaktionsprodukte. Es erfolgt praktisch ein vollständiger Stoffumsatz.

Training

Übungsklausur

Lösungsenthalpie von Calciumchlorid

A4 a)
$Q = 1{,}04 \cdot c_p \cdot m(\text{Lösung}) \cdot \Delta T$
$= 1{,}04 \cdot 4{,}18 \cdot J \cdot K^{-1} \cdot g^{-1} \cdot 110\ g \cdot 13{,}5\ K$
$= 6456\ J$

$$\Delta_L H_m = -\frac{Q \cdot M(CaCl_2)}{m(CaCl_2)} = -\frac{6456\ J \cdot 111\ g \cdot mol^{-1}}{10\ g} \approx -72\ kJ \cdot mol^{-1}$$

b) bezogen auf 218 g $CaCl_2$:

$$Q = \frac{6456\ J \cdot 218\ g}{10\ g} = 141\ kJ$$

$$\Delta T = \frac{Q}{c_p \cdot m(\text{Lösung})} = \frac{141\,000\ J}{4{,}18\ J \cdot K^{-1} \cdot g^{-1} \cdot 388\ g} \approx 87\ K$$

Hinweis: Die Temperaturänderung erscheint sehr groß. Zu Beginn kann man Wärmepackungen jedoch mit Tüchern umwickeln. Die Wärmepackung liefert so länger Wärme. Außerdem wird das Calciumchlorid bei den angegebenen Mengenverhältnissen möglicherweise nicht vollständig gelöst.

c) Lösungsvorgang: Gitterenergie des Calciumchlorid-Gitters, Wasserstoffbrückenbindungen zwischen Lösungsmittel-Molekülen, Hydratation der frei werdenden Ionen.

d)

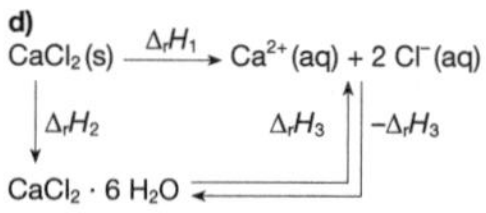

$\Delta_r H_2 = \Delta_r H_1 + (-\Delta_r H_3)$
$= -72\ kJ \cdot mol^{-1} + (-20\ kJ \cdot mol^{-1})$
$= -92\ kJ \cdot mol^{-1}$

Der Wert für $\Delta_r G^0_m$ ist negativ und das Gleichgewicht liegt auf der Seite der Reaktionsprodukte. Es erfolgt praktisch ein vollständiger Stoffumsatz.

Inhaltsverzeichnis Arbeitsheft 2

Themenfeld I: Säure/Base-Reaktionen

Deckblatt: Säure/Base-Reaktionen 5
Arbeitsblatt: Säure/Base-Theorie nach BRÖNSTED – Protolyse 6
Arbeitsblatt: ARRHENIUS und BRÖNSTED – Vergleich der Theorien 7
Arbeitsblatt: Donator/Akzeptor-Konzept 8
Arbeitsblatt: Saure und alkalische Lösungen im Alltag 9
Arbeitsblatt: pH-Wertberechnungen 10
Praktikum: pH-Wertbestimmung 11
Arbeitsblatt: *K*-Werte im Überblick 12
Arbeitsblatt: Reaktionen von Salzlösungen 13
Praktikum: Pufferlösungen 14
Arbeitsblatt: Pufferlösungen und Titrationskurven 15
Arbeitsblatt: Blutpuffer 16
Arbeitsblatt: Säure/Base-Indikatoren 17
Praktikum: Neutralisationsanalyse 18
Praktikum: Nachweisreaktionen 19
Arbeitsblatt: Backtriebmittel 20
Arbeitsblatt: Leitfähigkeitstitration 21
Basiswissen: Säure/Base-Reaktionen 22
Training: Schnelltest 23
Training: Übungsklausur 24

Themenfeld II: Redoxreaktionen und Elektrochemie

Deckblatt: Redoxreaktionen und Elektrochemie 25
Arbeitsblatt: Redoxreaktionen 26
Arbeitsblatt: Oxidationszahlen 27
Praktikum: Einfache Redoxreaktionen 28
Arbeitsblatt: Schema für das Erstellen von Redoxgleichungen 29
Praktikum: Reduktion von Permanganat-Ionen 30
Arbeitsblatt: Elektrodenpotential 31
Arbeitsblatt: Galvanisches Element – Standard-Wasserstoff-Elektrode 32
Arbeitsblatt: Spannungsreihe 33
Praktikum: Spannungsmessungen an galvanischen Zellen 34
Arbeitsblatt: NERNSTsche Gleichung 35
Praktikum: Elektrolyse von Kupfer(II)-chlorid-Lösung 36
Arbeitsblatt: Korrosion und Korrosionsschutz .. 37
Arbeitsblatt: Der Bleiakkumulator 38
Arbeitsblatt: Moderne Akkumulatoren 39
Arbeitsblatt: Gewinnung von Kupfer – Kupferraffination 40
Arbeitsblatt: Aluminiumgewinnung durch Schmelzfluss-Elektrolyse 41
Basiswissen: Redoxreaktionen und Elektrochemie 42
Training: Schnelltest 43
Training: Übungsklausur 44

Inhaltsverzeichnis Arbeitsheft 2

Themenfeld III: Strukturaufklärung

Deckblatt: Strukturaufklärung 45
Arbeitsblatt: Vergleich chromatografischer Verfahren 46
Praktikum: Acetylsalicylsäure in Schmerztabletten 47
Arbeitsblatt: Quantitative Elementaranalyse 48
Arbeitsblatt: Von der Verhältnisformel zur Summenformel 49
Arbeitsblatt: Von der Summenformel zur Strukturformel 50
Praktikum: Analyse organischer Substanzen .. 51
Arbeitsblatt: Elektromagnetisches Spektrum ... 52
Arbeitsblatt: Methoden zur Strukturaufklärung bei Doping-Kontrollen 53
Arbeitsblatt: Analyse von Drogen mittels IR-Spektroskopie 54
Arbeitsblatt: Schwarzbrenner 55
Arbeitsblatt: Analyse eines unbekannten Schmerzmittels 56
Arbeitsblatt: Massenspektrometrie 57
Basiswissen: Strukturaufklärung 58
Training: Schnelltest 59
Training: Übungsklausur 60

Säure/Base-Reaktionen

In der Chemie spielen Reaktionen von Säuren oder von Basen eine große Rolle. An vielen Reaktionen sind sogar Säuren *und* Basen beteiligt.

1. Die Verwendung des Begriffs *Säure* ist nicht immer eindeutig: In der Chemie bezeichnet man manchmal damit einen Reinstoff, ein anderes Mal hingegen eine saure Lösung.

a) Nennen Sie Beispiele für Säuren, die als Reinstoffe vorkommen.

Schwefelsäure, Phosphorsäure, Salpetersäure, Essigsäure (Eisessig)

b) Erläutern Sie, warum es einen Reinstoff „Salzsäure" nicht gibt.

Als Salzsäure bezeichnet man stets die wässrige Lösung von Chlorwasserstoff. Beim Lösen in Wasser dissoziiert Chlorwasserstoff vollständig in Wasserstoff-Ionen und Chlorid-Ionen.

2. Nennen Sie einige Eigenschaften von sauren Lösungen. Geben Sie an, worauf diese Eigenschaften zurückzuführen sind.

Saure Lösungen färben Universalindikator rot, reagieren mit Kalkstein unter Bildung von Kohlenstoffdioxid, reagieren mit Metallen unter Bildung von Wasserstoff und leiten den elektrischen Strom. Verantwortlich für die Eigenschaften sind Hydronium-Ionen.

3. Auch alkalische Lösungen zeigen eine Reihe gemeinsamer Eigenschaften. Nennen Sie einige Beispiele und geben Sie an, welche Teilchen dafür verantwortlich sind.

Alkalische Lösungen färben Universalindikator blau, leiten den elektrischen Strom, wirken ätzend. Verantwortlich für die Eigenschaften sind Hydroxid-Ionen.

4. In einem Lehrbuch wird der Zusammenhang zwischen Laugen und Basen mit nebenstehender Grafik illustriert. Erläutern Sie an selbst gewählten Beispielen den Zusammenhang zwischen Laugen und Basen.

Als Laugen bezeichnet man die wässrigen Lösungen von Alkalimetall- und Erdalkalimetallhydroxiden. Die charakteristischen Teilchen sind Hydroxid-Ionen, die Protonen aufnehmen können. Basen sind nach Brönsted Protonenakzeptoren. Folglich sind alle Laugen auch Basen. Umgekehrt gibt es aber neben den OH^--Ionen noch weitere Teilchen, die als Protonenakzeptoren fungieren können. Demnach sind nicht alle Basen automatisch auch Laugen.

Arbeitsblatt Säure/Base-Theorie nach BRÖNSTED – Protolyse

1. Erklären Sie die ablaufenden Vorgänge unter Zuhilfenahme der Säure/Base-Theorie nach BRÖNSTED. Stellen Sie die Reaktionsgleichungen auf und geben Sie die korrespondierenden Säure/Base-Paare an.

$HCl(g) + NH_3(g) \longrightarrow NH_4Cl(s)$ Das Chlorwasserstoff-Molekül ist nach BRÖNSTED eine Säure und gibt ein Proton ab. Dabei entsteht ein Chlorid-Ion als korrespondiere Base. Das Ammoniak-Molekül reagiert als BRÖNSTED-Base und nimmt ein Proton auf. Dabei entsteht ein Ammonium-Ion als korrespondierende Säure. Ammonium-Ionen und Chlorid-Ionen bilden zusammen festes Ammoniumchlorid.

2. Beim Aufstellen von Reaktionsgleichungen formuliert man zunächst die Teilgleichungen für die Protonenabgabe, danach für die Protonenaufnahme. Die Gleichungen dieser korrespondierenden Säure/Base-Paare fasst man zum Säure/Base-Gleichgewicht zusammen. Stellen Sie die Gleichungen für folgende Beispiele auf.

saure Reaktion von Schwefelsäure (1. Protolysest.)	basische Reaktion von Ammoniak
$H_2SO_4 \rightleftharpoons H^+ + HSO_4^-$	$H_2O \rightleftharpoons H^+ + OH^-$
$H_2O + H^+ \rightleftharpoons H_3O^+$	$NH_3 + H^+ \rightleftharpoons NH_4^+$
$H_2SO_4 + H_2O \rightleftharpoons H_3O^+ + HSO_4^-$	$NH_3 + H_2O \rightleftharpoons NH_4^+ + OH^-$
saure Reaktion von Essigsäure	**basische Reaktion von Natriummethanat**
$HAc \rightleftharpoons H^+ + Ac^-$	$H_2O \rightleftharpoons H^+ + OH^-$
$H^+ + H_2O \rightleftharpoons H_3O^+$	$HCOO^- + H^+ \rightleftharpoons HCOOH$
$HAc + H_2O \rightleftharpoons H_3O^+ + Ac^-$	$HCOOH^- + H_2O \rightleftharpoons HCOOH + OH^-$

3. a) Formulieren Sie die Gleichungen für die beiden korrespondierenden Säure/Base-Paare für die Autoprotolyse von Wasser und geben Sie an, welches Teilchen als Säure und welches als Base fungiert. Erklären Sie am Beispiel Wasser den Begriff *Ampholyt*.

H_2O (*Säure*) $\rightleftharpoons H^+ + OH^-$ (*Base*)	H_2O (*Base*) $+ H^+ \rightleftharpoons H_3O^+$ (*Säure*)
Wasser kann Protonen abgeben und fungiert damit als Säure.	**Wasser kann Protonen aufnehmen und fungiert damit als Base.**

b) Formulieren Sie die Reaktionsgleichung für die Autoprotolyse von Wasser und stellen Sie das MWG sowie die Größengleichung für das Ionenprodukt des Wassers auf.

$$2\,H_2O \rightleftharpoons H_3O^+ + OH^- \qquad K_c = \frac{c(H_3O^+) \cdot c(OH^-)}{c^2(H_2O)}$$

$$K_W = c(H_3O^+) \cdot c(OH^-) = 1 \cdot 10^{-14}\ mol^2 \cdot l^{-2}$$

c) Erläutern Sie in Ihrem Hefter, wie sich K_W bei Temperaturerhöhung verändert.
Hinweis: Für die Neutralisation wurde eine Reaktionsenthalpie von $\Delta_r H = -56{,}1\ kJ \cdot mol^{-1}$ ermittelt.

Die Autoprotolyse ist endotherm. Bei Temperaturerhöhung bilden sich mehr Ionen, das Ionenprodukt des Wassers wird größer.

ARRHENIUS und BRÖNSTED – Vergleich der Theorien Arbeitsblatt

Svante August ARRHENIUS (1859–1927)	Johannes Nicolaus BRÖNSTED (1879–1947)
 **Säuren** sind Stoffe, die in Wasser unter Abgabe von H^+-Ionen dissoziieren. **Basen** sind Stoffe, die in Wasser unter Abgabe von OH^--Ionen dissoziieren. **ARRHENIUS-Theorie (1884)**	 **Säuren** sind Teilchen, die Protonen (H^+-Ionen) abgeben können. **Basen** sind Teilchen, die Protonen (H^+-Ionen) aufnehmen können. **BRÖNSTED-Theorie (1923)**

1. Löst man Chlorwasserstoff oder Natriumhydroxid in Wasser, so steigt die elektrische Leitfähigkeit stark an. Erklären Sie dieses Phänomen nach ARRHENIUS und nach BRÖNSTED und stellen Sie die Reaktionsgleichungen dazu auf.

Nach ARRHENIUS ... **geht man davon aus, dass beim Lösen in Wasser freibewegliche Ionen gebildet werden. Für die saure Reaktion von Chlorwasserstoff sind die Wasserstoff-Ionen verantwortlich. $HCl(g) \rightleftharpoons H^+(aq) + Cl^-(aq)$ Für die basische Reaktion von Natriumhydroxid sind die gebildeten Hydroxid-Ionen verantwortlich. $NaOH(s) \rightleftharpoons Na^+(aq) + OH^-(aq)$**

Nach BRÖNSTED ... **erklärt man die Reaktion von Chlorwasserstoff in Wasser als Protonenübergang. $HCl(g) + H_2O(l) \rightleftharpoons Cl^-(aq) + H_3O^+(aq)$ Der Zerfall der Ionenkristalle von Hydroxiden kann mit der Theorie von BRÖNSTED nicht erklärt werden.**

2. Insgesamt ist die BRÖNSTEDsche Theorie wesentlich umfassender als die Säure/Base-Theorie nach ARRHENIUS. Erläutern Sie diese Aussage anhand der folgenden Beispiele.
a) Ammoniak reagiert basisch.

Ammoniak enthält keine OH-Gruppen, daher können keine Hydroxid-Ionen gebildet werden. Erklärung mit der Theorie von ARRHENIUS ist somit nicht möglich. Nach BRÖNSTED besitzt das Ammoniak-Molekül ein freies Elektronenpaar und kann somit als Elektronenakzeptor fungieren. Hydroxid-Ionen entstehen bei der Reaktion von Wasser-Molekülen.

b) Zinkchlorid-Lösung reagiert sauer.

Bei der elektrolytischen Dissoziation entstehen nach ARRHENIUS Zink-Ionen und Chlorid-Ionen, eine saure Reaktion ist nicht erklärbar. Nach BRÖNSTED geht man in diesem Beispiel von in wässrigen Lösungen vorliegenden hydratisierten Zink-Ionen bzw. Aquakomplex des Zink-Ions aus. Diese können Protonen abgeben.

Arbeitsblatt Donator/Akzeptor-Konzept

Fachwissenschaftliche Inhalte lassen sich mit Hilfe sogenannter Basiskonzepte strukturieren. Zu diesen Strukturierungsmerkmalen zählt auch das Donator/Akzeptor-Konzept, mit dem sich Säure/Base-Reaktionen und Redoxreaktionen auf der Teilchenebene beschreiben lassen. Trotz der stofflichen Vielfalt und Unterschiede laufen diese Reaktionen nach einem einheitlichen Muster ab, das sich mit einem Staffellauf vergleichen lässt. Treffen zwei Läufer aufeinander, so übergibt ein Läufer den Staffelstab an den anderen.

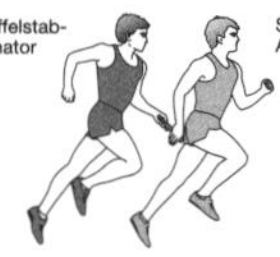

Bei Säure/Base-Reaktionen finden Protonenübergänge statt, bei denen eine Säure ein Proton an eine Base abgibt. Das protonenabgebende Teilchen wird dabei als Donator bezeichnet, das protonenaufnehmende entsprechend als Akzeptor.
Bei Redoxreaktionen laufen Elektronenübergänge ab. Ein Reduktionsmittel fungiert dabei als Elektronendonor, ein Oxidationsmittel entsprechend als Elektronenakzeptor. Für beide Reaktionstypen ist es wichtig, dass sich die Teilchen berühren, da freie Protonen als auch freie Elektronen in wässrigen Lösungen nicht bekannt sind.

1. Ermitteln und ergänzen Sie die fehlenden Angaben in der Tabelle.

Säure/Base-Reaktion		Redoxreaktion
Protonen	Art der übertragenen Teilchen	**Elektronen**
Säure/Base-Paare	korrespondierende Paare	**Redoxpaare**
HA/A^- und HB^+/B **HCl/Cl^-; NH_4^+/NH_3**	*Beispiele*	**Ox_1/Red_1; Ox_2/Red_2** **Cu^+/Cu; Fe^{3+}/Fe^{2+}**
Säure	Donator	**Reduktionsmittel**
Protonenabgabe	Teilreaktion: Donatorreaktion	**Elektronenabgabe**
$HA \longrightarrow H^+ + A^-$ **$HCl \longrightarrow H^+ + Cl^-$**	*Beispiele*	**$Red \longrightarrow Ox + z\,e^-$** **$Cu \longrightarrow Cu^+ + e^-$**
Base	Akzeptor	**Oxidationsmittel**
Protonenaufnahme	Teilreaktion: Akzeptorreaktion	**Reduktion**
$B + H^+ \longrightarrow HB^+$ **$NH_3 + H^+ \longrightarrow NH_4^+$**	*Beispiele*	**$Ox + z\,e^- \longrightarrow Red$** **$Fe_{3+} + e^- \longrightarrow Fe^{2+}$**
Säure/Base-Gleichgewicht	Donator/Akzeptor-Reaktion	**Redoxgleichgewicht**
$HA + B \quad A^- + HB^+$ **$H_2O + NH_3 \quad OH^- + NH_4^+$**	*Beispiele*	**$Red_1 + Ox_2 \quad Red_2 + Ox_1$** **$Cu + Fe^{3+} \quad Cu^+ + Fe^{2+}$**
pK_S-Wert	Quantitative Beschreibung	**Standard-Elektrodenpotential**
Puffergleichung $pH = pK_S + lg \frac{c(A^-)}{c(HA)}$	Konzentrationsabhängigkeit	NERNSTsche Gleichung $U_H = U_H^0 + \frac{0{,}059\ V}{2}\ lg \frac{c(Ox)}{c(Red)}$

Saure und alkalische Lösungen im Alltag

Arbeitsblatt

1. a) Geben Sie für beiden Arten von WC-Reinigern an, welche Teilchen in der wässrigen Lösung jeweils vorliegen.

saure Reiniger: $Na^+(aq)$, $HSO_4^-(aq)$, $SO_4^{2-}(aq)$, $H_3O^+(aq)$, $H_7C_6O_7^-(aq)$

alkalische Reiniger: $Na^+(aq)$, $Cl^-(aq)$, $ClO^-(aq)$

b) Bei gleichzeitigem Einsatz beider Sanitärreiniger entsteht ein giftiges Gas. Stellen Sie die Reaktionsgleichung auf.

$$2\,H_3O^+ + ClO^- + Cl^- \longrightarrow Cl_2 + 3\,H_2O$$

2. Eine Mineralwasserflasche wird geöffnet. Geben Sie die hierbei ablaufende chemische Reaktion an. Erklären Sie, ob diese Reaktion exotherm oder endotherm ist. Erläutern Sie, warum eine Mineralwasserflasche nicht in die Sonne gelegt werden darf.

$$H_2CO_3(aq) \rightleftharpoons H_2O(l) + CO_2(g)$$

Die Reaktion ist endotherm, denn bei hoher Temperatur entweicht Kohlenstoffdioxid aus der geöffneten Mineralwasserflasche. Durch die Sonneneinwirkung kann eine verschlossene Mineralwasserflasche explodieren, da sich verstärkt Kohlenstoffdioxid bildet.

3. a) Entwickeln Sie die Reaktionsgleichung für die Zersetzung des Kalksteins.

$$CaCO_3 + 2\,CH_3COO^- + 2\,H_3O \rightleftharpoons Ca^{2+} + 2\,CH_3COO^- + CO_2 + 3\,H_2O$$

b) Der verwendete Speiseessig hat eine Essigsäure-Konzentration von $c = 0{,}9\ mol \cdot l^{-1}$. Berechnen Sie den pH-Wert.

$$c(H_3O^+) = \sqrt{K_L \cdot c_0} = \sqrt{1{,}8 \cdot 10^{-5}\ mol \cdot l^{-1} \cdot 9 \cdot 10^{-1}\ mol \cdot l^{-1}} = 4{,}02 \cdot 10^{-3}\ mol \cdot l^{-1}; \qquad pH = 2{,}39$$

$$m = c \cdot M \cdot V = 0{,}9\ mol \cdot l^{-1} \cdot 80\ g \cdot mol^{-1} \cdot 1\ l = 54\ g$$

$$w_B = \frac{m}{m_B} \cdot 100\,\% = \frac{54\ g}{1\,000\ g} \cdot 100\,\% = 5{,}4\,\%$$

c) Berechnen Sie die Konzentration des Essigs nach dem Entkalken. Ermitteln Sie die Masse an gelöstem Calciumcarbonat.

$$c(H_3O^+) = 1{,}58 \cdot 10^{-4}\ mol \cdot l^{-1};$$

$$c_0(HAc) = \frac{c(H_3O^+)}{K_s} = \frac{(1{,}58 \cdot 10^{-4})^2\ mol^2 \cdot l^{-2}}{1{,}8 \cdot 10^{-5}\ mol \cdot l^{-1}} = 1{,}39 \cdot 10^{-3}\ mol \cdot l^{-1}$$

$$m(CH_3COOH) = c \cdot M \cdot V = 1{,}39 \cdot 10^{-3}\ mol \cdot l^{-1} \cdot 60\ g \cdot mol^{-1} \cdot 1\ l^{-1} = 0{,}083\ g$$

Verbrauch (HAc) = m(HAc vor der Reaktion) – m(HAc nach der Reaktion)

$$= 54\ g - 0{,}083\ g = 53{,}917\ g$$

$$m(CaCO_3)\ (gelöst) = \frac{n(CaCO_3) \cdot M(CaCO_3) \cdot m(CH_3COOH)}{n(CH_3COOH) \cdot M(CH_3COOH)} = \frac{1\ mol \cdot 100\ g \cdot mol^{-1} \cdot 53{,}917\ g}{2\ mol \cdot 60\ g \cdot mol^{-1}} = 44{,}93\ g$$

Arbeitsblatt

pH-Wertberechnungen

1. Ermitteln Sie die fehlenden Angaben und vervollständigen Sie folgende Tabelle.

$\frac{c(H_3O^+)}{mol \cdot l^{-1}}$	1	10^{-1}	10^{-2}	10^{-3}	10^{-4}	10^{-5}	10^{-6}	10^{-7}	10^{-8}	10^{-9}	10^{-10}	10^{-11}	10^{-12}	10^{-13}	10^{-14}
$\frac{c(OH^-)}{mol \cdot l^{-1}}$	10^{-14}	10^{-13}	10^{-12}	10^{-11}	10^{-10}	10^{-9}	10^{-8}	10^{-7}	10^{-6}	10^{-5}	10^{-4}	10^{-3}	10^{-2}	10^{-1}	1
pH-Wert	0	1	2	3	4	5	6	7	8	9	10	11	12	13	14
pOH-Wert	14	13	12	11	10	9	8	7	6	5	4	3	2	1	0
Reaktion der Lösung	sauer ⟶ neutral ⟵ basisch														

2. Für starke Säuren und Basen gilt: $c(H_3O^+) = c_0(Säure)$; $c(OH^-) = c_0(Base)$.
Berechnen Sie die gesuchten Größen.

Ausgangskonzentration von Säure bzw. Base	$\frac{c(H_3O^+)}{mol \cdot l^{-1}}$	$\frac{c(OH^-)}{mol \cdot l^{-1}}$	pH-Wert	pOH-Wert
$c_0(HCl) = 5 \cdot 10^{-2}\ mol \cdot l^{-1}$	$5 \cdot 10^{-2}$	$0{,}2 \cdot 10^{-12}$	1,3	12,7
$c_0(NaOH) = 2 \cdot 10^{-1}\ mol \cdot l^{-1}$	$0{,}5 \cdot 10^{-13}$	$2 \cdot 10^{-1}$	13,3	0,7

3. Formulieren Sie das MWG für die Protolysegleichgewichte von Ethansäure (Essigsäure) und von Ammoniakwasser. Leiten Sie die Größengleichungen zur Berechnung von Hydronium-Ionen (H_3O^+) und Hydroxid-Ionen für schwache Säuren und Basen ab.

$K_S(HAc) = \frac{c(H_3O^+) \cdot c(Ac^-)}{c(HAc)}$	$K_B(NH_3 \cdot H_2O) = \frac{c(NH_4^+) \cdot c(OH^-)}{c(NH_3)}$
$c(H_3O^+) = c(Ac^-)$, $c_0(HAc)$ $c(HAc)$	$c(OH^-) = c(NH_4^+)$, $c_0(NH_3 \cdot H_2O) = c(NH_3)$
$K_S = \frac{c^2(H_3O^+)}{c_0(AHc)}$, $c(H_3O^+)$ $\sqrt{K_S \cdot c_0(HAc)}$	$K_B = \frac{c^2(OH^-)}{c_0(NH_3)}$, $c(OH^-) = \sqrt{K_B \cdot c_0(NH_3)}$

4. Geben Sie die Säure- bzw. Basekonstante an und berechnen Sie die gesuchten Größen. Die Ausgangskonzentration beträgt jeweils $c_0 = 1 \cdot 10^{-2}\ mol \cdot l^{-1}$.

Säure bzw. Base	$\frac{K_S\ bzw.\ K_B}{mol \cdot l^{-1}}$	$\frac{c(H_3O^+)}{mol \cdot l^{-1}}$	$\frac{c(OH^-)}{mol \cdot l^{-1}}$	pH-Wert
$CH_3COOH(aq)$	$K_S(HAc) = 1{,}78 \cdot 10^{-5}$	$4{,}22 \cdot 10^{-4}$	$0{,}237 \cdot 10^{-10}$	3,38
$NH_3 \cdot H_2O(aq)$	$K_S(NH_3 \cdot H_2O) = 1{,}78 \cdot 10^{-5}$	$0{,}237 \cdot 10^{-10}$	$4{,}22 \cdot 10^{-4}$	10,62
$Na_2CO_3(aq)$	$K_S(CO_3^{2-}) = 2{,}5 \cdot 10^{-4}$	$0{,}63 \cdot 10^{-11}$	$1{,}58 \cdot 10^{-3}$	11,20
$FeCl_3(aq)$	$K_S[Fe(H_2O)]^{3+} = 6{,}0 \cdot 10^{-3}$	$7{,}75 \cdot 10^{-3}$	$0{,}13 \cdot 10^{-11}$	2,11

pH-Wertbestimmung

Praktikum

Durch Messen des pH-Werts wird festgestellt, ob eine wässrige Lösung sauer, neutral oder basisch reagiert. Die pH-Messung kann mittels Indikator (Universalindikator-Lösung oder Universalindikator-Papier) sowie mit einer pH-Elektrode oder einem pH-Meter durchgeführt werden.

Versuch: Messen von pH-Werten

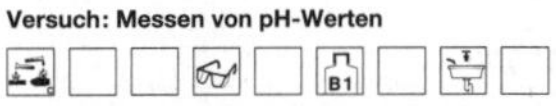

Materialien: Reagenzgläser, Becherglas (100 ml), Pipetten, pH-Elektrode oder pH-Meter;
verdünnte wässrige Lösungen folgender Stoffe: Milch, Mineralwasser, Zitronensaft, Essig, Backofenreiniger, Geschirrspülmittel, Seifen-Lösung, Apfelsaft, Salmiak, Regenwasser, Natriumhydroxid-Lösung (C, 1 mol · l^{-1}), Salzsäure (C, 1 mol · l^{-1}),
Salzlösungen der Konzentration 0,1 mol · l^{-1}: Kaliumsulfat, Natriumacetat, Ammoniumchlorid,
Salzlösungen der Konzentration 0,01 mol · l^{-1}: Aluminiumchlorid, Natriumhydrogencarbonat.

Durchführung:
1. Messen Sie die pH-Werte aller wässrigen Lösungen mit dem pH-Messgerät.
2. Geben Sie in das Becherglas 40 ml Aluminiumchlorid-Lösung und messen Sie den pH-Wert. Versetzen Sie die Lösung anschließend mit 40 ml Natriumhydrogencarbonat-Lösung und messen Sie erneut den pH-Wert.

Auswertung:
a) Notieren Sie die gemessenen pH-Werte.

Stoff	pH-Wert	Stoff	pH-Wert	Stoff	pH-Wert
Milch	6,7	Backofenreiniger	13	Salmiak	11
Mineralwasser	3,5	Geschirrspüler	13	Regenwasser	~5
Zitronensaft	1,5	Seifenlösung	10	Natronlauge (1 mol · l^{-1})	14
Essig	2,5	Apfelsaft	3,5	Salzsäure (1 mol · l^{-1})	0

Stoff	pH-Wert	Stoff	pH-Wert	Stoff	pH-Wert
Kaliumsulfat	7	Natriumacetat	8,4	Ammoniumchlorid	5,6

Stoff	pH-Wert	Stoffgemisch	pH-Wert
Aluminiumchlorid	2,9	Aluminiumchlorid + Natriumhydrogencarbonat	5–7

b) Erläutern Sie im Fall von Natriumacetat, Ammoniumchlorid und Aluminiumchlorid die gemessenen pH-Werte mit Hilfe von Reaktionsgleichungen für die Säure/Base-Gleichgewichte.

$$CH_3COO^-(aq) + H_2O(l) \rightleftharpoons CH_3COOH(l) + OH^-(aq)$$

$$NH_4^+(aq) + H_2O(l) \rightleftharpoons NH_3(l) + H_3O^+(aq)$$

$$[Al(H_2O)_6]^{3+}(aq) + H_2O(l) \rightleftharpoons [Al(OH)(H_2O)_6]^{2+}(aq) + H_3O^+(aq)$$

c) Stellen Sie die Reaktionsgleichung für die Reaktion von Aluminiumchlorid-Lösung mit Natriumhydrogencarbonat-Lösung auf.

$$H_3O^+(aq) + HCO_3^-(aq) \rightleftharpoons CO_2(g) + 2\,H_2O(l)$$

Arbeitsblatt

K-Werte im Überblick

1. Salzsäure und Essigsäure gleicher Konzentration haben deutlich unterschiedliche pH-Werte. Erklären Sie diesen Sachverhalt.

HCl: Sehr starke Säure, Konzentration der Säure entspricht der Konzentration der Hydronium-Ionen, vollständige Protolyse

HAc: schwache Säure, Konzentration der Säure ist deutlich größer als die der Hydronium-Ionen, unvollständige Protolyse

2. Vergleichen Sie allgemein die K_S und pK_S-Werte sowie die K_B und pK_B-Werte.

Die K_S und K_B-Werte sind Stoffkonstanten, die die Stärke der Säuren und Basen angeben. Zur Erleichterung des Gebrauchs verwendet man oft die negativen Zehnerlogarithmen der K_S und K_B-Werte, das sind die pK_S und pK_B-Werte.

3. Füllen Sie die folgende Tabelle aus.

	K_W	K_S	K_B
1. Geben Sie die Bedeutung der Konstanten an.	Ionenprodukt des Wassers	Säurekonstante	Basekonstante
2. Formulieren Sie die Reaktionsgleichungen in Ionenschreibweise.	$2\,H_2O \rightleftharpoons H_3O^+ + OH^-$	$HCl + H_2O \rightleftharpoons H_3O^+ + Cl^-$	$NH_3 + H_2O \rightleftharpoons NH_4^+ + OH^-$
3. Verallgemeinern Sie die unter 2. formulierten Reaktionsgleichungen.	–	$HA + H_2O \rightleftharpoons H_3O^+ + A^-$	$B + H_2O \rightleftharpoons HB^+ + OH^-$
4. Setzen Sie die unter 3. formulierten Gleichungen ins MWG ein.	$K = \frac{c(H_3O^+) \cdot c(OH^-)}{c^2(H_2O)}$	$K = \frac{c(H_3O^+) \cdot c(A^-)}{c(HA) \cdot c(H_2O)}$	$K = \frac{c(HB^+) \cdot c(OH^-)}{c(B) \cdot c(H_2O)}$
5. Welche Größen werden als Konstanten betrachtet und in *K* einbezogen?	$c(H_2O)$	$c(H_2O)$	$c(H_2O)$
6. Welche Größengleichungen ergeben sich daraus?	$K_w = c(H_3O^+) \cdot c(OH^-)$	$K_S = \frac{c(H_3O^+) \cdot c(A^-)}{c(HA)}$	$K_B = \frac{c(HB^+) \cdot c(OH^-)}{c(B)}$
7. Geben Sie an, wann folgende Voraussetzungen gelten.	$c(H_3O^+) = c(OH^-)$	$c_0(HA) = c(H_3O^+)$	$c_0(B) = c(OH^-)$
	reines Wasser	(sehr) starke Säure	(sehr) starke Base
	$c(H_3O^+) > c(OH^-)$	$c_0(HA) \sim c(HA)$	$c_0(B) \sim c(B)$
	saure Lösung	schwache Säure	schwache Base
8. Geben Sie an, was aus folgenden Zahlenwerten der Konstanten über die Eigenschaften der Stoffe abgeleitet werden kann.	$K_W = 1{,}0 \cdot 10^{-14}\ mol^2 \cdot l^{-2}$	$K_S = 1{,}0 \cdot 10^{-3}\ mol \cdot l^{-1}$	$K_B = 1{,}8 \cdot 10^{-5}\ mol^3 \cdot l^{-3}$
	reines Wasser	schwache Säure	schwache Base
	$c(H_3O^+) = 10^{-7}\ mol \cdot l^{-1}$	$K_S = 1{,}2 \cdot 10^{-7}\ mol \cdot l^{-1}$	$c(OH^-) = 5 \cdot 10^{-4}\ mol \cdot l^{-1}$
	neutrale Lösung	schwache Säure	basische Lösung

Reaktionen von Salzlösungen

Arbeitsblatt

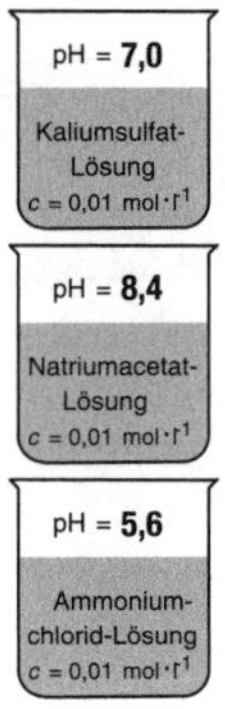

1. a) Ordnen Sie folgende pH-Werte den gegebenen Salzlösungen zu: pH = 5,6; pH = 7,0 und pH = 8,4.

b) Begründen Sie Ihre Entscheidung durch das Aufstellen von Reaktionsgleichungen (Korrespondierende Säure/Base-Paare und Säure/Base-Gleichgewicht).

$K_2SO_4(aq) \rightleftharpoons 2\,K^+(aq) + SO_4^{2-}(aq)$

$2\,H_2O(l) \rightleftharpoons H_3O^+(aq) + OH^-(aq)$

$2\,K^+(aq) + SO_4^{2-}(aq) + 2\,H_3O(aq) + 2\,OH^-(aq) \rightleftharpoons$

$2\,K^+(aq) + SO_4^{2-}(aq) + 4\,H_2O(l)$

$2\,H_2O(l) \rightleftharpoons H^+(aq) + OH^-(aq)$

$H^+(aq) + CH_3COO^-(aq) \rightleftharpoons CH_3COOH(aq)$

$CH_3COO^-(aq) + H_2O(l) \rightleftharpoons CH_3COOH(aq) + OH^-(aq)$

$NH_4^+(aq) \rightleftharpoons NH_3(aq) + H^+(aq)$

$H_2O(l) + H^+(aq) \rightleftharpoons H_3O^+(aq)$

$NH_4^+(aq) + H_2O(l) \rightleftharpoons NH_3(aq) + H_3O^+(aq)$

c) Überprüfen Sie die angegebenen pH-Werte rechnerisch.

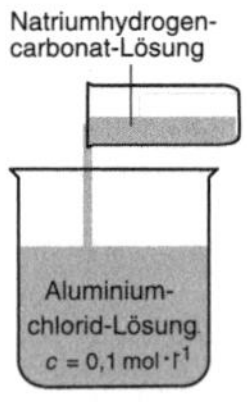

2. a) Berechnen Sie den pH-Wert einer Aluminiumchlorid-Lösung der Konzentration $c = 0{,}1\ mol \cdot l^{-1}$.

$c(H_3O^+) = \sqrt{c \cdot K_S} = \sqrt{10^{-1}\ mol \cdot l^{-1} \cdot 1{,}4 \cdot 10^{-5}\ mol \cdot l^{-1}}$

$c(H_3O^+) = 1{,}18 \cdot 10^{-3}\ mol \cdot l^{-1}$; pH = 2,93

b) Nach Zugabe von Natriumhydrogencarbonat-Lösung ist eine Gasentwicklung festzustellen. Außerdem ändert sich der pH-Wert der Lösung. Erklären Sie die ablaufenden Reaktionen mit Hilfe von Reaktionsgleichungen.

Dissoziation von $AlCl_3$: $AlCl_3(aq) \rightleftharpoons Al^{3+}(aq) + 3\,Cl^-(a)$

Dissoziation von $NaHCO_3$: $NaHCO_3(aq) \rightleftharpoons$

$Na^+(aq) + HCO_3^-(aq)$

Al^{3+} liegen hydratisiert vor: $Al^{3+}(aq) + 6\,H_2O(l) \rightleftharpoons [Al(H_2O)_6]^{3+}(aq)$

saure Lösung: $[Al(H_2O)_6]^{3+}(aq) \rightleftharpoons [Al(H_2O)_5OH]^{2+}(aq) + H^+(aq)$

$H_2O(l) + H^+(aq) \rightleftharpoons H_3O^+(aq)$

$[Al(H_2O)_6]^{3+}(aq) + H_2O(l) \rightleftharpoons$

$[Al(H_2O)_5OH]^{2+}(aq) + H_3O^+(aq)$

Verbrauch der Hydronium-Ionen, pH-Wert steigt: $H_3O^+(aq) + HCO_3^-(aq) \rightleftharpoons CO_2(g) + 2\,H_2O(l)$

Praktikum

Pufferlösungen

Auswertung:

a)

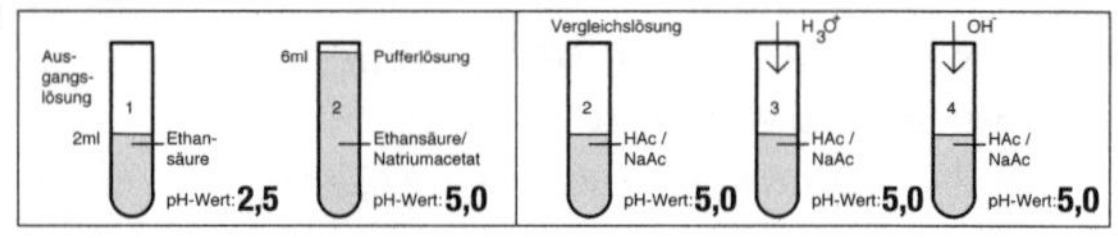

b) Zusatz der CH_3COO^--Ionen: Vergrößerung des Zählers. Damit K_S konstant bleibt, müssen H_3O^+-Ionen und CH_3COO^--Ionen zu Essigsäure umgesetzt werden. Die Konzentration der H_3O^+-Ionen sinkt, der pH-Wert steigt.

$$K_S(HAc) = \frac{c(H_3O^+) \cdot c(CH_3COO^-)}{c(CH_3COOH)}$$

c) Zugabe von H_3O^+-Ionen: $H_3O^+ + CH_3COO^- \rightleftharpoons H_2O + CH_3COOH$

Die Protolyse wird durch gleichionigen Zusatz zurückgedrängt.

Zugabe von OH^--Ionen: $H_3O^+ + OH^- \rightleftharpoons 2\,H_2O$

Die H_3O^+-Ionen werden durch Protolyse der Essigsäure nachgeliefert. Ein fremdioniger Zusatz fördert die Protolyse.

d) Pufferlösungen haben in Bereichen Bedeutung, wo ein bestimmter pH-Wert eines Systems eine bestimmende Reaktionsbedingung oder eine grundlegende Voraussetzung für die Stabilität eines Systems ist. So wird das Leben auf der Erde in allen biologischen Systemen durch grundlegende Pufferlösungen bestimmt. Das menschliche Blut hat einen pH-Wert von 7,4 ± 0,03. Hier wirken beim Stoffwechsel, wo ständig Säuren und Basen entstehen, mehrere Systeme (z. B. $H_2CO_3^-$/HCO_3^-, $H_2PO_4^-/HPO_4^{2-}$). In der Humusschicht des Erdbodens wirkt $CaCO_3/Ca(HCO_3)_2$ als Puffersystem. Es macht von Wurzeln und Mikroorganismen ausgeschiedene Säuren unwirksam und verhindert so ein Versauern des Bodens. Standardpufferlösungen dienen zum Kalibrieren der Glaselektroden von pH-Metern. In der analytischen Chemie werden Pufferlösungen z. B. bei der komplexometrischen Titration eingesetzt. Industrielle Prozesse, bei denen Pufferlösungen eine Rolle spielen, sind u. a. die Herstellung von Leder, Farbstoffen und von Fotomaterialien.

Pufferlösungen und Titrationskurven

Arbeitsblatt

Puffersysteme kann man auf zwei Arten herstellen. Entweder auf direktem Wege durch Mischen zweier Stoffe oder durch die gezielte Titration bis zum Halbäquivalenzpunkt.

1. Erläutern Sie die Entstehung eines Puffersystems aus Ammoniak und Ammoniumchlorid und erläutern Sie die Pufferwirkung bei der Zugabe von Säure beziehungsweise von Base.

Zugabe von NH_4Cl zu NH_3-Lösung bis zum Erreichen des pK_S-Wertes von $NH_4Cl \Rightarrow c(NH_3) = c(NH_4^+)$: $\rightarrow NH_4^+ + OH^-$

Zugabe der Säure (H_3O^+): $OH^- + H_3O^+ \rightarrow 2\,H_2O$; H_3O^+ wird „weggefangen“ und der pH-Wert bleibt konstant.

Zugabe der Base (OH^-): $OH^- + NH_4^+ \rightarrow NH_3 + H_2O$. Das Gleichgewicht verschiebt sich auf die Seite der Ausgangsstoffe und der pH-Wert bleibt konstant.

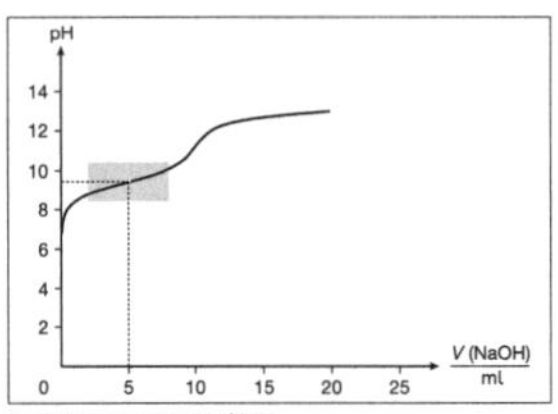

Pufferbereich von NH_4^+/NH_3 ($pK_S = 9{,}37$)

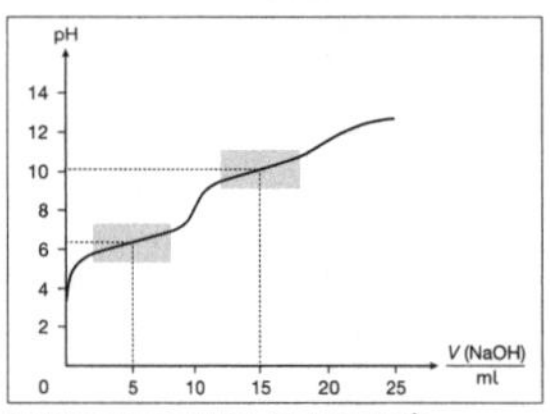

Pufferbereiche von $H_2O + CO_2/HCO_3^-/CO_3^{2-}$ ($pK_{S1} = 6{,}3$; $pK_{S2} = 10{,}1$)

2. a) Markieren Sie in den Titrationskurven die Stellen, an denen gilt: $pH = pK_S$
b) Fällen Sie von diesen Punkten aus das Lot auf die *x*-Achse.
c) Wie ist das Protolyse-System an diesen Stellen zusammengesetzt?

Wenn die Hälfte der Säure neutralisiert wird, ist die Bedingung $pH = pK_S$ erfüllt. Die Säure und ihre korrespondierende Base sind dann zu gleichen Teilen im Protolyse-System enthalten.

3. Erläutern Sie, woran man allgemein Pufferbereiche in Titrationskurven erkennt.

Eine Pufferlösung ändert ihren pH-Wert kaum, wenn ihr eine Säure oder eine Base in begrenzter Menge zugefügt werden. Dies zeigt auch der Verlauf der Titrationskurve in einem Pufferbereich. Über ihren gesamten Bereich ändert sich der pH-Wert nur geringfügig.

Arbeitsblatt

Blutpuffer

1. Das menschliche Blut hat einen nahezu konstanten pH-Wert von 7,4. Schwankungen um eine halbe pH-Einheit können lebensbedrohlich sein. Weicht der pH-Wert des Blutes nach unten ab, spricht man von Acidose. Eine Abweichung nach oben wird als Alkalose bezeichnet. Nennen Sie die drei wesentlichen Puffersysteme des Blutes und geben Sie die entsprechende Reaktionsgleichung für das Puffer-Gleichgewicht an.

Kohlensäure-Puffer: $CO_2 + 2\,H_2O \rightleftharpoons H_3O^+ + HCO_3^-$

Hämoglobin-Puffer: $HbH^+ + H_2O \rightleftharpoons H_3O^+ + Hb$

Phosphat-Puffer: $H_2PO_4^- + H_2O \rightleftharpoons H_3O^+ + HPO_4^{2-}$

2. Begründen Sie die Notwendigkeit eines konstanten Blut-pH-Wertes und nennen Sie einige Quellen für einen Säure- oder Baseeintrag in das Blut.

Ein konstanter pH-Wert ist Voraussetzung für Enzymwirkung im Körper. Die Enzymaktivität ist pH-abhängig. Quellen: Nahrung, Stoffwechselprodukte, Milchsäureproduktion bei körperlicher Aktivität, Lungenfunktionsstörung, Nierenfunktionsstörung.

3. Beschreiben Sie die Wirkung des Blutpuffersystems mit der größten Pufferkapazität.

Kohlensäurepuffer: Ein erhöhter Säureanteil im Blut kann durch eine Gleichgewichtsverschiebung nach links kompensiert werden. Es wird dann vermehrt CO_2 über die Lunge ausgeatmet. Eine zu hohe Konzentration von OH^- bewirkt eine verstärkte Reaktion von CO_2 mit H_2O unter Bildung von H_3O^+ und HCO_3^-.

4. Berechnen Sie das Konzentrationsverhältnis von Hydrogencarbonat und Kohlensäure im Blut eines erschöpften Triathleten mit einem pH-Wert von 7,2. Berechnen Sie zum Vergleich auch das Konzentrationsverhältnis beim Normalwert von 7,4. (pK_S (H_2CO_3/Blut) = 6,1)

$$pH = pK_S(H_2CO_3) + \lg \frac{c(HCO_3^-)}{c(H_2CO_3)}$$

pH: 7,4 $\quad 7{,}4 = 6{,}1 + \lg \frac{c(HCO_3^-)}{c(H_2CO_3)} \quad \frac{c(HCO_3^-)}{c(H_2CO_3)} = \frac{20}{1}$ $\quad$ pH: 7,2 $\quad \frac{c(HCO_3^-)}{c(H_2CO_3)} = \frac{12{,}6}{1}$

5. Angst, Aufregung, Stress, Panik und andere Ursachen können bei manchen Menschen eine Hyperventilation auslösen. Hyperventilation ist eine unnatürlich hohe Steigerung der Atemfrequenz. Dabei kommt es zur verstärkten CO_2-Abatmung. Erläutern Sie die Folgen dieser verstärkten Atmung und beschreiben Sie die Wirkung der sogenannten „Tütenatmung“ als Maßnahme der 1. Hilfe. Nutzen Sie Ihr Heft.

Durch die verstärkte CO_2-Abatmung bei der Hyperventilation steigt der pH-Wert des Blutes (Alkalose). Atmet man mehrmals durch eine Tüte oder auch Hyperventilationsmaske führt dies zu einer vermehrten CO_2-Rückatmung und Erhöhung des CO_2-Gehalts im Blut.

Säure/Base-Indikatoren

Arbeitsblatt

Der Name Indikator ist aus dem lateinischen abgeleitet (*indicare* = anzeigen). Säure/Base-Indikatoren sind organische Farbstoffe. Es handelt sich im allgemeinen um schwache Säuren, die sich in der Farbe von ihren korrespondierenden Basen unterscheiden. Das vorliegende Protolysegleichgewicht ist pH-Wert-abhängig. Für den Indikator Methylorange gilt:

Strukturformel:

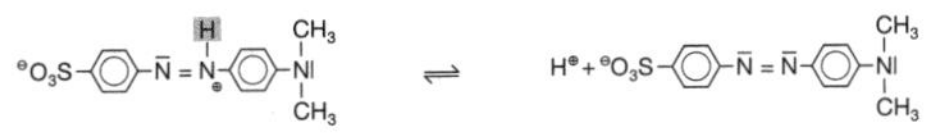

Farbe:	rot (Säure)	Mischfarbe	orangegelb (Base)
pH-Wert	<3,1	3,1–4,4	>4,4
abgekürzte Schreibweise:	HIn (l)	$\rightleftharpoons$	$H^+ (aq) + In^- (aq)$

1. Markieren Sie in der Strukturformel für den Säure/Base-Indikator Methylorange jenes Proton, das beim Übergang von der Säure in die korrespondierende Base übertragen wird.

2. Erklären Sie das Messprinzip des Säure/Base-Indikators Methylorange bei Zugabe von

a) Hydronium-Ionen und

Ein Überschuss an Hydronium-Ionen im Indikatorgleichgewicht führt zu einer Verschiebung des Gleichgewichtes auf die Seite der Indikatorsäure (rot).

b) von Hydroxid-Ionen.

Ein Überschuss an Hydroxid-Ionen im Indikatorgleichgewicht führt zu einem Entzug von Hydronium-Ionen und damit zu einer Verschiebung des Gleichgewichtes auf die Seite der Indikatorbase (orangegelb).

3. Formulieren Sie für Indikatoren in allgemeiner Schreibweise die Gleichung für die korrespondierenden Säure/Base-Paare und das Säure/Base-Gleichgewicht.

$$HIn (l) \rightleftharpoons H^+ (aq) + In^- (aq)$$

$$H^+ (aq) + H_2O (l) \rightleftharpoons H_3O^+ (aq)$$

$$\underset{\text{Säure 1}}{HIn (l)} + \underset{\text{Base 2}}{H_2O (l)} \rightleftharpoons \underset{\text{Säure 2}}{H_3O^+ (aq)} + \underset{\text{Base 1}}{In^- (aq)}$$

4. Charakterisieren Sie die Funktionsweise eines Universalindikators.

Universalindikatoren sind Gemische mehrerer Indikatoren mit unterschiedlichen Umschlagsbereichen und zeigen für jeden pH-Bereich eine andere Farbe. Sie werden in Form von Lösungen oder als Teststreifen eingesetzt.

5. Erklären Sie in Ihrem Hefter, wie die pH-Wert-Bestimmung mit einer pH-Elektrode beziehungsweise mit einem pH-Meter funktioniert.

Eine pH-Elektrode, die sich in der zu untersuchenden Lösung befindet, liefert auf elektrischen Wege eine Spannung. Dieser Wert wird mit einer Referenzelektrode verglichen. Das pH-Meter rechnet den Spannungswert in einen pH-Wert um.

Praktikum

Neutralisationsanalyse

Versuch: Bestimmung des Säuregehalts in Nahrungsmitteln durch Titration

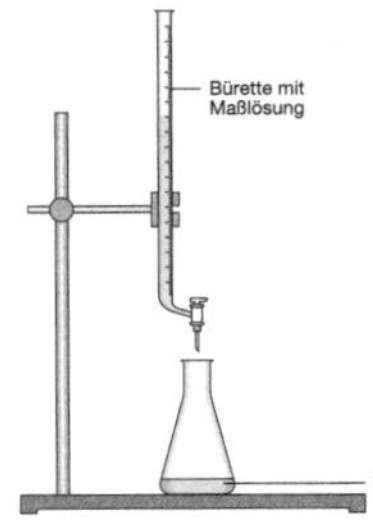

Materialien: Bürette, Vollpipetten (25 ml), Messpipetten (2 ml), Pipettierball, Erlenmeyerkolben (200–300 ml);
Natriumhydroxid-Lösung ($c = 0{,}1\ mol \cdot l^{-1}$; Xi), Wein, Essig, Zitronensaft, Indikator-Lösung.

Durchführung:

1. Füllen Sie die Bürette blasenfrei mit der Maßlösung.
2. Geben Sie in die Erlenmeyerkolben mittels Vollpipette 25 ml Wein. Fügen Sie vier Tropfen eines geeigneten Indikators zu.
3. Titrieren Sie den Wein bis zum Äquivalenzpunkt und wiederholen Sie diese Titration mindestens drei mal.
4. Wiederholen Sie den Versuch mit 2 ml Essig und mit 2 ml Zitronensaft. Verdünnen Sie die Lösungen im Erlenmeyerkolben jeweils mit etwa 20 ml Wasser.

Auswertung: a) Tragen Sie alle Messwerte in die Tabelle ein und bilden Sie für die einzelnen Bestimmungen die Mittelwerte für den Verbrauch an Maßlösung.

	Titration: Weinsäure			Titration: Essig			Titration: Zitronensaft		
	1.	2.	3.	1.	2.	3.	1.	2.	3.
Bürettenstand vor der Titration in ml									
Bürettenstand in ml nach der Titration	**Je nach eingesetzter Weinsorte, Essigabfüllung und Konzentration des Zitronensaftes fällt der Verbrauch an Lauge unterschiedlich aus.**								
Verbrauch der Maßlösung in ml									
Mittelwert in ml	**ca. 22,5**			**ca. 16,8**			**ca. 15,2**		
c (Säure)									
pH-Wert (Säure)	**Je nach eingesetzter Weinsorte, Essigabfüllung und Konzentration des Zitronensaftes fällt der Verbrauch an Lauge unterschiedlich aus.**								
m (Säure) pro Liter Lösung									

b) Stellen Sie für folgende Größen einer Neutralisationsanalyse die Gleichungen auf und tragen Sie die Werte für die berechneten Größen in die Tabelle ein.

a) Konzentration der Säure $c(\text{Säure}) = \dfrac{c(\text{Base}) \cdot V(\text{Base})}{V(\text{Säure})}$	**b)** pH-Wert der Säure-Lösung $pH = -lg \dfrac{c(H_3O^+)(aq)}{mol \cdot l^{-1}}$ $\quad c(H_3O^+) = \sqrt{K_S \cdot c_0(\text{Säure})}$
c) Masse der Säure pro Liter Lösung	$m(\text{Säure}) = M(\text{Säure}) \cdot c(\text{Base}) \cdot V(\text{Base})$

Nachweisreaktionen

Praktikum

Der Nachweis von Ammonium-Ionen und Carbonat-Ionen ist jeweils mit einer Säure/Base-Reaktion nach BRÖNSTED verbunden. Bestätigen Sie diese Aussage durch die folgenden Versuche.

Versuch 1: Nachweis von Ammonium-Ionen

Materialien: zwei Uhrgläser, Spatel, Glasstab; Ammoniumchlorid (Xn), Ammoniumsulfat, Natronlauge (verd., C), Salzsäure (konz.; C), Universalindikator-Papier.

Durchführung:

1. Geben Sie eine Spatelspitze Ammoniumchlorid auf ein Uhrglas.
2. Feuchten Sie einen Streifen Universalindikator-Papier mit Wasser an und kleben Sie ihn auf die Innenseite des anderen Uhrglases.
3. Geben Sie einige Tropfen Natronlauge zum Ammoniumchlorid und decken Sie mit dem anderen Uhrglas ab.
4. Geben Sie eine Spatelspitze Ammoniumsulfat in ein Reagenzglas und tropfen Sie Natronlauge dazu.
5. Halten Sie über die Reagenzglasöffnung den Glasstab, den Sie vorher in die Salzsäure getaucht haben.

Aufgaben:

a) Notieren und deuten Sie Ihre Beobachtungen.

Gas entsteht; Indikatorpapier färbt sich blau, mit HCl weißer Rauch ⇒ Ammoniak-Gas entsteht.

b) Geben Sie die Reaktionsgleichungen für alle ablaufenden Reaktionen an. Begründen Sie den Reaktionstyp.

$NH_4^+ + OH^- \rightarrow NH_3 + H_2O$

Protolyse: H^+ **von** NH_4^+ **geht an** OH^-

$NH_3 + H_2O \rightarrow NH_4^+ + OH^-$

Protolyse: H^+ **von** H_2O **geht an** NH_3

$NH_3 + HCl \rightarrow NH_4Cl$

Protolyse: H^+ **von HCl geht an** NH_3

Versuch 2: Nachweis von Carbonat-Ionen

Materialien: Tropfpipetten; Natriumcarbonat-Lösung, Salzsäure (verd.), Bariumchlorid-Lösung (Xn).

Durchführung:

1. Geben Sie in ein Reagenzglas etwa ein Drittel Natriumcarbonat-Lösung.
2. Tropfen Sie zuerst Salzsäure zur Carbonat-Lösung. Wenn die Reaktion beendet ist geben Sie anschließend Bariumchlorid-Lösung zu.
3. Wiederholen Sie den Versuch, wobei Sie zuerst die Bariumchlorid-Lösung und anschließend die Salzsäure zutropfen.

Aufgaben:

a) Notieren und deuten Sie Ihre Beobachtungen.

(I) Gas entsteht ⇒ CO_2

weißer Niederschlag ⇒ $BaCO_3$

(II) weißer Niederschlag ⇒ $BaCO_3$

Gas entsteht ⇒ CO_2

b) Geben Sie die Reaktionsgleichungen für die Reaktionen an, die nacheinander ablaufen. Bestimmen Sie den Reaktionstyp und geben Sie die korrespondierenden Paare für die Protolyse an.

$CO_3^{2-} + H_3O^+ \rightarrow HCO_3^- + H_2O$

Protolyse: H^+ **von** H_3O^+ **geht an** CO_3^{2-},

H_3O^+/H_2O; CO_3^{2-}/HCO_3^-

$HCO_3^- + H_3O^+ \rightarrow CO_2 + 2\ H_2O$

Protolyse: H^+ **von** H_3O^+ **geht an** HCO_3^-,

H_3O^+/H_2O; HCO_3^-/CO_2

$CO_3^{2-} + BaCl_2 \rightarrow BaCl_3\downarrow + 2\ Cl^-$

Fällungsreaktion

Arbeitsblatt

Backtriebmittel

Auf den Etiketten von Lebensmittelverpackungen werden häufig hinter E-Nummern verborgen Lebensmittelzusatzstoffe aufgelistet. Bei vielen Backwaren findet man auf der Zutatenliste Backtriebmittel wie Natriumhydrogencarbonat (E405) oder das als Hirschhornsalz bekannte Ammoniumhydrogencarbonat (E503). Backtriebmittel entfalten ihre Wirkung bei Temperaturen oberhalb von 60 °C. Durch Gasbildung wird das Gebäck gelockert und somit verfeinert. Daneben sind meist noch Säuerungsmittel wie Zitronensäure, Weinsäure oder Weinstein enthalten.

1. Erklären Sie die ablaufenden Vorgänge unter Zuhilfenahme der Säure/Base-Reaktionen anhand von Gleichungen.

Backtriebmittel zerfallen in der Hitze und setzen dabei Kohlenstoffdioxid frei:

$NaHCO_3 \longrightarrow NaOH + CO_2$

Bei Zersetzung von Ammoniumhydrogencarbonat entsteht zu dem noch Ammoniak

$NH_4HCO_3 \longrightarrow NH_3 + CO_2 + H_2O$

2. Entwickeln Sie einen Plan zum Nachweis der entstehenden Gase. Beschreiben Sie geeignete Experimente und geben Sie entsprechende Reaktionsgleichungen für die Nachweise an.

In einem Reagenzglas wird etwas Ammoniumhydrogencarbonat erhitzt.

An den Rand hält man ein Stück feuchtes Indikatorpapier.

Eine Blaufärbung zeigt Ammoniak an: $NH_3 + H_2O \longrightarrow NH_4^+ + OH^-$

Die entstehenden Gase werden in Kalkwasser oder Barytwasser geleitet.

Eine Trübung zeigt Kohlenstoffdioxid an:

$CO_2 + 2\ HO^- + Ca^{2+} \longrightarrow CaCO_3 (s) + H_2O$

3. Bei Zugabe von Wasser zu säuerungsmittelhaltigen Backtriebmitteln beobachtet man bereits bei Raumtemperatur eine Gasentwicklung. Erläutern Sie die Funktion von Säuerungsmittel. Geben Sie mögliche Vorteile an.

Säuerungsmittel dissoziieren in Wasser. Die entstehenden Hydronium-Ionen reagieren mit Natriumhydrogencarbonat unter Bildung von Kohlenstoffdioxid. Die Gasentwicklung setzt bereits bei niedrigeren Temperaturen ein. Der Teig wird dadurch lockerer.

Leitfähigkeitstitration

Arbeitsblatt

Vergleicht man die elektrische Leitfähigkeit verschiedener wässriger Lösungen, so stellt man fest, dass saure Lösungen ebenso wie basische Lösungen den elektrischen Strom besser leiten als andere Elektrolytlösungen gleicher Konzentration. Die Ursache für diese Unterschiede liegt in der höheren „Beweglichkeit" der Hydronium-Ionen und der Hydroxid-Ionen, für die man einen Wanderungsmechanismus annimmt.

1. Skizzieren Sie für beiden Ionensorten jeweils den Ladungstransport in wässrigen Lösungen.

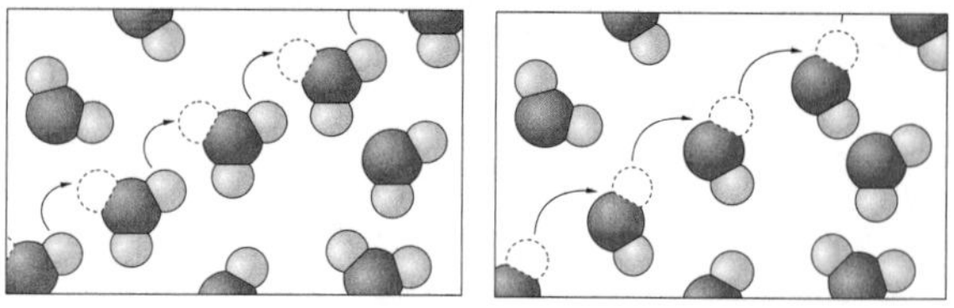

2. Bei der Titration von Salzsäure mit Natronlauge beobachtet man folgende Änderung der Leitfähigkeit. Interpretieren Sie den Verlauf der Kurve.

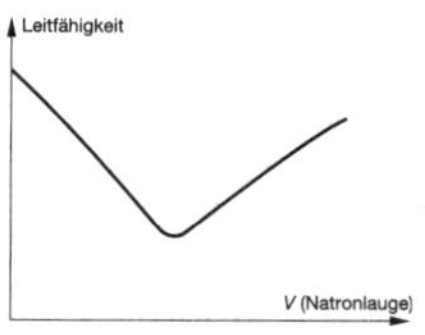

Bei Zugabe von Lauge verringert sich die Anzahl der Hydronium-Ionen durch die Neutralisationsreaktion. Die elektrische Leitfähigkeit nimmt ab. Nach erfolgter Neutralisation steigt die Leitfähigkeit wieder an, da mit weiterer Zugabe von Lauge die Anzahl der Ladungsträger erhöht wird. Der Anstieg ist dabei im Wesentlichen auf OH^--Ionen zurückzuführen.

3. In der untenstehenden Abbildung ist die Titrationskurve von Essigsäure mit Natronlauge dargestellt. Erklären Sie den Verlauf der Kurve und erläutern Sie Unterschiede zur Kurve aus Aufgabe 2.

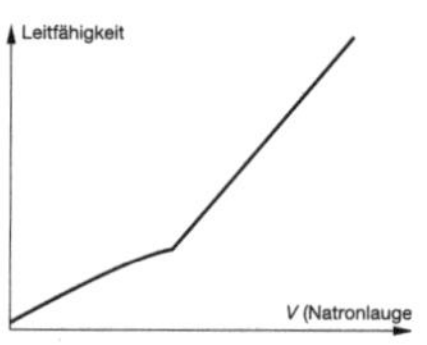

Nur ein kleiner Teil der Essigsäure-Moleküle liegt zu Beginn deprotoniert vor. Bei der Neutralisation werden im selben Maße H_3O^+-Ionen neutralisiert wie durch Deprotonierung gebildet werden. Die Leitfähigkeit steigt langsam an, da sich die Anzahl der Ladungsträger kontinuierlich erhöht.

Säure/Base-Reaktionen

Basiswissen

Ergänzen Sie die fehlenden Angaben zum Basiswissen.

Säure/Base-Definition

Nach ARRHENIUS sind Säuren Stoffe, die in wässriger Lösung in **Wasserstoff-Ionen** und **Säurerest-Ionen** zerfallen.

Basen sind Stoffe, die in wässrigen Lösungen **Hydroxid-Ionen** und **Baserest-Ionen** bilden.

Nach BRÖNSTED sind Säuren Teilchen, **die Protonen abgeben.**

Man bezeichnet sie als **Protonendonatoren.**

Basen sind Teilchen, **die Protonen aufnehmen.**

Man bezeichnet sie als **Protonenakzeptoren.**

Die Stärke von Säuren und Basen

Protolysen sind Gleichgewichtsreaktionen.

$HA(aq) + H_2O(l) \rightarrow$ **$H_3O^+(aq) + A^-(aq)$**

$B(aq) + H_2O(l) \rightarrow$ **$HB^+(aq) + OH^-(aq)$**

Die Lage des Gleichgewichts wird beschrieben durch die **Säurekonstante** oder die **Basenkonstante**.

$K_S = \frac{c(H_3O^+) \cdot c(A^-)}{c(HA)}$

$K_B = \frac{c(H_B^+) \cdot c(OH^-)}{c(B)}$

K_S ist ein Maß für die Säurestärke.

Ein großer Wert von K_S bedeutet: **starke Säure**

Ein kleiner Wert von K_S bedeutet: **schwache Säure**

Säure/Base-Reaktion

Zwischen einer Säure HA und einer Base B findet ein **Protonenübergang** statt. Man bezeichnet diesen Vorgang als **Protolyse**.

Teilchen, die sowohl als Basen als auch Säuren reagieren können nennt man **Ampholyte**.

Puffersysteme

Puffer sind Lösungen, deren **pH-Wert** sich bei Zugabe kleiner **Mengen saurer oder alkalischer Lösungen nicht** ändert.

Saure Puffer enthalten eine **schwache Säure** und die zugehörige **Base**.

Basische Puffer enthalten eine **schwache Base** und die zugehörige **Säure**

Autoprotolyse und pH-Wert

Eine Säure/Base-Reaktion zwischen gleichartigen Teilchen bezeichnet man als **Autoprotolyse**.

Im Falle von reinem Wasser gilt:

$c(H_3O^+) =$ **$c(OH^-) = 10^{-7}\ mol \cdot l^{-1}$**

Ionenprodukt des Wassers:

$K_w =$ **$c(H_3O^+) \cdot c(OH^-) = 10^{-14}\ mol^2 \cdot l^{-2}$**

pH-Wert: pH = **$-\lg c(H_3O^+)$**

Pufferwirkung

Zugabe von H_3O^+-Ionen

$H_3O^+(aq) +$ **$A^-(aq) \rightarrow HAc(aq) + H_2O(l)$**

Zugabe von OH^--Ionen

$OH^-(aq) +$ **$HAc(aq) \rightarrow A^-(aq) + H_2O(l)$**

Schnelltest

Training

1. **D**; 2. **C**; 3. **B**; 4. **A**; 5. **B, C, D**; 6. **C, D**; 7. **A, D**

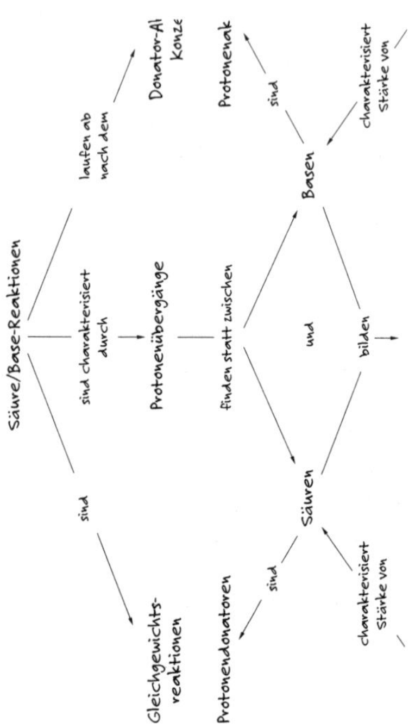

Übungsklausur

Training

Phosporsäure und Phosphate

A1 a) $P_4O_{10} + 6\ H_2O \longrightarrow 4\ H_3PO_4$

b) $H_3PO_4 + H_2O \longrightarrow H_2PO_4^- + H_3O^+$
Dihydrogenphoshat

$H_2PO_4^- + H_2O \longrightarrow HPO_4^{2-} + H_3O^+$
Hydrogenphosphat

$HPO_4^{2-} + H_2O \longrightarrow PO_4^{3-} + H_3O^+$
Phosphat

c)

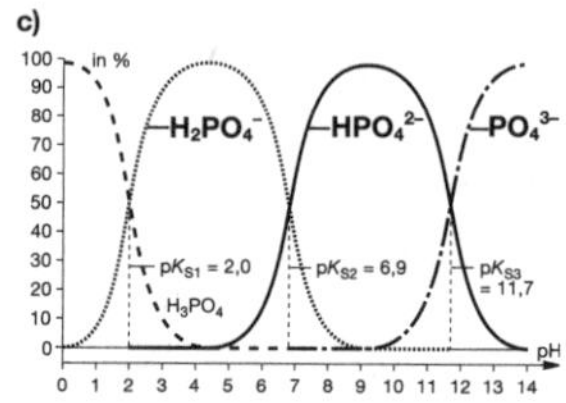

Zusammensetzung bei pH = 8:

Diagramm: 10 % $H_2PO_4^-$-Ionen und 90 % $H_2PO_4^{2-}$-Ionen.

Berechnung:
$pK_S(H_2PO_4^-) = 6,9$
$c(H_2PO_4^-) + c(HPO_4^{2-}) = 0,1\ mol \cdot l^{-1}$
$pH = 8 \Rightarrow c(H_3O^+) = 10^{-8}\ mol \cdot l^{-1}$

$$K_S = \frac{c(H_3O^+) \cdot c(HPO_4^{2-})}{c(H_2PO_4^-)} = \frac{10^{-6}\ mol \cdot l^{-1} \cdot c(HPO_4^{2-})}{0,1\ mol \cdot l^{-1} - c(HPO_4^{2-})}$$

$$K_S \cdot [0,1\ mol \cdot l^{-1} - c(HPO_4^{2-})] = 10^{-8}\ mol \cdot l^{-1} \cdot c(HPO_4^{2-})$$

$$K_S \cdot 0,1\ mol \cdot l^{-1} - K_S \cdot c(HPO_4^{2-}) = 10^{-8}\ mol \cdot l^{-1} \cdot c(HPO_4^{2-})$$

$$c(HPO_4^{2-}) \cdot (10^{-8}\ mol \cdot l^{-1} + K_S) = K_S \cdot 0,1\ mol \cdot l^{-1}$$

$$c(HPO_4^{2-}) = \frac{K_S \cdot 0,1\ mol \cdot l^{-1}}{10^{-8}\ mol \cdot l^{-1} + K_S} = \frac{10^{-6,9} \cdot 0,1}{10^{-8} + 10^{-6,9}}\ mol \cdot l^{-1}$$

$c(HPO_4^{2-}) = 0,089\ mol \cdot l^{-1}$

$c(H_2PO_4^-) = (0,1 - 0,089)\ mol \cdot l^{-1} = 0,011\ mol \cdot l^{-1}$

Ergebnis: Es liegen 11 % als $H_2PO_4^-$-Ionen und 89 % als HPO_4^{2-}-Ionen vor. Das aus der Grafik abgelesene Ergebnis stimmt also gut mit dem Rechenergebnis überein.

d) Cola enthält gelöstes Kohlenstoffdioxid, das durch Erwärmen entfernt wird. Wässrige Lösungen von Kohlenstoffdioxid reagieren leicht sauer:

$CO_2 + H_2O \longrightarrow HCO_3^- + H_3O^+$

Die gebildeten Hydronium-Ionen würden das Ergebnis der Titration verfälschen.

e) Die Farbe von Cola verhindert den Einsatz von Säure-Base-Indikatoren, da ein Farbumschlag nicht zuerkennen wäre.

Training Übungsklausur

Puffersysteme in Arzneimitteln

A2 a) Acetylsalicylsäure ist eine schwache Säure. Im Magen (pH = 2) liegt sie weitestgehend undissoziiert vor. Die undissozierte Form kann die Membran der Magenschleimhaut passieren. In den Zellen herrscht ein pH-Wert von etwa 7. In dieser Umgebung erfolgt eine Deprotonierung. Die entstehenden Ionen sind nicht in der Lage, durch die Zellmembranen zu wandern.

b) In dem Präparat sind folgende Puffersysteme enthalten:
Citronensäure/Dihydrogencitrat

$C_4H_7O_5–COOH + H_2O \rightleftharpoons C_4H_7O_5–COO^- + H_3O^+$

Hydrogencarbonat/Carbonat

$HCO_3^- + H_2O \rightleftharpoons CO_3^{2-} + H_3O^+$

Bei Zugabe von Säure verschiebt sich nach dem Prinzip von LE CHATELIER das Gleichgewicht auf die linke Seite.
Gelangt nun ein gepuffertes ASS-Präparat in den Magen, wird ein Teil der vorliegenden H_3O^+-Ionen durch den Puffer neutralisiert. Die Acetylsaliclysäure liegt dann in höherem Maße in der deprotonierten Form vor. Die deprotonierte Form ist leichter löslich. Die Verweildauer mit Magen wird reduziert und nur geringe Menge Acetylsalicylsäure gelangen in die Zellen der Magenschleimhaut.

Redoxreaktionen und Elektrochemie

VOLTA-Säule. Im Jahre 1800 stellte A. VOLTA (1745–1827) der Öffentlichkeit eine für die damalige Zeit sensationelle Erfindung vor. Er hatte eine Spannungsquelle entwickelt, mit der sich kontinuierlich starke elektrische Ströme erzeugen ließen. Mit ungebremstem Interesse stürzten sich die Wissenschaftler auf dieses neue Experimentiergerät. Eine Vielzahl von Elektrolysen konnte durchgeführt werden. Dabei wurden neue Elemente entdeckt und die ersten Erkenntnisse über den Zusammenhang von chemischen und elektrischen Vorgängen gewonnen. Die VOLTAsche Säule bestand aus bis zu 30 Paaren von Zink- und Silberplatten. Zwischen den Plattenpaaren befand sich jeweils mit verdünnter Schwefelsäure getränkte Pappe oder Leder.

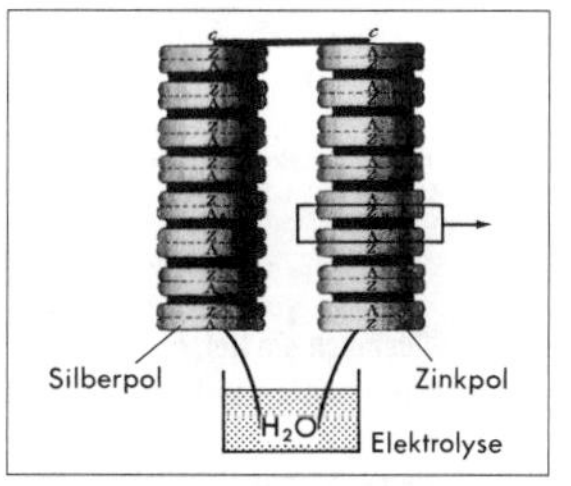

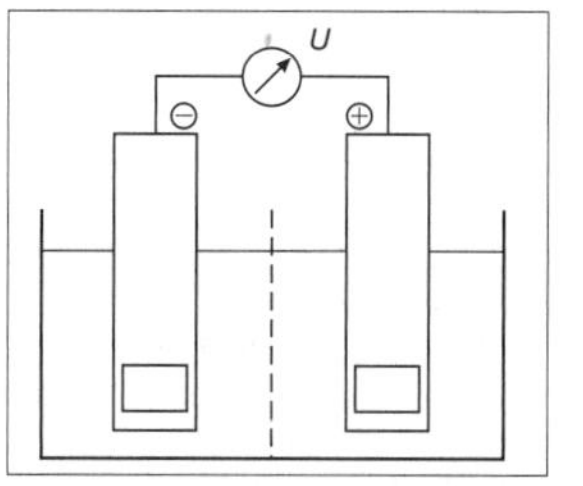

1. a) Deuten Sie ein Stockwerk der VOLTAschen Säule als galvanische Zelle und beschriften Sie in der rechten Skizze die Zink bzw. Silberplatten. Kennzeichnen Sie die Bewegungsrichtung der Elektronen.

b) Erklären Sie, warum an den Silberplatten keine Silber-Ionen entladen werden.

Als Elektrolyt dient verdünnte Schwefelsäure, sie enthält positive Wasserstoff-Ionen und keine Silber-Ionen.

c) Formulieren Sie die Reaktionsgleichung für die Elektrodenreaktionen.

Minuspol: $Zn \rightleftharpoons Zn^{2+} + 2\,e^-$

Pluspol: $2\,H^+ + 2\,e^- \rightleftharpoons H_2$

d) VOLTA vermutete die Entstehung des elektrischen Stromes an der Berührungsstelle der beiden Metalle. Geben Sie eine Erklärung aus heutiger Sicht.

Der Strom entsteht in den einzelnen galvanischen Zellen ($Zn^{2+}/Zn//2\,H^+/H_2$ (Ag)), Ursache ist das unterschiedliche Redoxpotential der beteiligten Redoxpaare.

e) Mit Hilfe der elektrischen Energie aus der VOLTAschen Säule wurde Wasser elektrolytisch zerlegt. Dabei sind Zink der Pluspol und Silber der Minuspol. Welche Reaktionsprodukte erhält man am Zinkpol bzw. am Silberpol?

Zinkpol: **Sauerstoff** Silberpol: **Wasserstoff**

Arbeitsblatt Redoxreaktionen

Reaktionsgleichung:
III −II 0 III −II 0
$Fe_2O_3 + 2\,Al \rightarrow Al_2O_3 + 2\,Fe$

Oxidation: $2\,Al \rightarrow 2\,Al^{3+} + 6\,e^-$

Reduktion: $2\,Fe^{2+} + 6\,e^- \rightarrow 2\,Fe$

Reaktionsgleichung:
0 0 II −I
$Mg + I_2 \rightarrow MgI_2$

Oxidation: $Mg \rightarrow Mg^{2+} + 2\,e^-$

Reduktion: $I_2 + 2\,e^- \rightarrow 2\,I^-$

1. a) Geben Sie mithilfe der Oxidationszahlen die Teilgleichungen (Oxidation und Reduktion) und die Gesamtreaktion an.
b) Definieren Sie die Begriffe die Oxidation, Reduktion, Oxidations- und Reduktionsmittel sowie korrespondierendes Redoxpaar unter Verwendung der Oxidationszahlen.

Oxidation: Teilreaktion mit Elektronenabgabe, OZ steigt

Reduktion: Teilreaktion mit Elektronenaufnahme, OZ fällt

Oxidationsmittel (OM): Elektronenakzeptor

Reduktionsmittel (RM): Elektronendonator

korrespondierendes Redoxpaar: RM/OM nach der Gleichung: RM → OM + z e⁻

2. Eine frisch bereitete hellgrüne Eisen(II)-sulfat-Lösung wird mit Chlorwasser versetzt. Es entsteht eine gelbe Lösung, in der Chlorid-Ionen nachgewiesen werden können. Stellen Sie die Teilgleichungen und Gesamtreaktionsgleichung auf. Geben Sie die korrespondierenden Redoxpaare an.

Oxidation: $2\,Fe^{2+} \rightarrow 2\,Fe^{3+} + 2\,e^-$; $\overset{II}{Fe^{2+}}/\overset{III}{Fe^{3+}}$ (RM_1/OM_1)

Reduktion: $Cl_2 + 2\,e^- \rightarrow 2\,Cl^-$; $\overset{0}{Cl_2}/\overset{-I}{Cl^-}$ (OM_2/RM_2)

$2\,Fe^{2+} + 2\,SO_4^{2-} + Cl_2 \rightarrow 2\,Fe^{3+} + 2\,SO_4^{2-} + 2\,Cl^-$

3. Stellen Sie die Teilgleichungen und Gesamtreaktionsgleichung für die Reaktion von Eisen(III)-chlorid mit Kaliumiodid zu Iod auf.

Oxidation: $2\,I^- \rightarrow I_2 + 2\,e^-$; $\overset{-I}{I^-}/\overset{0}{I_2}$ (RM_1/OM_1)

Reduktion: $2\,Fe^{3+} + 2\,e^- \rightarrow 2\,Fe^{2+}$; $\overset{III}{Fe^{3+}}/\overset{II}{Fe^{2+}}$ (OM_2/RM_2)

$2\,Fe^{3+} + 2\,I^- \rightarrow 2\,Fe^{2+} + I_2$

Oxidationszahlen **Arbeitsblatt**

1. Erklären Sie den Begriff *Oxidationszahl*.

Die Oxidationszahl gibt die formale Ladung eines Atom an. Bei einatomigen Ionen entspricht die formale der tatsächlichen Ladung.

2. Ermitteln Sie die fehlenden Angaben und vervollständigen Sie die Tabellen.

Hauptgruppe	I	II	III	IV	V	VI	VII
Elektronenkonfiguration der Valenzelektronen	s^1	s^2	s^2p^1	s^2p^2	s^2p^3	s^2p^4	s^2p^5
höchste Oxidationszahl	+1	+2	+3	+4	+5	+6	+7
niedrigste Oxidationszahl	±0	±0	±0	−4	−3	−2	−1

Nebengruppe	III	IV	V	VI	VII	VIII	I	II
Elektronenkonfiguration der Valenzelektronen	s^2d^1	s^2d^2	s^2d^3	s^2d^4 oder s^1d^5	s^2d^5	s^2d^6 s^2d^7 s^2d^8	s^2d^5 oder s^2d^{10}	s^2d^{10}
höchste Oxidationszahl	+3	+4	+5	+6	+7	≤+8	+2	+2

3. Begründen Sie, warum die niedrigste Oxidationszahl der Nebengruppenelemente ±0 ist.

Alle Nebengruppenelemente sind Metalle und nehmen deshalb keine Elektronen auf.

4. Geben Sie für alle Atomarten die Oxidationszahlen an.

0 Mg	0 Br_2	IV −II SO_2	I −II K_2O	V −II P_2O_5	IV −II MnO_2	−III I −I I −II I $CH_3–CH_2–OH$	I 0 I −II HCHO	
II Ca^{2+}	−I Cl^-	VI −II SO_4^{2-}	I V −II H_3PO_4	I VII −II $HClO_4$	II V −II $Fe_3(PO_4)_2$	−III I −II I III −II I $CH_3–CH_2–COOH$		−II O; IV C; I H; −III N $H_2N–C(=O)–NH_2$

5. Ergänzen Sie die fehlenden Angaben.

Formel des Salzes	Ionen in der Salz-Lösung	Farbe der Salz-Lösung
$FeSO_4$	**Fe^{2+} und SO_4^{2-}**	**hellgrün**
$FeCl_3$	Fe^{3+} und Cl^-	**gelborange**
$CuNO_3$	**Cu^+ und NO_3^-**	**grün**
$CuCl_2$	Cu^{2+} und Cl^-	**blau**

Formel des Salzes	Ionen in der Salz-Lösung	Farbe der Salz-Lösung
$KMnO_4$	**K^+ und MnO_4^-**	**violett**
$MnSO_4$	Mn^{2+} und SO_4^{2-}	**rosa**
K_2MnO_4	**K^+ und MnO_4^{2-}**	**grün**
$CrCl_2$	Cr^{2+} und Cl^-	**blau**

Praktikum — Einfache Redoxreaktionen

Versuch 1: Redoxreaktionen in wässrigen Lösungen

Materialien: Tropfpipetten, Stopfen, Spatel, Universalindikator-Papier, Gasbrenner; Eisen(III)-chlorid-Lösung (verd.), Zink-Pulver (F), Kupferstück, Silbernitrat-Lösung, Kaliumiodid-Lösung, Wasserstoffperoxid (10 %; Xi), Benzin (F, Xn, N), Kupfer(II)-sulfat-Lösung.

Durchführung:

1. Geben Sie zu der Eisen(III)-chlorid-Lösung eine Spatelspitze Zink-Pulver. Schütteln Sie und lassen Sie überschüssiges Zink am Boden absetzen.
2. Bedecken Sie auf einem Uhrglas ein blankes Stück Kupfer mit Silbernitrat-Lösung. Beobachten Sie sofort und nach etwa 5 Minuten.
3. Geben Sie zu zehn Tropfen Kaliumiodid-Lösung etwa vier Tropfen Wasserstoffperoxid. Überprüfen Sie den pH-Wert der Lösung mit Universalindikator-Papier. Überschichten Sie anschließend mit Benzin und schütteln Sie. *Hinweis*: Benzin dient zum Lösen des Produkts; es ist an der Reaktion nicht beteiligt.
4. Mischen Sie etwa gleiche Mengen Kupfer(II)-sulfat-Lösung mit Kaliumiodid-Lösung. Schütteln Sie und erwärmen Sie anschließend unter dem Abzug bis sich farbige Dämpfe bilden.

Auswertung:

a) Notieren Sie Ihre Beobachtungen.

1. Die gelbe $FeCl_3$-Lösung wird entfärbt; auf Zink bildet sich ein Belag.
2. Die farblose $AgNO_3$-Lösung färbt sich leicht blau; das Kupferstück erhält einen weiß-grauen Belag.
3. Der Indikator färbt sich blau; farbloses Benzin färbt sich violett.
4. Die Lösung färbt sich ocker; es bilden sich violette Dämpfe.

b) Deuten Sie Ihre Beobachtungen anhand der Farbänderungen. Geben die zusammengehörenden Redoxpaare an und stellen die Teilgleichungen und die Gesamtgleichung für die jeweilige Reaktion auf.

1. Zn/Zn^{2+}, Fe^{3+}/Fe^{2+}
Oxidation: $Zn \longrightarrow Zn^{2+} + 2\,e^-$
Reduktion: $Fe^{3+} + e^- \longrightarrow Fe^{2+} \quad | \cdot 2$
$Zn + 2\,Fe^{3+} \longrightarrow Zn^{2+} + 2\,Fe^{2+}$

2. Cu/Cu^{2+}, Ag^+/Ag
Oxidation: $Cu \longrightarrow Cu^{2+} + 2\,e^-$
Reduktion: $Ag^+ + e^- \longrightarrow Ag \quad | \cdot 2$
$Cu + 2\,Ag^+ \longrightarrow Cu^{2+} + 2\,Ag$

3. $2\,I^-/I_2$, $H_2O_2/2\,OH^-$
Oxidation: $2\,I^- \longrightarrow I_2 + 2\,e^-$
Reduktion: $H_2O_2 + 2\,e^- \longrightarrow 2\,OH^-$
$H_2O_2 + 2\,I^- \longrightarrow I_2 + 2\,OH^-$

4. $2\,I^-/I_2$, Cu^{2+}/Cu
Oxidation: $2\,I^- \longrightarrow I_2 + 2\,e^-$
Reduktion: $Cu^{2+} + 2\,e^- \longrightarrow Cu$
$Cu^{2+} + 2\,I^- \longrightarrow I_2 + Cu$

c) Definieren Sie die Begriffe *Oxidationsmittel* und *Reduktionsmittel*.

Oxidationsmittel wird reduziert, nimmt e^- auf, Oxidationszahl steigt.
Reduktionsmittel wird oxidiert, gibt e^- ab, Oxidationszahl sinkt.

Schema für das Erstellen von Redoxgleichungen — Arbeitsblatt

Eine bewährte Methode für das Erstellen von Redoxgleichungen besteht darin, Oxidation und Reduktion getrennt voneinander zu betrachten. Mit Hilfe von Oxidationszahlen stellt man für die Oxidation und Reduktion zunächst Teilgleichungen auf. Diese haben rein formalen Charakter. Die Teilgleichungen werden anschließend zu vollständigen Redoxgleichungen kombiniert.

1. a) Permanganat-Ionen werden in saurer Lösung mit Nitrit-Ionen zur Reaktion gebracht. Dabei wird die violette Permanganat-Lösung entfärbt. Durch Vergleich der Oxidationsstufen der Ausgangsstoffe und Produkte erkennt man, welcher Stoff Reduktionsmittel ist (und oxidiert wurde) und welcher Stoff Oxidationsmittel ist (und reduziert wurde). Welche Produkte entstehen? Geben Sie für die Ausgangsstoffe Oxidationsmittel und Reduktionsmittel an. Begründen Sie mit Hilfe der Oxidationszahlen.

Oxidationsmittel: **MnO_4^-, MnO_4^- wird zu Mn^{2+} reduziert, die Oxidationszahl nimmt ab.**

Reduktionsmittel: **NO_2^-, NO_2^- wird zu NO_3^- oxidiert, die Oxidationszahl steigt.**

b) Formulieren Sie die Teilgleichungen für die Oxidation und Reduktion. Leiten Sie aus den Änderungen der Oxidationszahlen die Anzahl der übertragenen Elektronen für jede Teilreaktion ab. Zum Ausgleichen der Ionenladungen stehen Ihnen in einer wässrigen Lösung H^+-Ionen, OH^--Ionen und H_2O-Moleküle zur Verfügung. Überprüfen Sie die Teilgleichungen mithilfe der Summe der Ionenladungen.

Oxidation: $NO_2^- + H_2O \longrightarrow NO_3^- + 2\,e^- + 2\,H^+ \quad | \times 5$

Reduktion: $MnO_4^- + 8\,H^+ + 5\,e^- \longrightarrow Mn^{2+} + 4\,H_2O \quad | \times 2$

c) Multiplizieren Sie die Teilgleichungen mit dem kleinsten möglichen Faktor, sodass die Gesamtladung der abgegebenen und aufgenommenen Elektronen gleich ist. Addieren Sie die Teilgleichungen zur vollständigen Redoxgleichung (Gesamtgleichung). Kürzen Sie und überprüfen Sie, ob die Anzahl der Atome und die Summe der Ionenladungen auf beiden Seiten der Reaktionsgleichung übereinstimmen.

Oxidation: $5\,NO_2^- + 5\,H_2O \longrightarrow 5\,NO_3^- + 10\,e^- + 10\,H^+$

Reduktion: $2\,MnO_4^- + 16\,H^+ + 10\,e^- \longrightarrow 2\,Mn^{2+} + 8\,H_2O$

Redoxreaktion: $5\,NO_2^- + 5\,H_2O + 2\,MnO_4^- + 16\,H^+ + 10\,e^- \longrightarrow 5\,NO_3^- + 10\,e^- + 10\,H^+ + 2\,Mn^{2+} + 8\,H_2O$

„gekürzt": $5\,NO_2^- + 2\,MnO_4^- + 6\,H^+ \rightleftharpoons 5\,NO_3^- + 2\,Mn^{2+} + 3\,H_2O$

2. Lösen Sie nach diesem Schema folgende Aufgabe: Permanganat-Ionen reagieren in saurer Lösung mit Bromid-Ionen. Nach der Reaktion verschwindet die violette Farbe, außerdem erkennt man die Bildung von Brom.

a) Oxidationsmittel: **MnO_4^-, MnO_4^- wird zu Mn^{2+} reduziert, die Oxidationszahl nimmt ab.**

Reduktionsmittel: **Br^-, Br^- wird zu Br_2 oxidiert, die Oxidationszahl steigt.**

b) Oxidation: $2\,Br^- \longrightarrow Br^2 + 2\,e^- \quad | \times 5$

Reduktion: $MnO_4^- + 8\,H^+ + 5\,e^- \longrightarrow Mn^{2+} + 4\,H_2O \quad | \times 2$

c) Oxidation: $10\,Br^- \longrightarrow 5\,Br_2 + 10\,e^-$

Reduktion: $2\,MnO_4^- + 16\,H^+ + 10\,e^- \longrightarrow 2\,Mn^{2+} + 8\,H_2O$

Redoxreaktion: $10\,Br^- + 2\,MnO_4^- + 16\,H^+ + 10\,e^- \longrightarrow 5\,Br_2 + 10\,e^- + 2\,Mn^{2+} + 8\,H_2O$

Praktikum — Reduktion von Permanganat-Ionen

Versuch: Permanganat-Ionen werden in saurer Lösung mit verschiedenen Reduktionsmitteln umgesetzt

Materialien: Reagenzgläser, Pipetten, Gasbrenner, Reagenzglashalter, Stopfen, Glasstab, Holzspan; Kaliumpermanganat-Lösung (c = 0,02 mol · l^{-1}). Eisen(II)-sulfat-Lösung, Kaliumiodid-Lösung, Ethanol (F), Methansäure (25 %; C), Schwefelsäure (verd.; Xi), Bariumhydroxid-Lösung (verd.; Xn), Heptan (F), Wasserstoffperoxid-Lösung (5 %; Xi).

Durchführung:

1. Fünf Reagenzgläser werden mit je 2 ml folgender Lösungen gefüllt: A: Eisen(II)-sulfat-Lösung, B: Kaliumiodid-Lösung, C: Wasserstoffperoxid, D: Ethanol und E: Methansäure. Säuern Sie mit verdünnter Schwefelsäure an und geben Sie einige Tropfen Kaliumpermanganat-Lösung zu. Bei Versuch D und E muss schwach erwärmt werden.
2. Geben Sie in das Reagenzglas von Versuch B fünf Tropfen Heptan und schütteln Sie.
3. Weisen Sie die bei Versuch C und E entstehenden Gase nach.

Auswertung:

a) Notieren Sie den Namen des Produktes, das bei der Oxidation der einzelnen Reduktionsmittel jeweils entsteht und stellen Sie für die Oxidation die Reaktionsgleichung auf.

Versuch	Oxidationsprodukt	Reaktionsgleichung der Oxidation
A	**Eisen (III)-Ionen**	$Fe^{2+} \longrightarrow Fe^{3+} + 1\,e^-$
B	**Iod**	$2\,I^- \longrightarrow I_2 + 2\,e^-$
C	**Sauerstoff**	$H_2O_2 \longrightarrow O_2 + 2\,H^+ + 2\,e^-$
D	**Ethanal**	$CH_3CH_2OH \longrightarrow CH_3CHO + 2\,H^+ + 2\,e^-$
E	**Kohlenstoffdioxid**	$HCOOH \longrightarrow CO_2 + 2\,H^+ + 2\,e^-$

b) Erklären Sie die Nachweisreaktion mit Heptan im Versuch B.

In Heptan hat sich Iod (I_2) mit violetter Farbe gelöst.

c) Erklären Sie die Nachweisreaktionen der beiden Gase in den Versuchen C und E.

Versuch C: Sauerstoff wurde mittels eines glimmenden Holzspans nachgewiesen. Der Span flammte kurz auf.

Versuch E: Der Glasstab wurde mit Bariumhydroxid-Lösung benetzt. Es entstand ein weißer Belag von Bariumhydroxid, damit ist Kohlenstoffdioxid nachgewiesen.

d) Formulieren Sie die Reaktionsgleichung für die Reduktion von Permanganat-Ionen in saurer Lösung.

$MnO_4^- + 5\,e^- + 8\,H^+ \rightleftharpoons Mn^{2+} + 4\,H_2O$

e) Formulieren Sie die Gesamtreaktionsgleichungen für die Versuche A und C.

Versuch A: $5\,Fe^{2+} + MnO_4^- + 8\,H^+ \rightleftharpoons 5\,Fe^{3+} + Mn^{2+} + 4\,H_2O$

Versuch C: $2\,MnO_4^- + 5\,H_2O_2 + 16\,H^+ \rightleftharpoons 2\,Mn^{2+} + 5\,O_2 + 8\,H_2O + 10\,H^+$

$2\,MnO_4^- + 5\,H_2O_2 + 6\,H^+ \rightleftharpoons 2\,Mn^{2+} + 5\,O_2 + 8\,H_2O$

Elektrodenpotential — Arbeitsblatt

Eine Kombination Metallstab/Metallsalzlösung wird als Halbelement oder elektrochemische Elektrode bezeichnet. Die Elektrode besteht aus der metallischen Phase und der Elektrolyt-Lösungs-Phase.

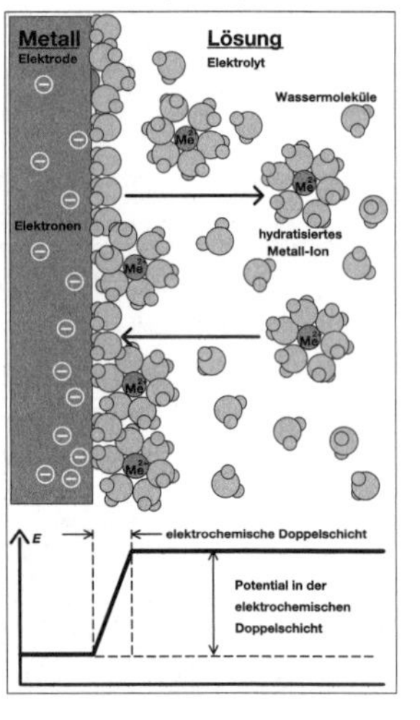

1. Erläutern Sie die Vorgänge an der Phasengrenzfläche.

Beim Eintauchen des Metallstabes werden positive Metall-Ionen gebildet. Sie gehen in Lösung und werden hydratisiert. Die Elektronen bleiben auf dem Metallstab zurück. Der Stab wird negativ, die Lösung positiv aufgeladen. Durch die Ladungstrennung zwischen Stab und Lösung entsteht eine elektrische Potentialdifferenz, das Elektrodenpotential.

2. Stellen Sie die Vorgänge an einer Kupfer/Kupfer-Ionen-Elektrode durch eine Reaktionsgleichung dar.

$Cu\,(s) \rightleftharpoons Cu^{2+}\,(aq) + 2\,e^-$

3. Vergleichen Sie die Elektrodenpotentiale von Kupfer und Eisen. Begründen Sie Ihre Aussage.

Das Elektrodenpotential von Kupfer ist größer als das von Eisen. Beim unedlen Metall Eisen überwiegt der Lösungsvorgang. Das führt zur negativen Aufladung der Elektrode. Das Potential erhält ein negatives Vorzeichen.

4. Kann das Elektrodenpotential einer Halbzelle gemessen werden? Begründen Sie ihre Antwort.

Nein. Zum Herstellen eines geschlossenen Stromkreises benötigt man eine zweite Elektrode. An dieser tritt erneut ein Elektrodenpotential auf. Man kann nur Differenzen messen.

5. Von welchen Größen hängt das Elektrodenpotential einer Metall/Metall-Ionen-Elektrode ab?

Es ist abhängig von der Temperatur und der Konzentration der Metall-Ionen in der Lösung.

Arbeitsblatt

Galvanisches Element – Standard-Wasserstoff-Elektrode

1. Vervollständigen Sie die Abbildung des DANIELL-Elementes. Beschreiben Sie die an den Elektroden ablaufenden Vorgänge und erklären Sie das Entstehen einer Spannung.

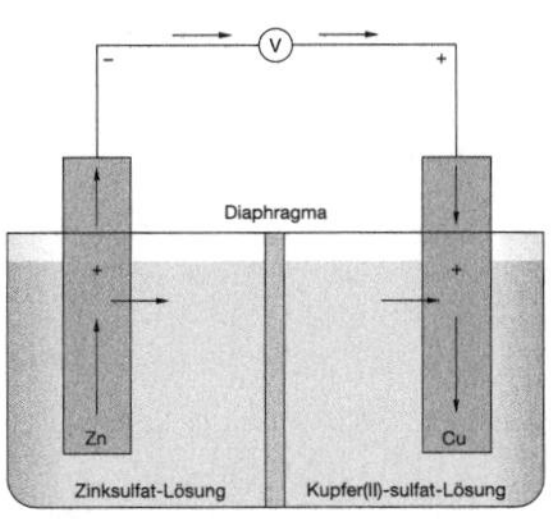

Das unedle Metall (Zink-Elektrode) fungiert als Lösungs-Elektrode. Zink-Ionen gehen in Lösung, die Elektronen bleiben auf der Elektrode zurück und laden diese negativ auf. Die Kupfer-Elektrode wird zur Niederschlags-Elektrode. Hier werden Kupfer(II)-Ionen aus der Lösung zu Kupfer-Atomen entladen. Durch den Elektronenverbrauch wird diese Elektrode positiv aufgeladen. Die unterschiedliche Aufladung der Elektroden führt zu einer Potentialdifferenz.

2. Stellen Sie die Reaktionsgleichungen für die an der Donator- und Akzeptorzelle ablaufenden Reaktionen auf und geben Sie die Reaktionsarten an. Formulieren Sie die Gleichung für die Zellreaktion.

Donatorzelle: (*Anode*) $\mathbf{Zn\,(s) \xrightarrow{Oxidation} Zn^{2+}\,(aq) + 2\,e^-}$

Akzeptorzelle: (*Kathode*) $\mathbf{Cu^{2+}\,(aq) + 2\,e^- \xrightarrow{Reduktion} Cu\,(s)}$

Zellreaktion: $\mathbf{Cu^{2+}\,(aq) + Zn\,(s) \rightarrow Zn^{2+}\,(aq) + Cu\,(s)}$; **Redoxreaktion**

3. Nennen Sie die im Galvanischen Element auftretenden Energieumwandlungen.

Chemische Energie wird in elektrische Energie umgewandelt.

4. Um Potentiale verschiedener Elektroden vergleichen zu können, benötigt man eine Bezugs-Halbzeile deren Potential willkürlich Null gesetzt wird. Auf Vorschlag von W. NERNST wurde im Jahre 1908 die Standard-Wasserstoff-Halbzelle als Bezugssystem eingeführt.
Vervollständigen Sie die Abbildung einer Standard-Wasserstoff-Halbzelle mit ihren definierten Reaktionsbedingungen. Stellen Sie für die ablaufende Reaktion die Gleichung auf und geben Sie das Elektrodenpotential dieser Halbzelle an.

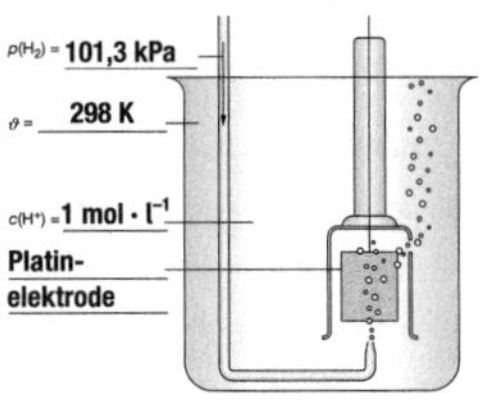

$\mathbf{H_2\,(g) \longrightarrow 2\,H^+\,(aq) + 2\,e^-}$

Standard-Elektrodenpotential

$U^0\,(H_2/2\,H^+) = \mathbf{0{,}0\,V}$

Spannungsreihe

Arbeitsblatt

Vervollständigen Sie die Tabelle. Nutzen Sie die vorgezeichneten Keile und malen Sie diese farbig aus, um die Zu- oder Abnahme der Zahlenwerte zu markieren.

Redoxpaare (oxidierte Form / reduzierte Form)	K^+ / K	Mg^{2+} / Mg	Fe^{2+} / Fe	Pb^{2+} / Pb	$2\,H^+$ / H_2	Cu^{2+} / Cu	Fe^{3+} / Fe^{2+}	Ag^+ / Ag	Br_2 / $2\,Br^-$	Pb^{4+} / Pb^{2+}	F_2 / $2\,F^-$
1. Standardelektrodenpotential $\frac{U_H^0}{V}$	**−2,92**	**−2,36**	**−0,41**	**−0,13**	**−0,00**	**+0,35**	**+0,77**	**+0,80**	**+1,09**	**+1,67**	**+2,87**

2. Wie verändern sich die nachfolgend genannten Eigenschaften innerhalb der Spannungsreihe entsprechend der oben gewählten Anordnung?
a) Oxidierbarkeit der reduzierten Form
b) Reduktionsvermögen der reduzierten Form
c) Fähigkeit der reduzierten Form, Elektronen abzugeben
d) Reduzierbarkeit der oxidierten Form
e) Oxidationsvermögen der oxidierten Form
f) Fähigkeit der oxidierten Form, Elektronen aufzunehmen

3. Zeigen Sie, dass sich verschiedene Oxidationsstufen eines Metalles in ihrem Redoxverhalten unterscheiden.
Vergleichen Sie dabei die höheren und niedrigeren Oxidationsstufen in ihrer Fähigkeit, als Oxidationsmittel bzw. Reduktionsmittel zu wirken.

Die Redoxpaare Pb^{4+}/Pb^{2+} bzw. Fe^{3+}/Fe^{2+} besitzen ein größeres Standardelektrodenpotential als die Elektroden Pb^{2+}/Pb bzw. Fe^{2+}/Fe.
In den höheren Oxidationsstufen wirken die Stoffe als Oxidationsmittel, in den niedrigeren Oxidationsstufen wirken sie als Reduktionsmittel.

4. Nennen Sie von den hier genannten Beispielen das stärkste Reduktionsmittel. Begründen Sie Ihre Antwort.

Stärkstes Reduktionsmittel: Kalium, niedrigstes Elektrodenpotential

Praktikum

Spannungsmessungen an galvanischen Zellen

Versuch: Messen der Spannung an galvansichen Elementen und Bestimmung von Standard-Elektrodenpotentialen

B1

Materialien: Magnesium, Zink-, Kupfer-, Silber-, Platin-Elektrode (platiniert), Spannungsmessgerät, Stomversorgungsgerät, galvanische Zelle, Verbindungskabel;
1 molare Lösungen von: Zinksulfat (Xn, N), Magnesiumsulfat (Xn, N), Kupfersulfat (Xn, N), Silbernitrat (Xn,N), Salzsäure (Xi).

Durchführung:

1. Bauen Sie folgende galvanische Elemente auf und messen Sie die Spannung.

Galvanisches Element	Spannung in [V]
$Mg/MgSO_4$ (1 mol · l^{-1})//$ZnSO_4$ (1 mol · l^{-1})/Zn	**1,60**
$Mg/MgSO_4$ (1 mol · l^{-1})//$CuSO_4$ (1 mol · l^{-1})/Cu	**2,71**
$Mg/MgSO_4$ (1 mol · l^{-1})//$AgNO_3$ (1 mol · l^{-1})/Ag	**3,16**
$Zn/ZnSO_4$ (1 mol · l^{-1})//$CuSO_4$ (1 mol · l^{-1})/Cu	**1,11**
$Zn/ZnSO_4$ (1 mol · l^{-1})//$AgNO_3$ (1 mol · l^{-1})/Ag	**1,56**
$Cu/CuSO_4$ (1 mol · l^{-1})//$AgNO_3$ (1 mol · l^{-1})/Ag	**0,45**

2. Messen Sie die Standard-Elektrodenpotentiale. Eine Halbzelle ist dabei eine platinierte Platin-Elektrode, die in Salzsäure (1 mol · l^{-1}) taucht. An dieser Platin-Elektrode wird zunächst eine Minute lang eine Elektrolyse durchgeführt. Danach wird das Stromversorgungsgerät durch ein Spannungsmessgerät ersetzt und die verschiedenen Halbzellen werden dazu geschaltet. Messen Sie die Spannung. Hinweis: Die einminütige Elektrolyse muss nach jeder Messung wiederholt werden.

Galvanisches Element	Spannung in [V]
$Mg/MgSO_4$ (1 mol · l^{-1})//$2H^+$ (1 mol · l^{-1})/H_2	**2,36**
$Zn/ZnSO_4$ (1 mol · l^{-1})//$2H^+$ (1 mol · l^{-1})/H_2	**0,76**
$Cu/CuSO_4$ (1 mol · l^{-1})//$2H^+$ (1 mol · l^{-1})/H_2	**0,35**
$Ag/AgNO_3$ (1 mol · l^{-1})//$2H^+$ (1 mol · l^{-1})/H_2	**0,80**

Beobachtung:

a) Tragen Sie alle gemessenen Spannungen in die Tabellen ein.

b) Erläutern Sie, warum von jeder Standard-Elektrodenpotential-Messung die Elektrolyse wiederholt werden muss.

Durch die Elektrolyse wird an der Platin-Elektrode gasförmiger Wasserstoff abgeschieden, der zum Teil an der Oberfläche der Platin-Elektrode festgehalten wird. So entsteht die Halbzelle $2\,H^+/H_2$ (Pt).

c) Geben Sie entsprechend der ablaufenden Reaktion an, welche Elektrode bei den Messungen der Potentiale jeweils zum Pluspol wird.

Bei der Messung der Standard-Elektrodenpotentiale von Mg und Zn wird die Normal-Wasserstoff-Elektrode zum Pluspol. Bei der Messung der Standard-Elektrodenpotentiale von Cu und Ag wird die Metall-Elektrode zum Pluspol.

NERNSTsche Gleichung

Arbeitsblatt

1. Eine Zink-Elektrode wird mit einer Normalwasserstoff-Elektrode kombiniert. Berechnen Sie mit Hilfe der NERNSTschen Gleichung die Potentiale bei verschiedenen Konzentrationen der Zinksulfat-Lösung:
a) c = 1 mol · l^{-1}, **b)** c = 0,1 mol · l^{-1}, **c)** c = 0,01 mol · l^{-1}.

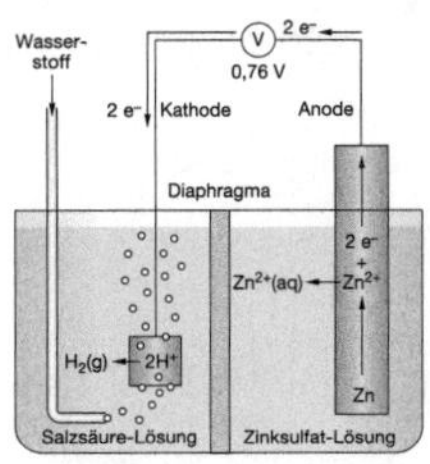

$$\text{a)}\quad U_H(Zn^{2+}/Zn) = -0{,}76\,V + \frac{0{,}059\,V}{2} \cdot \lg 1 = -0{,}76\,V$$

$$\text{b)}\quad U_H(Zn^{2+}/Zn) = -0{,}76\,V + \frac{0{,}059\,V}{2} \cdot \lg 10^{-1} = -0{,}789\,V$$

$$\text{c)}\quad U_H(Zn^{2+}/Zn) = -0{,}76\,V + \frac{0{,}059\,V}{2} \cdot \lg 10^{-2} = -0{,}819\,V$$

2. Ein Konzentrationselement besteht aus zwei Silberhalbzellen. Die Konzentration der Silbernitrat-Lösung beträgt in der Halbzelle 1 c = 1 mol · l^{-1} und in der Halbzelle 2 $c = 1 \cdot 10^{-3}$ mol · l^{-1}.

a) Entwickeln Sie die Reaktionsgleichungen für die anodische Oxidation und kathodische Reduktion und geben Sie dazu die jeweiligen Metall/Metall-Ionen-Elektroden an.

Anodische Oxidation: $\mathbf{Ag/Ag^+\,(c = 1 \cdot 10^{-3}\,mol \cdot l^{-1});\quad Ag\,(s)\ \ Ag^+\,(aq) + e^-}$

Kathodische Reduktion: $\mathbf{Ag^+\,(c = 1 \cdot 10^{-1}\,mol \cdot l^{-1});\quad Ag^+\,(aq)\ e^-\ \ Ag\,(s)}$

b) Berechnen Sie die Elektrodenpotentiale beider Halbzellen sowie die Zellspannung.

$$U_H(Ag/Ag^+)\,(c = 1 \cdot 10^{-3}\,mol \cdot l^{-1}) = U_H^0(Ag/Ag^+) + \frac{0{,}059\,V}{1} \cdot \lg c(Ag^+) = +0{,}8\,V + \frac{0{,}059\,V}{1} \cdot \lg 10^{-3} = +0{,}623\,V$$

$$U_H(Ag/Ag^+)\,(c = 1\,mol \cdot l^{-1}) = U_H^0(Ag/Ag^+) + \frac{0{,}059\,V}{1} \cdot \lg c(Ag^+) = +0{,}8\,V + \frac{0{,}059\,V}{1} \cdot \lg 1 = +0{,}8\,V$$

$U = (+0{,}8\,V) - (+0{,}623\,V) = 0{,}177\,V$ **Die Zellspannung beträgt 0,177 V.**

3. Für die Reduktion von Permangant-Ionen in saurer Lösung nimmt die NERNSTsche Gleichung folgende Form an:

$$U_H(MnO_4^-/Mn^{2+}) = U_H^0\,(MnO_4^-/Mn^{2+}) + \frac{0{,}059\ V}{5} \cdot \lg \frac{c(MnO^-) \cdot c^8(H_3O^+)}{c(Mn^{2+})}$$

a) Erläutern Sie die Veränderung des Redoxpotentials der Permangant-Lösung bei abnehmenden pH-Wert in Ihrem Hefter.

b) Erläutern Sie, warum Kaliumpermanganat in saurer Lösung ein starkes Oxidationsmittel ist.

Die Konzentration der Hydronium-Ionen geht in die Berechnung mit der achten Potenz ein. Wird sie kleiner (bei fallendem pH-Wert), sinkt das Redoxpotential für das Redoxpaar MnO_4^-/Mn^{2+}.

Praktikum — Elektrolyse einer Kupfer(II)-chlorid-Lösung

Versuch: Elektrolyse einer Kupfer(II)-chlorid-Lösung

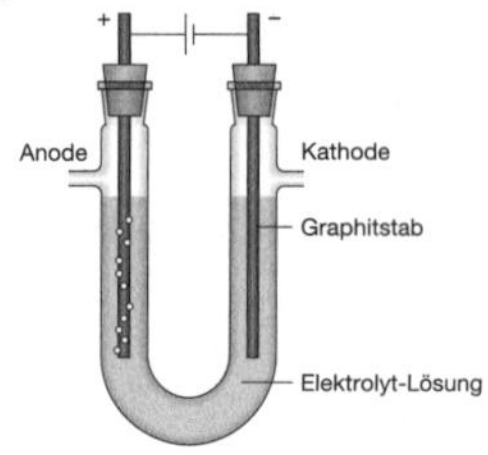

Materialien: U-Rohr mit seitlichem Ansatz, 2 Krokodilklemmen, 2 Graphit-Elektroden, 2 durchbohrte Stopfen, Kabel, Stromversorgungsgerät, Spannungsmessgerät;
Kupfer(II)-chlorid-Lösung (c = 1 mol · l^{-1}, Xn), Kaliumiodid-Stärke-Papier

Durchführung:

1. Füllen Sie das U-Rohr mit Kupfer(II)-chlorid-Lösung und elektrolysieren Sie ca. drei Minuten bei einer Gleichspannung von 6 V.

2. Beobachten Sie die Veränderungen an den Elektroden.

3. Halten Sie in die Nähe der Anode ein Stück Kaliumiodid-Stärke-Papier, beobachten Sie die auftretende Verfärbung.

4. Ersetzen Sie jetzt das Stromversorgungsgerät durch ein Spannungsmessgerät und ermitteln Sie die Spannung.

Auswertung:

a) Vervollständigen Sie die Tabelle.

Kupfer(II)-chlorid-Elektrolyse			
Elektrode	**Beobachtung**	**ablaufende Reaktion**	**Reaktionsart**
Kathode	**Metallabscheidung**	$Cu^{2+}(aq) + 2\,e^- \rightarrow Cu$	**Reduktion**
Anode	**Gasentwicklung**	$2\,Cl^-(aq) \rightarrow Cl_2(aq) + 2\,e^-$	**Oxidation**
Färbung des Kaliumiodid-Stärke-Papiers: **Blau-/Schwarzfärbungen**			
Austausch des Stromversorgungsgerätes durch ein Spannungsmessgerät			
Anode	**Metallauflösung**	$Cu \rightarrow Cu^{2+}(aq) + 2\,e^-$	**Oxidation**
Kathode	**–**	$Cl_2(aq) + 2\,e^- \rightarrow 2\,Cl^-(aq)$	**Reduktion**
gemessene Spannung: **ca. 1 V**			

b) Erklären Sie, warum nach Abschluss der Elektrolyse eine Spannung gemessen werden kann?

Durch die Elektrolyse ist eine galvanische Zelle entstanden. Sie besteht aus der Kupferhalbzelle (Cu/Cu^{2+}) und der Chlorhalbzelle ($Cl_2/2\,Cl^-$). Es laufen jetzt die umgekehrten Vorgänge wie bei der Elektrolyse ab. Gespeicherte chemische Energie wird in elektrische Energie umgewandelt.

c) Berechnen Sie die Spannung, die theoretisch von der galvanischen Zelle abgegeben werden kann.

$$\Delta U = U^0_H(Cl_2/2\,Cl^-) - U^0_H(Cu/Cu^{2+}) = 1{,}36\,V - 0{,}35\,V = 1{,}01\,V$$

Korrosion und Korrosionsschutz — Arbeitsblatt

1. Rosten von Eisen – ein Lokalelement

Die Korrosion von Eisen ist ein elektrochemischer Vorgang. Die Korrosionsstelle bildet mit ihrer unmittelbaren Umgebung ein kurzgeschlossenes galvanisches Element: ein *Lokalelement*.

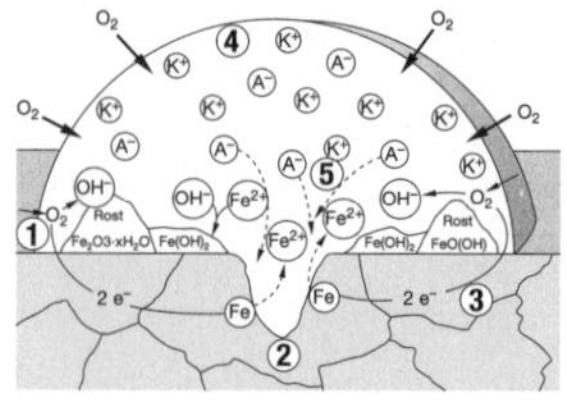

a) Ordnen Sie dem Lokalelement in obiger Abbildung folgende Begriffe zu: 1 Pluspol, 2 Minuspol, 3 Elektronenstrom, 4 Elektrolyt, 5 Ionenstrom.

b) Kennzeichnen Sie die Richtung des Elektronenstroms.

c) Geben Sie die Reaktionsgleichungen für die Elektrodenreaktionen an.

Minuspol (Anode, Oxidation):

$Fe(s) \rightarrow Fe^{2+}(aq) + 2\,e^-$

Pluspol (Kathode, Reduktion):

$O_2(aq) + 2\,H_2O(l) + 4\,e^- \rightarrow 4\,OH^-(aq)$

d) Rost ist eine lockere, poröse Schicht aus Eisenoxidhydrat mit unterschiedlichem Wassergehalt: FeOOH oder $Fe_2O_3 \times H_2O$.
Erläutern Sie, warum man Rost vor allem am Rand einer Roststelle und nicht in ihrem Zentrum findet.

Für die Oxidation des Niederschlags aus Eisen(II)-hydroxid wird entsprechend der Gleichung Sauerstoff benötigt. Sauerstoff steht aber nur am Rand der Roststelle zur Verfügung.

$4\,Fe(OH)_2(s) + O_2(g) \rightarrow 2\,Fe_2O_3 \cdot H_2O(s) + 2\,H_2O(l)$

2. Korrosionsschutz durch Metallüberzüge

Dazu wird das Grundmetall Eisen mit einem Überzug aus Zinn oder Zink versehen. *Verzinkte Werkstücke* werden im Außenbereich und im Automobilbau eingesetzt. Aus *verzinntem Blech*, dem *Weißblech*, werden vornehmlich Konservendosen hergestellt. Der Schutz wirkt nur solange die Überzüge in Takt sind. Andernfalls bildet sich ein Lokalelement.

Verzinktes Eisen

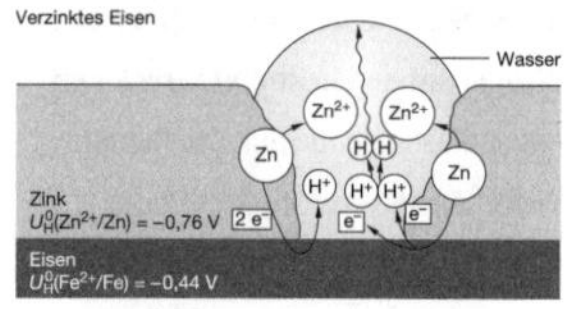

a) Erläutern Sie, warum das Eisen trotz Beschädigungen des Zink-Überzugs nicht angegriffen wird.

Eisen ist edler als Zink. Daher wird Zink oxidiert, die H^+-Ionen werden am Eisen reduziert.

Oxidation:

$Zn(s) \rightarrow Zn^{2+}(aq) + 2\,e^-$

Reduktion:

$2\,H^+(aq) + 2\,e^- \rightarrow H_2(g)$

b) Wird ein Zinnüberzug beschädigt, erfolgt eine Rostbildung. Erläutern Sie die Vorgänge, die an der Schadstelle ablaufen.

Eisen ist unedler als Zinn; es wird zur Anode und Zinn zur Kathode. Es entstehen Fe^{2+}-Ionen, die den Rost bilden (siehe 1d).

Anode (Oxidation):

$Fe(s) \rightarrow Fe^{2+}(aq) + 2\,e^-$

Kathode (Reduktion):

$2\,H^+(aq) + 2\,e^- \rightarrow H_2(g)$

Arbeitsblatt — Der Bleiakkumulator

Eine große Bedeutung besitzen Batterien, bei denen die Elektrodenvorgänge nach dem Entladen durch Anlegen eines Stromes wieder umgekehrt werden können. Solche wiederaufladbaren galvanischen Zellen werden als Akkumulatoren bezeichnet. Der Bleiakkumulator wurde bereits im Jahre 1859 vom französischen Physiker GASTON PLATÉ entwickelt. Der Bleiakkumulator wird noch heute als Starterbatterie in Kraftfahrzeugen und als Fahrzeugantrieb bei Elektrokarren genutzt. Neben den umkehrbaren Lade- und Entladereaktionen laufen auch irreversible Vorgänge ab, die seine Lebensdauer begrenzen.

Entladen eines Bleiakkumulators

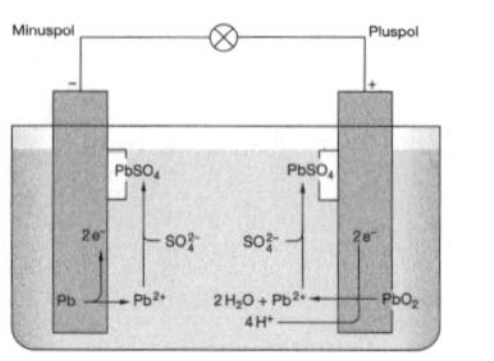

1. Vervollständigen Sie die nebenstehende Abbildung des Entladevorganges eines Bleiakkus.

2. Notieren Sie die Art der Energieumwandlung beim Entladen des Akkus. Wie ändert sich die Säuredichte?

Chemische Energie wird in elektrische Energie umgewandelt.

Die Säuredichte nimmt ab.

3. Formulieren Sie für die an den Elektroden ablaufenden Vorgänge die Reaktionsgleichungen.

Minuspol: **$Pb + SO_4^{2-} \rightarrow PbSO_4 + 2\,e^-$**

Pluspol: **$PbO_2 + 2\,e^- + 4\,H^+ + SO_4^{2-} \rightarrow PbSO_4 + 2\,H_2O$**

Laden eines Bleiakkumulators

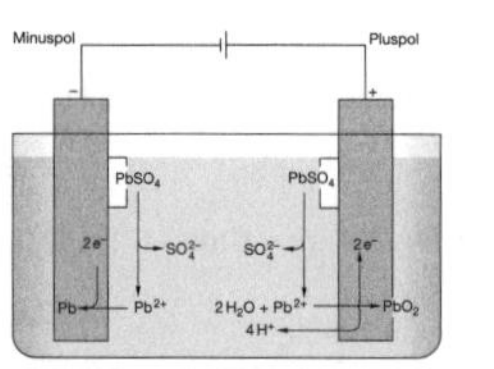

1. Vervollständigen Sie die nebenstehende Abbildung des Ladevorganges eines Bleiakkus.

2. Beschreiben Sie die Änderung der Energieumwandlung und die Entwicklung der Säuredichte beim Laden des Bleiakkumulators.

Elektrische Energie wird in chemische Energie umgewandelt.

Die Säuredichte nimmt wieder zu.

3. Formulieren Sie für die an den Elektroden ablaufenden Vorgänge die Reaktionsgleichungen. Fassen Sie die Teilreaktionen zur Gesamtreaktion zusammen.

Minuspol: **$PbSO_4 + 2\,e^- \rightarrow Pb + SO_4^{2-}$**

Pluspol: **$PbSO_4 + 2\,H_2O \rightarrow PbO_2 + 2\,e^- + 4\,H^+ + SO_4^{2-}$**

Gesamtreaktion: **$Pb + PbO_2 + 2\,SO_4^{2-} + 4\,H^+ \underset{\text{Ladung}}{\overset{\text{Entladung}}{\rightleftharpoons}} PbSO_4 + 2\,H_2O$**

Moderne Akkumulatoren — Arbeitsblatt

1. Formulieren Sie die Reaktionsgleichungen für den Entladevorgang an beiden Polen. Geben Sie die Oxidationszahlen an.

Minuspol: **$2\,Me\text{–}\overset{-I}{H} \rightarrow 2\,Me + 2\,\overset{I}{H}^+ + 2\,e^-$**

Pluspol: **$2\,\overset{III}{Ni}O(OH) + 2\,e^- + 2\,H_2O \rightarrow 2\,\overset{II}{Ni}(OH)_2 + 2\,OH^-$**

2. Das „Me" in der Reaktionsgleichung ist eine Legierung aus $La_{0,8}\,Nd_{0,2}\,Ni_{2,5}\,Co_{2,4}\,Si_{0,1}$. Welche spezielle Eigenschaft der Legierung wird für den Einsatz im Akku ausgenutzt?

In den Lücken des Metallgitters kann Wasserstoff gespeichert werden.

3. Nennen Sie die Vorzüge des Ni/MH-Akkus gegenüber dem Ni/Cd-Akku.

Umweltfreundlich, da kein Cadmium oder andere umweltgefährliche Stoffe, stabile Spannung von 1,2 V und höhere Kapazität als Ni/Cd-Akku.

Lithium-Ionen-Akku (Handy-Akku)

Aufgrund ihrer im Vergleich zu anderen Akkus sehr hohen Spannung (U = 3,7 V) und großer Energiedichte finden Lithium-Ionen-Akkus eine immer stärkere Verbreitung.
Für das Laden und Entladen des Akkus kann folgende Gesamtgleichung formuliert werden:

$$LiCoO_2(s) + C_6(s) \underset{\text{Entladung}}{\overset{\text{Ladung}}{\rightleftharpoons}} LiC_6(s) + CoO_2(s)$$

1. Warum liefert der Akku eine relativ hohe Spannung?

Beide Elektroden müssen sehr unterschiedliche Elektrodenpotentiale besitzen. Ursache ist vor allem, dass das Redoxpaar Li/Li^+ mit –3,04 V ein sehr kleines Potential besitzt.

2. Formulieren Sie die die Reaktionsgleichungen für den Entladevorgang an beiden Polen.

Minuspol: **$LiC_6 \rightarrow C_6 + Li^+ + e^-$**

Pluspol: **$Li^+ + e^- + CoO_2 \rightarrow LiCoO_2$**

3. Eine Weiterentwicklung des Lithium-Ionen-Akkus ist der Lithium-Polymer-Akku. Welche Vorteile hat dieser Akku und wozu wird er verwendet?

Er besitzt einen gelartigen Elektrolyten, in dem die Lithium-Ionen gelöst sind. Damit kann er nicht auslaufen. Wir finden ihn in Mobiltelefonen und tragbaren PCs.

Arbeitsblatt — Gewinnung von Kupfer – Kupferraffination

Kupfer ist wegen seiner chemischen Eigenschaften und seiner ausgezeichneten elektrischen Leitfähigkeit ein wichtiger Werkstoff.

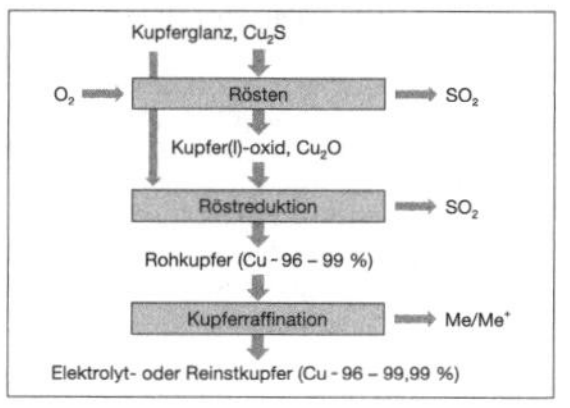

1. a) Stellen Sie mit Hilfe des Schemas für die Gewinnung von Rohkupfer unter Verwendung von Oxidationszahlen die Reaktionsgleichungen für das Rösten von Kupferglanz und die anschließende Röstreduktion auf.

$$2\ \overset{I}{Cu_2}\overset{-II}{S} + 3\ \overset{0}{O_2} \rightarrow 2\ \overset{I}{Cu_2}\overset{-II}{O} + 2\ \overset{IV}{S}\overset{-II}{O_2}$$

$$2\ \overset{I}{Cu_2}\overset{-II}{O} + \overset{I}{Cu_2}\overset{-II}{S} \rightarrow 6\ \overset{0}{Cu} + \overset{IV}{S}\overset{-II}{O_2}$$

b) Erklären Sie, warum der zweite Schritt als Röstreduktion bezeichnet wird.

Es wird gleichzeitig aus dem Erz Schwefel in Schwefeldioxid (Rösten) überführt und Kupfer wird aus dem Oxid und Sulfid zu Rohkupfer reduziert.

Das gewonnene Rohkupfer kann so nicht in der Elektrotechnik-Elektronik eingesetzt werden. Die Verunreinigungen mit anderen Metallen und Arsen würden die elektrische Leitfähigkeit auf ein Minimum herabsetzen. Das Rohkupfer wird deshalb durch Raffination gereinigt.

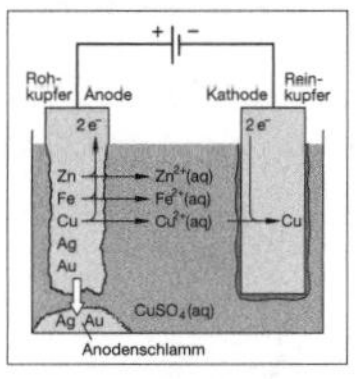

2. a) Stellen Sie die Reaktionsgleichung für die Anoden- und Kathodenreaktion auf.

Anode: $Cu^- \rightarrow Cu^{2+} + 2\ e^-$

Kathode: $Cu^{2+} + 2\ e^- \rightarrow Cu$

b) Begründen Sie, warum im Rohkupfer enthaltene unedle Metalle wie Eisen und Zink an der Kathode nicht abgeschieden werden.

Eisen, Zink und andere unedle Metalle haben ein kleineres Standard-Elektronenpotential als Kupfer. Zuerst werden die Ionen der Metalle mit dem höheren Potential entladen.

3. a) Bei der Herstellung von Elektrolytkupfer aus Rohkupfer werden pro Schicht (acht Stunden) in einer Elektrolysezelle 60 kg Kupfer gewonnen. Berechnen Sie die erforderliche Stromstärke.

$$I = \frac{m \cdot F \cdot z}{M \cdot t} = \frac{60\,000\ \text{g} \cdot 26{,}8\ \text{Ah/mol} \cdot 2}{63{,}55\ \text{g/mol} \cdot 8\ \text{h}} = 6{,}33\ \text{kA}$$

b) In der Praxis lässt es sich nicht vermeiden, dass nur ein Teil der zugeführten Energie für die Gewinnung von Reinstkupfer zur Verfügung steht. Berechnen Sie die Stromstärke, die erforderlich ist, wenn die wirkliche Stromausbeute η bezogen auf die Kupfergewinnung, nur 88 % beträgt.

$$I_{real} = \frac{I}{\eta} = \frac{6{,}33\ \text{kA}}{0{,}88} = 7{,}19\ \text{kA}$$

c) Um zu erreichen, dass die edlen Metalle nicht oxidieren, sondern als Anodenschlamm zu Boden fallen, wird bei der Kupferraffination mit einer sehr kleinen Spannung gearbeitet. Bestätigen Sie die Aussage durch eine Rechnung. Gehen Sie davon aus, dass pro Kilogramm Kupfer 0,3 kWh an elektrischer Energie verbraucht werden.

$$W_{el} = U \cdot I \cdot t \qquad U = \frac{W_{el}}{I \cdot t} = \frac{0{,}3\ \text{kWh} \cdot 60}{7{,}19\ \text{kA} \cdot 8\ \text{h}} = 0{,}31\ \text{V}$$

Aluminiumgewinnung durch Schmelzfluss-Elektrolyse — Arbeitsblatt

1. Ordnen und beschriften Sie die schematische Zeichnung einer Schmelzfluss-Elektrolysezelle zur Aluminiumgewinnung und geben Sie die Polung sowie die Richtung des Elektronen-Stromes an:

a) Graphit-Anoden
b) Graphit-Kathode
c) Elektrolytschmelze
d) Gemisch aus Aluminiumoxid und Kryolith
e) flüssiges Aluminium
f) Eisenwanne
g) bewegliche Anodenverbindung

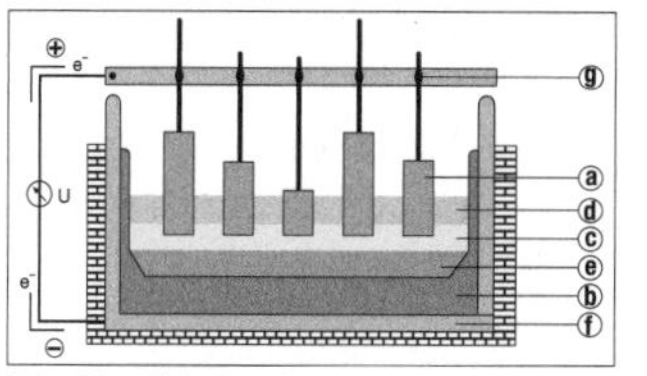

Schmelzfluss-Elektrolysezelle zur Aluminiumgewinnung

2. Formulieren Sie die an den Elektroden ablaufenden Teilreaktionen und fassen Sie diese zur Gesamtgleichung zusammen.

Anode: $3\ C + 6\ O^{2-} \rightleftharpoons 3\ CO_2 + 12\ e^-$ Kathode: $4\ Al^{3+} + 12\ e^- \rightleftharpoons 4\ Al$

Gesamtgleichung: $2\ Al_2O_3 + 3\ C \rightleftharpoons 4\ Al + 3\ CO_2$

3. Geben Sie den Schmelzpunkt von Aluminiumoxid an: $\vartheta = 2045\ °C$

4. Geben Sie die chemische Formel sowie die wissenschaftliche Bezeichnung für Kryolith an.

Natriumhexafluoroaluminat(III), $Na_3[AlF_6]$

5. Kryolith wird bei der Schmelzfluss-Elektrolyse dem Aluminiumoxid zugesetzt. Welche Eigenschaften von Komplexverbindungen werden genutzt und welcher entscheidende Effekt tritt auf.

Komplexverbindungen sind gut löslich, dissoziieren dabei und besitzen so eine gute elektrische Leitfähigkeit. Das hochschmelzende Aluminiumoxid löst sich gut im Elektrolyten, gleichzeitig wird die Schmelztemperatur auf unter 1000 °C herabgesetzt und dadurch elektrische Energie gespart.

6. Der eigentliche Rohstoff für die Aluminiumgewinnung ist Bauxit. Dieses Mineral enthält neben Aluminiumhydroxid Verunreinigungen von Eisen(III)-oxid sowie Silicium- und Titan-Verbindungen. Erläutern Sie, wie die Abtrennung der Verunreinigungen erfolgt.

Bauxit wird mit heißer konzentrierter Natronlauge versetzt. Darin löst sich Aluminiumhydroxid unter Komplexbildung. Die Eisen-, Titan- und Silicium-Verbindungen lösen sich nicht und können durch Filtration abgetrennt werden.

Basiswissen — Redoxreaktionen und Elektrochemie

Ergänzen Sie die fehlenden Angaben zum Basiswissen.

Redoxreaktionen

Oxidation: **Elektronenabgabe Oxidationszahl nimmt zu.**

Reduktion: **Elektronenaufnahme Oxidationszahl wird kleiner**

Redoxreaktion: **Elektronen = Übertragungsreaktion**

Oxidationsmittel: **Elektronenakzeptor**

Reduktionsmittel: **Elektronendonator**

Beispiel: Disproportionierung

Oxidation: $MnO_4^{2-} \rightarrow MnO_4^- + e^-$

Reduktion: $MnO_4^{2-} + 4\ H^+ + 2\ e^- \rightarrow MnO_2 + 2\ H_2O$

Elektrochemische Spannungsreihe

Ordnung der Halbzellen **nach steigendem Elektrodenpotential**

Bezugselektrode: Standard-Wasserstoff-Elektrode

mit U_H^0 = **0,00 V** bei c = **1 mol · l⁻¹**,

$p(H_2)$ = **1000 hPa**

Elektrodenpotential entsteht **an den Elektroden der Halbzelle.**

Es bildet sich eine **Doppelschicht.**

Die Lage des Gleichgewichts **bestimmt das Redoxverhalten.**

Je höher das Elektrodenpotential, umso **mehr liegt das Gleichgewicht auf der linken Seite.**

Galvanische Zelle und Elektrolysezelle

	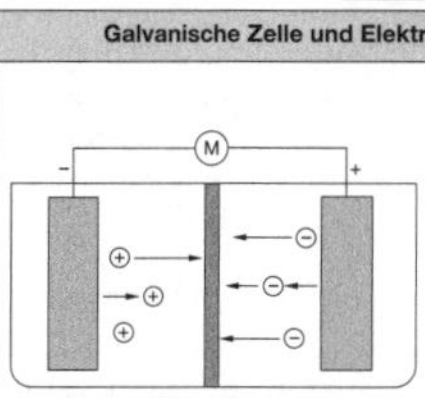	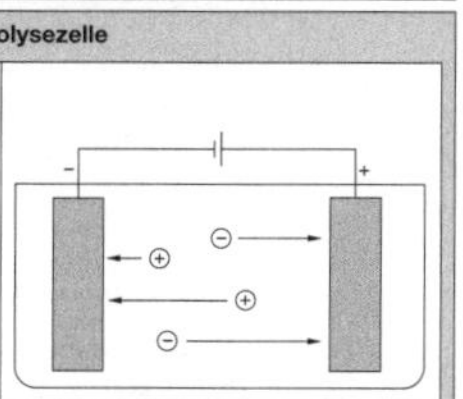
Elektroden	Minuspol: **Elektronendonator Ionen gehen in Lösung.**	Minuspol: **Elektronendonator Ionen nehmen Elektronen auf.**
	Pluspol: **Elektronenakzeptor Ionen nehmen Elektronen auf.**	Pluspol: **Elektronenakzeptor Ionen geben Elektronen ab.**
Elektrolyt-Lösung	Lösung enthält **hydratisierte Ionen** Ionenwanderung: **Kationen zum Minuspol; Anionen zum Pluspol**	
Energieumwandlung	**chemische Energie in elektrische Energie**	**elektrische Energie in chemische Energie**

Schnelltest — Training

1. **A, C, D**; 2. **B, D**; 3. **A, B, D**; 4. **B**; 5. **C, D**; 6. **A, C, D**; 7. **A**.

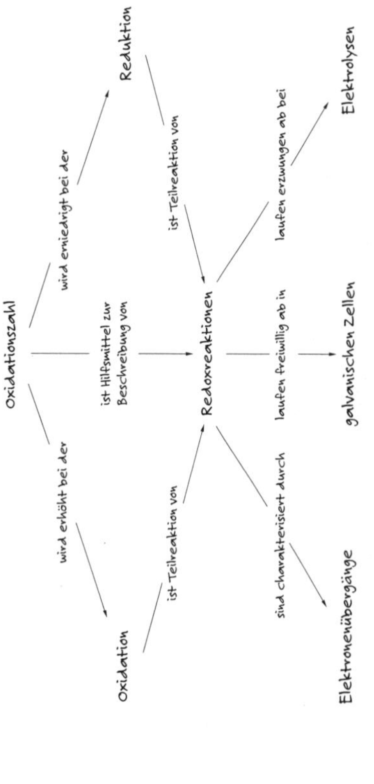

Kupfer – ein vielseitiges Metall

A1 a)

+I +III –II ... +I –II

Kupferkies – $CuFeS_2$; Kupferstein – Cu_2S;

+I –II

Kupferoxid – Cu_2O;
Cu: [Ar] $3d^{10}\ 4s^1$
Cu+: [Ar] $3d^{10}\ 4s^0$
Das 4s-Elektron wurde abgegeben; mit dem vollbesetzten 3d-Niveau liegt ein stabiler Zustand vor.
Fe: [Ar] $3d^6\ 4s^2$
Fe3+: [Ar] $3d^5\ 4s^0$
Die 4s-Elektronen und ein 3d-Elektron wurden abgegeben. Es liegt mit dem halbbesetzten 3d-Niveau ein relativ stabiler Zustand vor.
O: [He] $2s^2\ 2p^4$
$\{O^{2-}\}$: [He] $2s^2\ 2p^6$
Durch die Aufnahme der 2 Elektronen ist das 2p-Niveau vollbesetzt.
S: [Ne] $3s^2\ 3p^4$
S^{2-}: [Ne] $3s^2\ 3p^6$
Durch die Aufnahme der 2 Elektronen ist das 3p-Niveau vollbesetzt.

b)

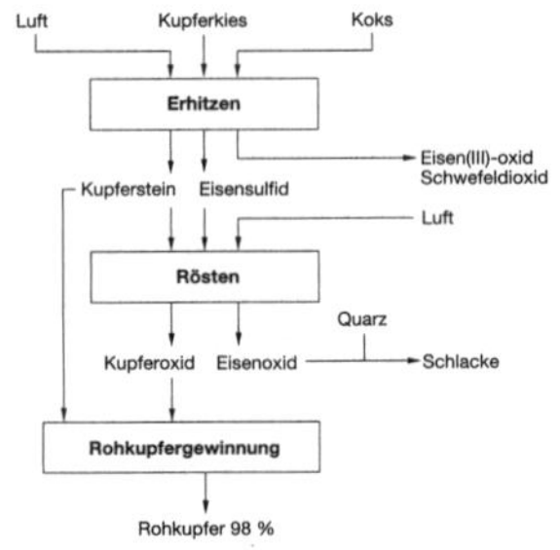

Erhitzen:

I III –II ... 0

$6\ CuFeS_2 + 10\ O_2 \longrightarrow$

I –II ... II –II ... III –II ... IV –II

$3\ Cu_2S + 2\ FeS + 2\ Fe_2O_3 + 7\ SO_2$

Rösten:

II –II ... 0 ... II –II ... IV –II

$2\ FeS + 3\ O_2 \longrightarrow 2\ FeO + 2\ SO_2$

I –II ... 0 ... I –II ... IV –II

$Cu_2S + 3\ O_2 \longrightarrow 2\ Cu_2O + 2\ SO_2$

I –II ... I –II ... 0 ... IV –II

$Cu_2S + 2\ Cu_2O \longrightarrow 6\ Cu + SO_2$

Es liegen Redoxreaktionen vor, was sich an der Änderung der Oxidationszahlen erkennen lässt.
Verwendung: Rohre für Dachrinnen, Kupferdächer, Drähte in der Elektroindustrie, Leiterplatten, Elektronische Bauelemente, Kochgeschirr

c) SO_2 ist ein Umweltgift, das mit (Regen-)Wasser sauren Regen bildet verstärken. Ferner wirkt es reizend auf die Schleimhäute und ist daher ein Atemgift. Abgetrenntes Schwefeldioxid wird meist weiterverwendet, z. B. zur Herstellung von Schwefelsäure oder Gips.

d)

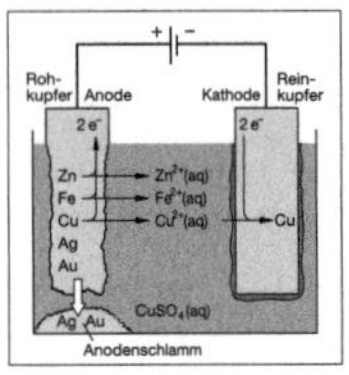

Das Rohkupfer wird als Anode geschaltet, die sich in Folge der Oxidation auflöst und in Form von Kupfer-Ionen in Lösung geht. Die Ionen wandern aufgrund des geringeren Zersetzungspotentials zur Kathode und scheiden sich als Reinkupfer ab. Die unedleren Eisen-Ionen und Zink-Ionen verbleiben in Lösung, Edelmetalle wie Silber und Gold scheiden sich im Anodenschlamm ab.

Minuspol (Kathode):
$Cu^{2+}(aq) + 2\ e^- \longrightarrow Cu(s)$
$2\ H_2O(l) + 2\ e^- \longrightarrow H_2(g) + 2\ OH^-(aq)$
$U_H^0 = 0{,}00\ V\ (pH = 1)$
Pluspol (Anode):
$Cu(s) \longrightarrow Cu^{2+}(aq) + 2\ e^-;\quad U_H^0 = 0{,}34\ V$
$2\ H_2O(l) \longrightarrow O_2(g) + 4\ H^+(aq) + 4e^-$
$U_H^0 = 1{,}23\ V\ (pH = 0)$
$Ag(s) \longrightarrow Ag^+(aq) + e^-;\quad U_H^0 = 0{,}80\ V$
$Au(s) \longrightarrow Au^{3+}(aq) + 3\ e^-;\quad U_H^0 = 1{,}50\ V$

Berechnung:
$t = 24\ h;\ z = 2;\ m(Cu) = 0{,}2\ t = 200\,000\ g;$
$M(Cu) = 63{,}5\ g \cdot mol^{-1}$

$$n(Cu) = \frac{m(Cu)}{M(Cu)} = \frac{200\,000\ g}{63{,}5\ g \cdot mol^{-1}} = 3149{,}6\ mol$$

$$n(Cu) = \frac{I \cdot t}{z \cdot F} \Leftrightarrow I = \frac{n \cdot z \cdot F}{t \cdot 0{,}85}$$

$$I = \frac{3149{,}6\ mol \cdot 2 \cdot 26{,}8\ Ah}{24\ h \cdot 0{,}85} = 8275{,}4\ A$$

e) Lokalelement/Konzentrationselement:
$Cu(s) + O_2(g) \longrightarrow Cu_2O(s)$
Es bildet sich eine Konzentrationsdifferenz zwischen der Mitte des Tropfens und dem Tropfenrand. In der Mitte wird O_2 verbraucht, am Rande wird Sauerstoff mit der Luft nachgeliefert. In der Folge wird Kupfer oxidiert: $Cu(s) \longrightarrow Cu^{2+}(aq) + 2\ e^-$, die Cu^{2+}-Ionen reagieren mit den im Wassertropfen enthaltenen Ionen (OH^-, HCO^{3-}) zu der sich absetzenden Patina. Die Patina schützt dann das darunter befindliche Kupfer vor weiterer Korrosion.
Analog findet auf dem Meeresboden keine Korrosion an den Kupfergefäßen statt, da sie mit Patina überzogen sind und am Boden nur wenig Sauerstoff für eine Korrosion zur Verfügung steht.

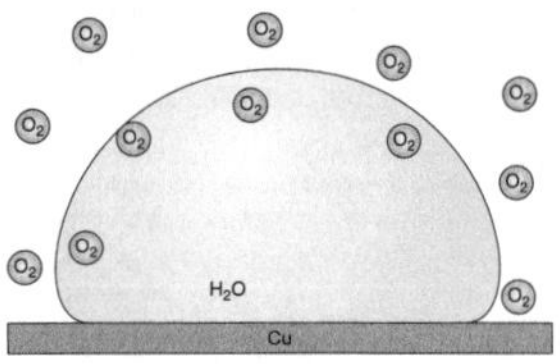

f)

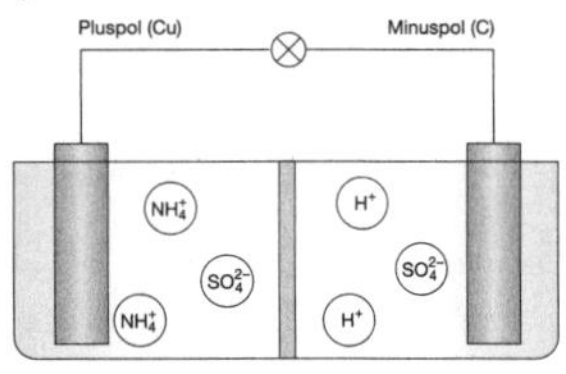

Pluspol:
$Cu(s) \longrightarrow Cu^{2+}(aq) + 2\ e^-;\quad U_H^0 = 0{,}34\ V$
Minuspol:
$2\ H^+(aq) + 2\ e^- \longrightarrow H_2(g);\quad U_H^0 = 0{,}00\ V$

Die Folgereaktion $Cu^{2+}(aq) + 2\ e^- \longrightarrow Cu(s)$ ist nicht möglich, da das Diaphrag-ma die Cu^{2+}-Ionen nicht passieren lässt; Cu^{2+}-Ionen verbleiben in der positiven Halbzelle – die Lösung färbt sich hellblau.

g) *Gemeinsamkeiten:*
Die ablaufenden Reaktionen sind gleich.
Unterschiede:
Im galvanischen Element sind die Reaktionen räumlich getrennt, sodass für die Ionen ein Übergang zwischen den Halb-zellen nicht möglich ist. Bei der Korrosion ist ein Stoffaustausch ungehindert mög-lich. Daher bildet sich ein festes Salz; im galvanischen Element verbleiben die Ionen in der Flüssigkeit.
Die Sauerstoffkonzentration spielt zu Beginn der Korrosion eine entscheidende Rolle, im galvanischen Element nicht.
Mit dem galvanischen Element kann man Energie gewinnen; im Lokalelement ist das nicht möglich.
Die gemessene Spannung im galvanischen Element wird vorrangig beeinflusst durch die Abgabe der Elektronen aus dem Kupfer. Je größer die Spannung, umso mehr Elektronen werden aus Cu abgespalten, umso mehr wird das Kupfer korrodiert. Daher gibt die Spannung das Maß der Korrosion an.

Strukturaufklärung

1. Geben Sie vier Verfahren zur Reindarstellung von Substanzen an.

Umkristallisieren, Destillieren, Extrahieren,
chromatografische Verfahren

2. Vervollständigen Sie die Übersicht.

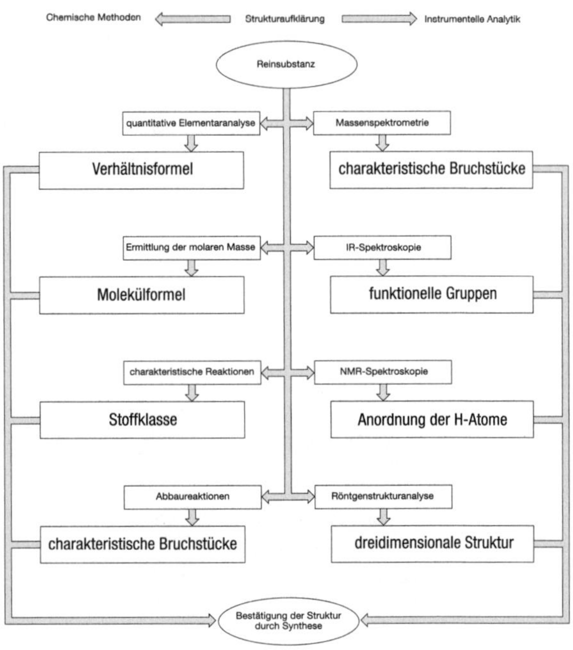

Arbeitsblatt – Vergleich chromatografischer Verfahren

Vervollständigen Sie die Tabelle.

Gemeinsamkeiten der chromatografischen Trennverfahren:

Chromatografische Trennungen beruhen auf der unterschiedlichen Wechselwirkung der einzelnen Bestandteile eines Stoffgemisches mit einer stationären und einer mobilen Phase.

Trennverfahren	Trennprinzip	Anwendungsgebiet
Papier-Chromatografie	**Die Trennung beruht auf der unterschiedlichen Löslichkeit der einzelnen Komponenten: Manche Bestandteile lösen sich besser im Fließmittel (mobile Phase) und steigen schnell hoch. Andere lösen sich besser in der stationären Phase (Schicht von Wasser-Molekülen an der Oberfläche der Cellulose-Fasern) und wandern nicht oder nur langsam. Zwischen flüssiger stationärer Phase und flüssiger mobiler Phase stellt sich dabei für jeden Reinstoff ein Verteilungsgleichgewicht ein.**	**Trennung von Farbstoffgemischen**
Säulen-Chromatografie	**In der Trennsäule stellen sich für die einzelnen Komponenten unterschiedliche Gleichgewichte ein. Je weniger eine Substanz mit der stationären flüssigen Phase wechselwirkt, umso schneller fließt sie mit der mobilen Phase durch die Säule. Das Trennprinzip einer Säulen-Chromatografie mit Kieselgel beruht auf Verteilung, bei Aluminiumoxid auf Adsorption.**	**Reinigung und Trennung größerer Stoffportionen**
Dünnschicht-Chromatografie	**Die Trennung erfolgt durch Verteilungsprozesse zwischen einer stationären Phase aus Kieselgel oder Aluminiumoxid und einer flüssigen mobilen Phase.**	**Trennung farbiger und farblose Stoffgemische**
Gas-Chromatografie	**Trennung von gasförmigen oder leicht verdampfbaren Substanzen. Als stationäre Phase dienen Feststoffe auf deren Oberfläche schwer flüchtige Flüssigkeiten aufgezogen sind. Die mobile Phase bilden unreaktive Gase.**	**Trennung gasförmiger und verdampfbarer Substanzgemische**

Acetylsalicylsäure in Schmerztabletten – Praktikum

Versuch: Dünnschichtchromatografische Untersuchung von Schmerzmitteln auf Acetylsalicylsäure

Materialien: DC-Trennkammer, Auftragekapillaren, DC Fertigplatten (Kieselgel mit Fluoreszenz-Indikator), UV-Lampe, Haartrockner, Mörser, Trichter, Filtrierpapier;
verschiedene Schmerztabletten, Ethanol (F), Fließmittel (Gemisch aus 60 ml Cyclohexan (Xn, F, N), 5 ml Eisessig (C), 5 ml Chloroform (Xn); das Fließmittel wird von der Lehrkraft bereitgestellt); Acetylsalicylsäure-Vergleichslösung (50 mg Acetylsalicylsäure in 10 ml Ethanol).

Durchführung:

1. Zerreiben Sie jeweils eine halbe Tablette der verschiedenen Schmerzmittel im Mörser.
2. Geben Sie das Pulver in ein Reagenzglas und versetzen Sie es mit 10 ml Ethanol. Schütteln Sie mit aufgesetztem Stopfen.
3. Filtrieren Sie das Gemisch.
4. Tragen Sie mit einer Kapillare je einen Tropfen der Filtrate und der Acetylsalicylsäure-Vergleichslösung auf. Lassen Sie die Folie trocknen.
5. Stellen Sie die Folie in die Trennkammer mit dem Fließmittel und setzen Sie den Deckel auf. Arbeiten Sie dabei unter dem Abzug.
6. Nehmen Sie die Folie aus der Trennkammer, wenn die Fließmittelfront kurz von der Oberkante der DC-Folie ist.
7. Lassen Sie die Folie unter dem Abzug trocknen.
8. Betrachten Sie die DC-Folie unter der UV-Lampe und markieren Sie die Flecken mit Bleistift.

Aufgaben:

a) Werten Sie das Chromatogramm aus und entscheiden Sie welche Schmerztabletten den Wirkstoff Acetylsalicylsäure enthalten. Überprüfen Sie Ihr Ergebnis anhand der Packungsbeilage des jeweiligen Medikaments.

Alle Tabletten, die im Dünnschichtchromatogramm die gleiche Laufhöhe wie die Vergleichslösung aufweisen, enthalten Acetylsalicylsäure (Aspirin, ASS, Kombinationspräparate).

b) Vergleichen Sie die Größe der markierten Flecken. Kann man mit Hilfe der Dünnschichtchromatografie auch eine Aussage über die in den Schmerztabletten enthaltene Menge an Acetylsalicylsäure machen?

Die Größe der Flecken stimmt in etwa mit der Wirkstoffmenge des Präparates überein. Aus dem Dünnschichtchromatogramm lässt sich somit die relative Menge ablesen.

Hinweis: Die Schüler sollten erst nach dem Versuch die Packung beziehungsweise die Packungsbeilage erhalten.

Mögliche Schmerzmittel sind: Aspirin®, Aspirin® 100 N, Aspirin® Migräne, Alka-Seltzer®, ASS, Paracetamol 500 Hexal®, Aktren® forte, Boxonal N®, Neuralgin®, Ratiopyrin®, Thomapyrin®, Titralgan®, Spalt®

Arbeitsblatt – Quantitative Elementaranalyse

Die qualitative Analyse der Elemente einer organischen Verbindung lässt noch keine Aussage über Struktur und Eigenschaften zu. Notwendig dazu ist auch die Ermittlung der Masseanteile mittels der **quantitativen Elementaranalyse.**

1. Für eine Verbindung sind Kohlenstoff, Wasserstoff und Sauerstoff nachgewiesen.
Die Bestimmung des Kohlenstoff- und Wasserstoffanteils erfolgt entsprechend nebenstehender Abbildung durch vollständige Verbrennung zu Kohlenstoffdioxid und Wasser.
Das Volumen von Kohlenstoffdioxid und die Masse von Wasser werden bei gegebener Temperatur und gegebenem Druck gemessen. Stellen Sie die Gleichungen auf, ermitteln Sie die Massen von Kohlenstoff und Wasserstoff im Normzustand und bestimmen Sie die Masse von Sauerstoff bei gegebener Masse der Ausgangssubstanz m(E).

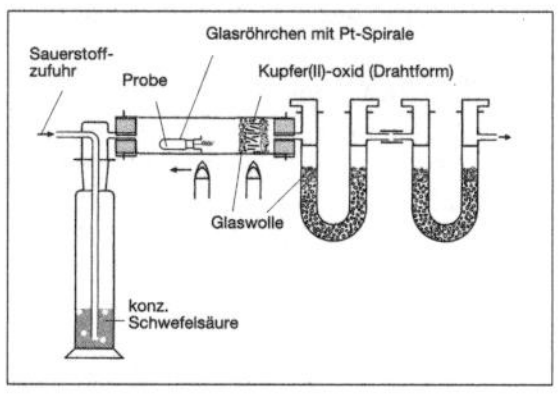

$V(CO_2)$ im Normzustand: $\frac{p \cdot V}{T} = \frac{101{,}3\ \text{kPa} \cdot V_0}{273\ \text{K}} \Rightarrow V_0(CO_2) = \frac{p \cdot V \cdot 273\ \text{K}}{T \cdot 101{,}3\ \text{kPa}}$

m(C): $\frac{m(C)}{n(C) \cdot M(C)} = \frac{V_0(CO_2)}{n(CO_2) \cdot V_m} \Rightarrow m(C) = \frac{V_0(CO_2) \cdot 1\ \text{mol} \cdot 12\frac{\text{g}}{\text{mol}}}{1\ \text{mol} \cdot 22{,}4\frac{\text{l}}{\text{mol}}} \Rightarrow m(C) = \frac{V_0(CO_2) \cdot 12\ \text{g}}{\text{l} \cdot 22{,}4\ \text{l}}$

m(H): $\frac{m(H)}{n(H) \cdot M(H)} = \frac{m(H_2O)}{n(H_2O) \cdot M(H_2O)} \Rightarrow m(H) = \frac{m(H_2O) \cdot 4\ \text{mol} \cdot 1\frac{\text{g}}{\text{mol}}}{2\ \text{mol} \cdot 18\frac{\text{g}}{\text{mol}}} \Rightarrow m(H) = \frac{m(H_2O) \cdot 4\ \text{g}}{36\ \text{g}}$

$m(O) = m(E) - [m(C) + m(H)]$

2. Aus den Ergebnissen berechnet man die Verhältnisformel der Verbindung, indem man die Stoffmengen der beteiligten Elemente berechnet und durch die kleinste Stoffmenge dividiert. Geben Sie die allgemeine Gleichung zur Berechnung der Stoffmengen an.

$$n(C) : n(H) : n(O) = \frac{m(C)}{M(C)} = \frac{m(H)}{M(H)} = \frac{m(O)}{M(O)} = \frac{m(C)}{12\frac{\text{g}}{\text{mol}}} = \frac{m(H)}{1\frac{\text{g}}{\text{mol}}} = \frac{m(O)}{16\frac{\text{g}}{\text{mol}}}$$

3. Berechnen Sie für die folgenden Beispiele die Verhältnisformel.
a) Die unbekannte Verbindung besteht aus Kohlenstoff, Wasserstoff und Sauerstoff. Gemessen wurden: m(E) = 3,96 mg, $V(CO_2)$ = 25 ml und $m(H_2O)$ = 3,9 mg (T = 293 K und p = 101,8 kPa).
b) Für einen Kohlenwasserstoff wurden die folgenden Werte ermittelt:
m(E) = 7 mg, $V(CO_2)$ = 12,2 ml (T = 298 K und p = 101,6 kPa).

zu a) $V_0(CO_2)$ = 23,4 ml; m(C) = 1,25 mg; m(H) = 0,43 mg; m(O) = 2,27 mg;
$n(C) : n(H) : n(O) = (0{,}001044 : 0{,}0043 : 0{,}00142)\ \text{mol} \Rightarrow [CH_4O]_x$
zu b) $V_0(CO_2)$ = 22,2 ml; m(C) = 6 mg; m(H) = 1 mg;
$n(C) : n(H) = (0{,}5 : 1)\ \text{mmol} \Rightarrow [CH_2]_x$

Von der Verhältnisformel zur Summenformel – Arbeitsblatt

A. Bestimmung der molaren Masse von Flüssigkeiten (Verfahren nach V. MEYER):
Eine klassische Labormethode zur Bestimmung der molaren Masse von Stoffen, die sich ohne Zersetzung verdampfen lassen, hat Viktor MEYER entwickelt. Hierbei wird die Apparatur zunächst bis über die Siedetemperatur der Analysensubstanz aufgeheizt. Anschließend gibt man eine abgemessene Menge dieses Stoffes in einem kleinen Gläschen in den oberen Teil der Apparatur. Man verschließt die Apparatur und sorgt für Druckausgleich. Durch das Ziehen des Stiftes fällt die Substanz in den heißen Teil der Apparatur, wo sie verdampft. Das entstehende Gasvolumen kann nach Druckausgleich im Kolbenprober abgelesen werden.

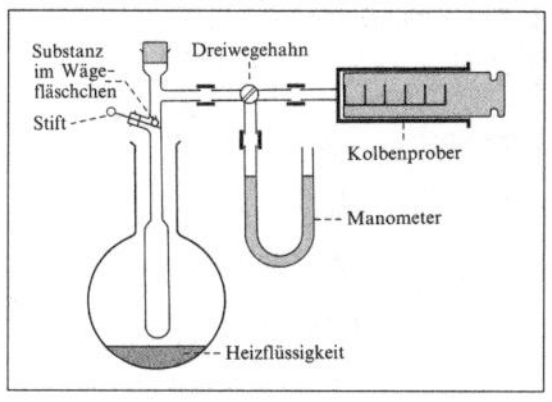

B. Bestimmung der molaren Masse von Gasen:
Von einer luftleeren Kugel mit bekanntem Volumen wird die Masse bestimmt. Anschließend wird sie vollständig mit dem zu untersuchenden Gas gefüllt und erneut die Masse ermittelt.

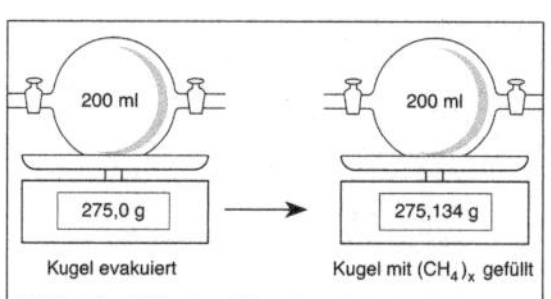

V (Kugel) = 200 ml; m (Kugel, evakuiert) = 275 g;
m (Kugel, gefüllt mit $(CH_4)_x$ = 275,134 g;
$V_m = 24\ \frac{\text{mol}}{\text{l}}$

1. Geben Sie die allgemeine Formel zur Berechnung der molaren Masse für beide Verfahren an.

$M = \frac{m}{V_0} \cdot V_m$; $V_0 = \frac{p \cdot V \cdot 273\ \text{K}}{T \cdot 101{,}3\ \text{kPa}}$

2. a) Die Verhältnisformel einer unbekannten Substanz lautet $[CH_4O]_x$. Im Verfahren A werden folgende Werte bestimmt: m(E) = 3,96 mg, V = 3 ml (bei T = 293 K, p = 101,8 kPa). Ermitteln Sie die molare Masse der unbekannten Substanz.

$$V_0 = \frac{p \cdot V \cdot 273\ \text{K}}{T \cdot 101{,}3\ \text{kPa}} = \frac{101{,}8\ \text{kPa} \cdot 3\ \text{ml} \cdot 273\ \text{K}}{293\ \text{K} \cdot 101{,}3\ \text{kPa}} = 2{,}8\ \text{ml} = 0{,}0028\ \text{l};$$

$$M = \frac{m}{V_0} \cdot V_m \approx 32\ \text{g} \cdot \text{mol}^{-1}$$

b) Die Verhältnisformel einer gasförmigen Substanz lautet $[CH_4]_x$. Ermitteln Sie die molare Masse anhand der Messergebnisse in der zweiten Abbildung.

$$M = \frac{m}{V_0} \cdot V_m = \frac{275{,}134\ \text{g} - 275\ \text{g}}{0{,}2\ \text{l}} \cdot 24\ \text{l} \cdot \text{mol}^{-1} \approx 16\ \text{g} \cdot \text{mol}^{-1}$$

3. Dividiert man den Zahlenwert der molaren Masse durch den Zahlenwert der molaren Masse der Verhältnisformel, so erhält man den Faktor x. Mit x multipliziert man die Verhältnisformel und erhält die Summenformel der organischen Substanz. Berechnen Sie die Summenformeln für die Substanzen aus Aufgabe 2.

a) $x = \frac{32}{32} = 1 \Rightarrow$ **Summenformel:** CH_4O

b) $x = \frac{16}{16} = 1 \Rightarrow$ **Summenformel:** CH_4

Arbeitsblatt — Von der Summenformel zur Strukturformel

Der klassische Weg der Strukturaufklärung ist in nebenstehender Abbildung dargestellt. Dieser erfolgte ausschließlich über chemische Reaktionen und führt zur Strukturformel der unbekannten Substanz.
Als Ergebnis erhält man eine Aussage über die Gesamtstruktur der Verbindung. Im Anschluss daran müssen die Untersuchungsergebnisse durch Synthese der Substanz bestätigt werden.
Heute stehen neben den rein chemischen Methoden mit der Spektroskopie effektivere und aussagekräftigere Verfahren zur Verfügung.
Einfache Verbindungen werden aber auch heute noch auf dem klassischen Weg analysiert.

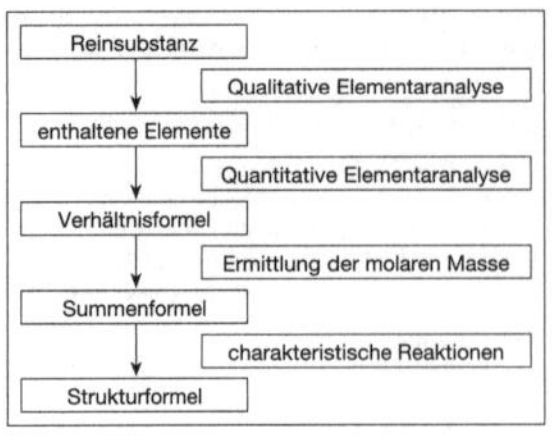

Ergänzen Sie die Tabelle. Geben Sie eine Strukturformel für den organischen Stoff an.

Allgemeine Schritte	Experimentelle Ergebnisse (Beispiel)	Schlussfolgerungen/ Berechnungen für das Beispiel
1. Durchführung der qualitativen Elementaranalyse	– Verbrennung mit CuO: weißer Niederschlag in $Ba(OH)_2$ und Blaufärbung von $CuSO_4$ – negatives Ergebnis bei weiteren qualitativen Nachweisen	**Elemente: Kohlenstoff, Wasserstoff, Sauerstoff**
2. Durchführung der quantitativen Elementaranalyse **a)** Berechnung der Massen der enthaltenen Elemente **b)** Berechnung der Stoffmengenverhältnisse der Elemente und der Verhältnisformel	– Verbrennung der organischen Substanz: – Einwaage: $m(E) = 0{,}612$ g; gemessene Werte: – $m(H_2O) = 0{,}306$ g, $V(CO_2) = 611{,}5$ ml, $T = 295$ K, $p = 102{,}3$ kPa	$V_0(CO_2) = 571{,}5$ ml $m(C) = 0{,}306$ g; $m(H) = 0{,}034$ g $m(O) = 0{,}272$ g $n(C) : n(H) : n(O) = (1{,}5 : 2 : 1)$ mol $\Rightarrow [C_3H_4O_2]_x$
3. Bestimmung der molaren Masse nach V. MEYER	Verdampfen der Substanz: Einwaage: $m(E) = 0{,}48$ g; $V(\text{Substanz}) = 79$ ml, $T = 295$ K, $p = 102{,}3$ kPa	$V_0(S) = 73{,}8$ ml $M(S) \approx 146\ g \cdot mol^{-1}$
4. Aufstellen der Summenformel		$x \approx 2 \Rightarrow C_6H_8O_4$
5. Experimentelle Ermittlung funktioneller Gruppen	– mit Borsäure grüner Flammensaum – mit FEHLING-Lösung gelbbrauner Niederschlag – mit Indikator Rotfärbung, positive Knallgasprobe	**–OH-Gruppe** **–CHO-Gruppe** **–COOH-Gruppe**
6. Aufstellen einer theoretisch möglichen Strukturformel		HOOC–CH=C–HO | CH_2 | CH_2–CHO

Analyse organischer Substanzen — Praktikum

Vier organische Substanzen (A–D) stehen in Reagenzgläsern bereit. Dabei handelt es sich um Methansäure (verd., Xi), Ethansäure (verd., Xi), Methanol (T, F) und Propan-1-ol (Xi, F). Bestimmen Sie durch geeignete Nachweisreaktionen, in welchem Reagenzglas der jeweilige Stoff enthalten ist.
Für die Nachweise stehen folgende Chemikalien zur Verfügung: Universalindikator-Papier, Borsäure (kristallin), Kaliumpermanganat-Lösung, verdünnte Schwefelsäure (Xi), konzentrierte Schwefelsäure (C).

1. Entwickeln Sie einen Versuchsplan, mit dem diese Stoffe eindeutig identifiziert werden können. Nutzen Sie für Recherchen wenn nötig das Lehrbuch und das Internet.

Die beiden Säuren lassen sich mit Universalindikator von den Alkoholen unterscheiden. Anschließend werden beide Alkohole mit Borsäure umgesetzt und die beim Erhitzen entstehenden Dämpfe entzündet. Anhand der Flammenfärbung können die Alkohole identifiziert werden. Zur Unterscheidung der Säuren wird eine Umsetzung mit Kaliumpermanganat-Lösung durchgeführt.

2. Führen Sie die Identifikation nach Ihrem Versuchsplan durch und ordnen Sie den Lösungen A–D die entsprechenden Stoffe zu. Protokollieren Sie Ihre Beobachtungen.

Universalindikator: Reagenzgläser A und D Rotfärbung → Säuren;
Reagenzgläser B und C Grünfärbung → Alkohole
Umsetzung der Alkohole mit Borsäure und konz. Schwefelsäure:
Reagenzglas C Dämpfe brennen mit grüner Flamme → Methanol
Reagenzglas B Dämpfe brennen mit gelber Flamme und grünen Flammensaum → 1-Propanol
Umsetzung mit Kaliumpermanganat-Lösung:
Reagenzglas A Lösung entfärbt sich beim Erwärmen → Methansäure
Reagenzglas D Lösung bleibt violett → Ethansäure

3. Erläutern Sie unter Einbeziehung von Reaktionsgleichungen den Nachweis für Methansäure und für Methanol. Benennen Sie die jeweilige Reaktionsart.

Methansäure wird zu Kohlenstoffdioxid und Wasser oxidert:

$$5\ HCOOH + 2\ MnO_4^- + 6\ H^+ \longrightarrow 5\ CO_2 + 2\ Mn^{2+} + 8\ H_2O$$

Methanol wird mit Borsäure zu Borsäuretrimethylester verestert:

$$3\ CH_3OH + B(OH)_3 \longrightarrow B(OCH_3)_3 + 3\ H_2O$$

Arbeitsblatt — Elektromagnetisches Spektrum

1. Vervollständigen Sie die angegebenen Gleichungen.

Frequenz: $f = c \cdot \lambda^{-1}$

Energie: $E = h \cdot f$

molare Energie: $E_m = E \cdot N_A$

2. Geben Sie die Werte der Konstanten an.

Lichtgeschwindigkeit: $c = 3 \cdot 10^8\ m \cdot s^{-1}$

PLANCKsches Wirkungsquantum: $h = 6{,}6 \cdot 10^{-34}\ J \cdot s$

AVOGADRO-Konstante: $N_A = 6 \cdot 10^{23}\ mol^{-1}$

3. Bariumnitrat erzeugt bei Feuerwerkskörperndie grüne Farbe. Die emittierte Strahlung hat dabei eine Wellenlänge von 455 nm.
Berechnen Sie die Frequenz, die Energie und die molare Energie. Nutzen Sie Ihren Hefter.

$$f = c \cdot \lambda^{-1} = \frac{(3 \cdot 10^8\ m \cdot s^{-1})}{455\ nm} = 6{,}6 \cdot 10^{-14}\ s^{-1}$$

4. Mikrowellenherde garen das Essen mit einer Strahlung von 12,25 cm Wellenlänge.
Berechnen Sie die Energie. Nutzen Sie Ihren Hefter.

$$E = h \cdot f = \frac{(h \cdot c)}{\lambda} = \frac{(6{,}6 \cdot 10^{-34}\ J \cdot s \cdot 3 \cdot 10^8\ m \cdot s^{-1})}{0{,}1225\ m}$$

$$E = 1{,}6 \cdot 10^{-24}\ J$$

Methoden zur Strukturaufklärung bei Doping-Kontrollen — Arbeitsblatt

1. Recherchieren Sie die Bedeutung des Begriffs *Doping*.

Doping ist die Verwendung von Substanzen aus verbotenen Wirkstoffgruppen und die Anwendung verbotener Methoden zur Leistungssteigerung.

2. Entwickeln Sie auf der Basis des Textes ein Fließschema zum Ablauf einer Dopingkontrolle.

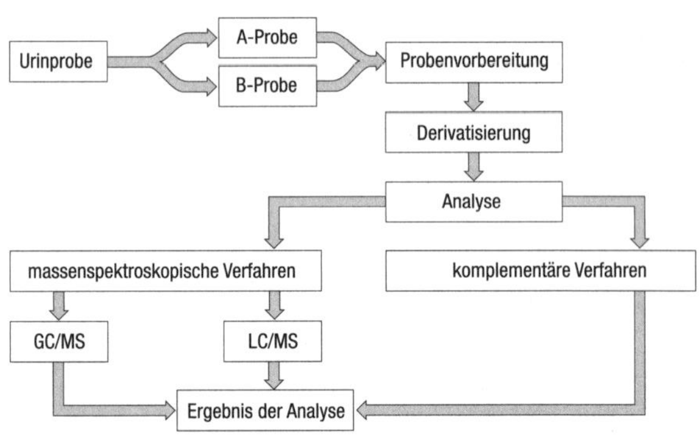

3. Zeichnen und beschriften Sie in Ihrem Hefter eine Geräteanordnung für eine gekoppelte Analyse aus Gas-Chromatograf und Massenspektrometer.

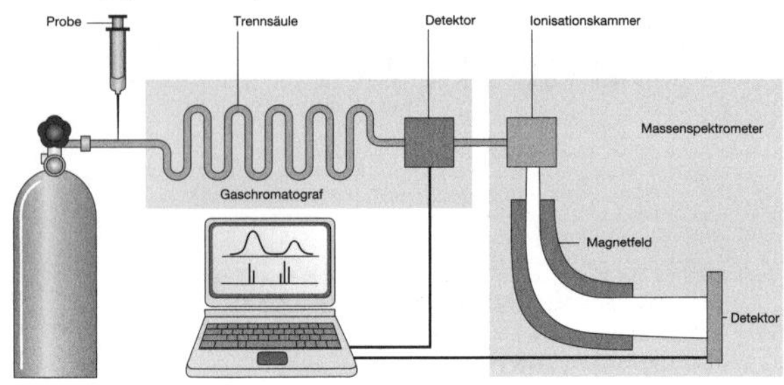

Arbeitsblatt

Analyse von Drogen mittels IR-Spektroskopie

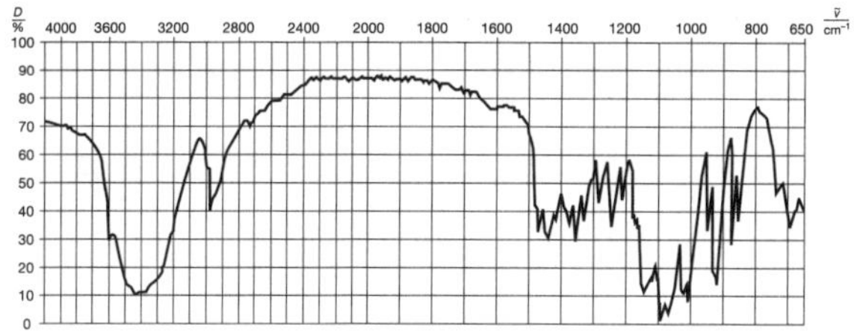

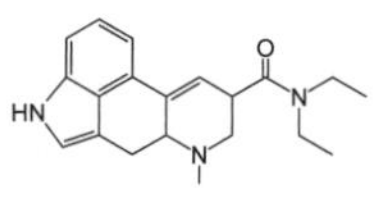

Strukturformel von Lysergsäurediethylamid (LSD)

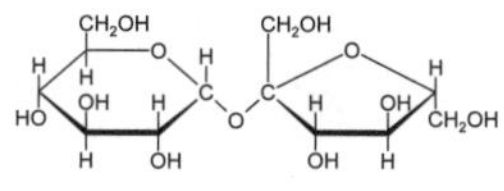

Strukturformel von Saccharose

1. Beschreiben Sie das für die Analyse des Würfelzuckers eingesetzte Verfahren der IR-Spektroskopie.

Die Infrarot-Strahlung regt Moleküle zu Rotationen und Schwingungen an. Die Substanzen absorbieren dabei IR-Strahlung. Im IR-Spektrum wird die Durchlässigkeit der Strahlung gegen die Wellenzahl aufgetragen. Funktionelle Gruppen absorbieren IR-Strahlung immer im selben Wellenlängenbereich und sind daher an charakteristischen Absorptionsbanden, den Schlüsselbanden, zu erkennen.

2. Werten Sie das Spektrum aus und ziehen Sie aus dem Fall entsprechende Schlussfolgerungen.

Das Spektrum zeigt typische Absorptionsbanden bei 3400 cm^{-1} (O–H-Valenzschwingung) und 1100 cm^{-1} (C–O-Valenzschwingung). Weiterhin fehlt die Bande bei 1600 cm^{-1} (C–C-Aromat). Somit bestätigt sich der Verdacht der Beamten nicht. Der sichergestellte Zucker enthält kein LSD.

Schwarzbrenner

Arbeitsblatt

1. Ethanol:

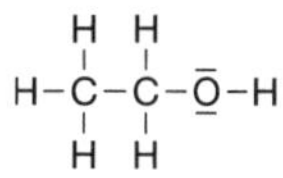

Spektrum a: Schlüsselbande 3100–3600 cm^{-1} O-H-Valenzschwingung

2-Butanon

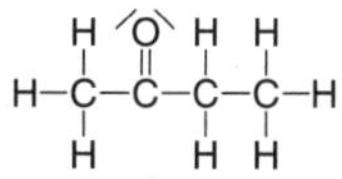

Spektrum b: Schlüsselbande um 1700 cm^{-1} C=O-Valenzschwingung

2. **Es besteht ein Zusammenhang zwischen den beschriebenen Fällen. Im Spektrum c treten die Schlüsselbanden für die O–H-Valenzschwingung und die C=O-Valenzschwingung (kleiner) auf. Das legt den Verdacht nahe, dass die Schwarzbrenner den LKW gestohlen haben.**

Arbeitsblatt

Analyse eines unbekannten Schmerzmittels

Summenformel:

Massen der Elemente:

$$m_C = \frac{60\,\% \cdot 180\text{ g}}{100\,\%} = 108\text{ g} \qquad m_H = \frac{4{,}48\,\% \cdot 180\text{ g}}{100\,\%} = 8{,}1\text{ g}$$

$$m_O = \frac{35{,}5\,\% \cdot 180\text{ g}}{100\,\%} = 63{,}9\text{ g}$$

Stoffmenge der Elemente:

$$n_C = \frac{m_C}{M_C} = \frac{108\text{ g}}{12\text{ g} \cdot \text{mol}^{-1}} = 9\text{ mol} \qquad n_H = \frac{m_H}{M_H} = \frac{8{,}1\text{ g}}{1\text{ g} \cdot \text{mol}^{-1}} \approx 8\text{ mol}$$

$$n_O = \frac{m_O}{M_O} = \frac{63{,}9\text{ g}}{16\text{ g} \cdot \text{mol}^{-1}} \approx 4\text{ mol}$$

Daraus ergibt sich die Summenformel $C_9H_8O_4$.

Strukturformel:

Bekannt ist, es handelt sich bei dem Wirkstoff um einen Aromaten.
Er besitzt in 1,2-Stellung funktionelle Gruppen.
Aus dem IR-Spektrum geht hervor:

- **Schlüsselbande für C=O-Valenzschwingung um 1700 cm^{-1}**
- **Schlüsselbande für COO–H-Valenzschwingung um 3000 cm^{-1}**
- **Schlüsselbande C/C-Aromat bei 1600 cm^{-1}**

Aus dem NMR-Spektrum geht hervor:

- **$-COCH_3$-Signal bei 2,3 ppm**
- **Aromaten-COOH-Signal über 10 ppm**

Bei dem Wirkstoff handelt es sich um Acetylsalicylsäure.

Massenspektrometrie

Arbeitsblatt

1. Geben Sie die Strukturformel der unbekannten Verbindung an, die in dem Massenspektrum dargestellt ist. Ergänzen Sie dazu Strukturformeln und Molekülmassen im Fragmentierungsschema. Ordnen Sie die Peaks im Massenspektrum den jeweiligen Ionen zu.

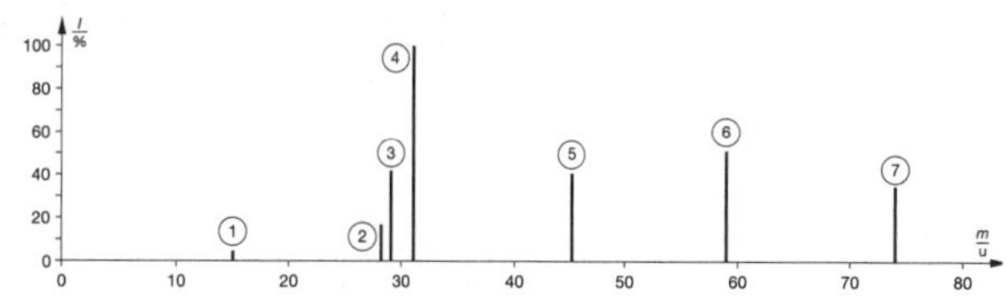

Massenspektrum

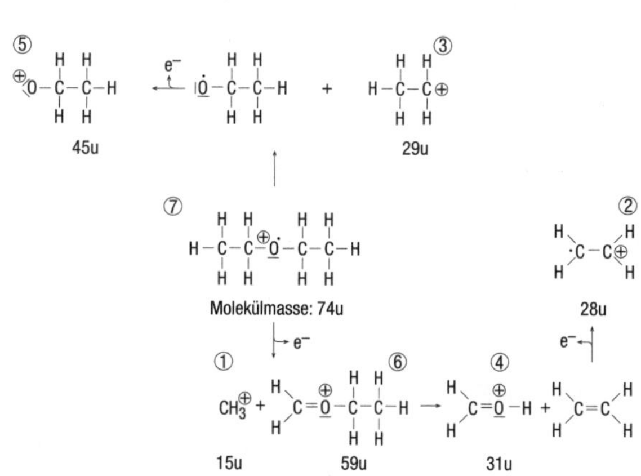

Fragmentierungsschema

2. Erläutern Sie, warum das Ethen-Molekül nicht registriert wird.

Das Ethen-Molekül ist elektrisch neutral. Deshalb wird es im Magnetfeld des Massenspektrometers nicht abgelenkt.

Basiswissen **Strukturaufklärung**

Ergänzen Sie die fehlenden Angaben zum Basiswissen.

Chromatografie

Bedeutung der Chromatografie:
Trennverfahren zum Nachweis und zur Reindarstellung

Das Trennprinzip beruht auf:
unterschiedliche Wechselwirkung der Gemischbestandteile mit einer stationären und einer molaren Phase

Strukturaufklärung durch chemische Methoden

qualitative Elementaranalyse führt zu:
Atomarten

quantitative Elementaranalyse führt zu:
Verhältnisformel

Ermittlung der molaren Masse führt zu:
Molekülformel

Beispiele für typische Nachweise funktioneller Gruppen:
- **FEHLING-Probe**
- **BEILSTEIN-Probe**

elektromagnetische Strahlung

Zusammenhang zwischen Wellenlänge und Frequenz:
$c = f \cdot \lambda$

Energie elektromagnetischer Strahlung:
$E = h \cdot f = h \cdot \frac{c}{\lambda}$

Spektroskopie im UV und IR-Bereich

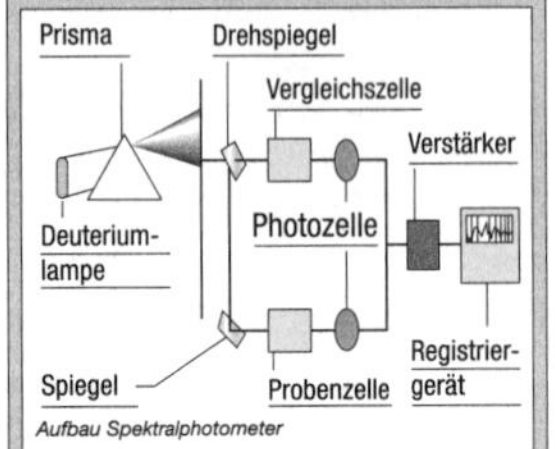

Aufbau Spektralphotometer

UV/VIS-Strahlung	IR-Strahlung
Anregung von: **Elektronen**	Anregung von: **Schwingungen**
Rückschlüsse über: **Molekülstruktur**	Rückschlüsse über: **funktionelle Gruppe**

Massenspektrometrie

Funktionsweise Massenspektrometer:
Ionisierung durch Beschuss mit Elektronen
Beschleunigung der Kationen im Magnetfeld
Trennung der Bruchstücke nach ihrer Masse

NMR-Spektroskopie

Anregung von:
Wasserstoff-Atomkernen

Anregungsenergie ist abhängig von:
Feldstärke des Magnetfeldes
chemische Umgebung des H-Atoms

Rückschlüsse über:
Anordnung der H-Atome im Molekül

Schnelltest **Training**

1. **B, C**; 2. **A, C**; 3. **B, C**; 4. **D**; 5. **B, D**; 6. **A, B.**

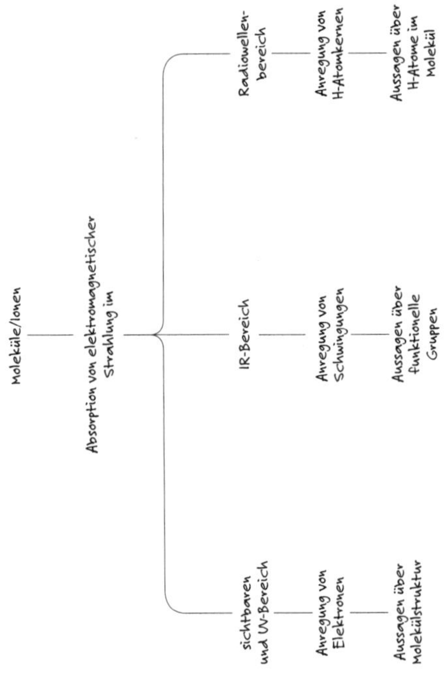

Training **Übungsklausur**

Chemie des Bombardierkäfers

A1 a) Masse an Kohlenstoff:
$m(\mathrm{C}) = \frac{12}{44} \cdot 7{,}2\ \mathrm{g} = 1{,}96\ \mathrm{g}$

Masse an Wasserstoff:
$m(\mathrm{H}) = \frac{18}{2} \cdot 1{,}47\ \mathrm{g} = 0{,}16\ \mathrm{g}$

Masse an Sauerstoff:
$m(\mathrm{O}) = 3\ \mathrm{g} - 1{,}96\ \mathrm{g} - 0{,}16\ \mathrm{g} = 0{,}88\ \mathrm{g}$

Stoffmenge an Kohlenstoff:
$n(\mathrm{C}) = \frac{1{,}96\ \mathrm{g}}{12\ \mathrm{g \cdot mol^{-1}}} = 0{,}16\ \mathrm{mol}$

Stoffmenge an Wasserstoff:
$n(\mathrm{H}) = \frac{0{,}16\ \mathrm{g}}{1\ \mathrm{g \cdot mol^{-1}}} = 0{,}16\ \mathrm{mol}$

Stoffmenge an Sauerstoff:
$n(\mathrm{O}) = \frac{0{,}88\ \mathrm{g}}{16\ \mathrm{g \cdot mol^{-1}}} = 0{,}055\ \mathrm{mol}$

Verhältnisformel: $C_3H_3O_1$

b) $p \cdot V = n \cdot R \cdot T$

$M = \frac{(m \cdot R \cdot T)}{(p \cdot V)} = \frac{\varrho (R \cdot T)}{p}$

$M = 2{,}38\ \mathrm{g \cdot l^{-1}} \cdot \frac{(83{,}1\ \mathrm{hPa \cdot l \cdot K^{-1} \cdot mol^{-1}} \cdot 563\ \mathrm{K})}{1013\ \mathrm{hPa}}$

$= 110\ \mathrm{g \cdot mol^{-1}}$

Molekülformel: $C_6H_6O_2$

c) Im IR-Spektrum erkennt man als Schlüsselbande die O–H-Valenzschwingung bei 3200 $\mathrm{cm^{-1}}$ bis 3600 $\mathrm{cm^{-1}}$. Deutlich ausgeprägt ist auch die C–C-Valenzschwingung aromatischer Ringe bei 1500 $\mathrm{cm^{-1}}$ und 1600 $\mathrm{cm^{-1}}$. Es handelt sich um ein Diphenol.

d) Das NMR-Spektrum zeigt zwei Gruppen äquivalenter Protonen, die im Verhältnis 2 : 1 auftreten. Damit sind dem Signal bei 6,5 ppm vier Protonen zuzuordnen, dem Signal bei 8,5 ppm zwei Protonen. Aus der Lage der Signale folgt, dass es sich bei der Probe um eine aromatische Verbindung handeln muss. Die vier aromatischen Protonen sind äquivalent, die beiden Protonen der OH-Gruppen ebenfalls.

e) Es handelt sich um 1,4-Dihydroxybenzol (Hydrochinon).
Strukturformel:

Training **Übungsklausur**

Analyse einer unbekannten Substanz

A2 a) Die Verbindung enthält keine Mehrfachbindungen, da eine Reaktion mit Bromwasser ausbleibt. Weiterhin existiert keine Hydroxylgruppe, da keine Reaktion mit Natrium unter Alkoholatbildung erfolgt. Die Banden zwischen 1650 $\mathrm{cm^{-1}}$ und 1750 $\mathrm{cm^{-1}}$, sowie zwischen 1200 $\mathrm{cm^{-1}}$ und 1300 $\mathrm{cm^{-1}}$ weisen eine C=O-Gruppe bzw. C–O-Gruppe hin. Bei der Substanz handelt es sich demnach im einen Ester.

b) mögliche Strukturformeln:
Methansäurepropylester

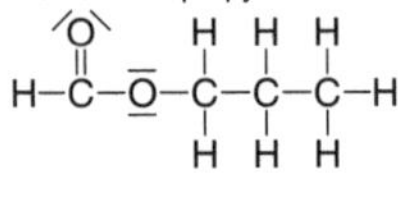

Propansäuremethylester

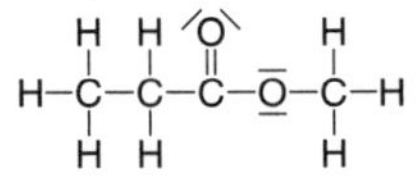

Ethansäureethylester

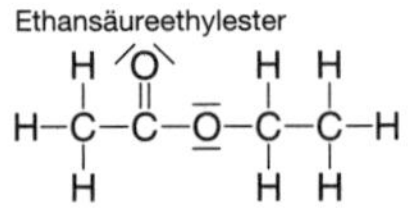

c) $\mathrm{R^1{-}COO{-}R^2 + NaOH \longrightarrow R^1{-}COONa + R^2{-}OH}$

d) Alkohol

e) Durch den Zusatz von Schwefelsäure wird die schwache organische Säure aus ihrem Salz verdrängt, wird freigesetzt und kann abdestilliert werden.

f)
$M(\text{Säure}) = \frac{m(\text{Säure})}{n(\mathrm{NaOH}) \cdot V(\mathrm{NaOH})}$
$= \frac{0{,}1\ \mathrm{g}}{0{,}1\ \mathrm{mol \cdot l^{-1}}\ 0{,}01675\ \mathrm{l}}$
$= 59{,}7\ \mathrm{g \cdot mol^{-1}}$

g) Bei der unbekannten Substanz handelt es sich um Essigsäureethylester.

Inhaltsverzeichnis Arbeitsheft 3

Themenfeld I: Kohlenwasserstoffe

Deckblatt: Kohlenwasserstoffe 5
Arbeitsblatt: Radikalische Substitution an Alkanen 6
Arbeitsblatt: Elektrophile Addition an Alkenen 7
Arbeitsblatt: Eliminierungsreaktion 8
Arbeitsblatt: Bindungsverhältnisse im Benzol 9
Arbeitsblatt: Benzolderivate.................. 10
Arbeitsblatt: Reaktionen von Aromaten 11
Basiswissen: Kohlenwasserstoffe 12
Training: Schnelltest 13
Training: Übungsklausur 14

Themenfeld II: Organische Sauerstoff-Verbindungen

Deckblatt: Organische Sauerstoff-Verbindungen 15
Arbeitsblatt: Nomenklatur organischer Stoffe ... 16
Praktikum: Mischbarkeit verschiedener Alkohole 17
Arbeitsblatt: Herstellung und Eigenschaften von Ethern..................... 18
Arbeitsblatt: Die Carbonyl-Gruppe 19
Arbeitsblatt: Verseifung eines Esters 20
Arbeitsblatt: Analyse einer unbekannten organischen Substanz 21
Arbeitsblatt: Reaktionsmechanismen 22
Arbeitsblatt: Die nucleophile Substitution – Reaktionsmechanismus 23
Arbeitsblatt: Die elektrophile Addition 24
Arbeitsblatt: Die Eliminierungsreaktion – Reaktionsmechnismus 25
Basiswissen: Organische Sauerstoff-Verbindungen 26
Training: Schnelltest 27
Training: Übungsklausur 28

Inhaltsverzeichnis Arbeitsheft 3

Themenfeld III: Chemie am Menschen

Deckblatt: Chemie am Menschen 29
Arbeitsblatt: Grundlagen der Polymerchemie ... 30
Arbeitsblatt: Biokunststoffe 31
Praktikum: Polymilchsäure 32
Arbeitsblatt: Biokunststoffe – alles fauler Zauber? 33
Praktikum: Wirkungsweise von Seifen und Tensiden I 34
Praktikum: Wirkungsweise von Seifen und Tensiden II 35
Arbeitsblatt: Waschwirkung von Tensiden 36
Arbeitsblatt: Viele Farbstoffe, viele Farben 37
Praktikum: Synthese von Fluoreszein 38
Arbeitsblatt: Sichere Geldscheine – Fluoreszenz im Alltag 39
Basiswissen: Chemie am Menschen 40
Training: Schnelltest 42
Training: Übungsklausur 44

Themenfeld IV: Chemie im Menschen

Deckblatt: Chemie im Menschen 45
Praktikum: Strukturaufklärung von Saccharose 46
Praktikum: Wie viel Zucker ist im Eistee?..... 47
Arbeitsblatt: Inulin – Naturstoff und Lebensmittelinhaltsstoff 48
Arbeitsblatt: Kohlenhydrate im Überblick 49
Arbeitsblatt: Fette als natürliche Ester 50
Arbeitsblatt: Verdauung der Fette beim Menschen 51
Arbeitsblatt: Aminosäuren – Peptidbindung 52
Arbeitsblatt: Proteine – eine haarige Sache 53
Praktikum: Enzymwirkung beim Abbau von Stärke 54
Arbeitsblatt: Insulin – ein Hormon nicht nur zur Blutzuckerregulation 55
Praktikum: Isolierung der eigenen DNA....... 56
Arbeitsblatt: Giftwirkung am Beispiel von Curare 57
Basiswissen: Chemie im Menschen 58
Training: Schnelltest 59
Training: Übungsklausur 60

Kohlenwasserstoffe

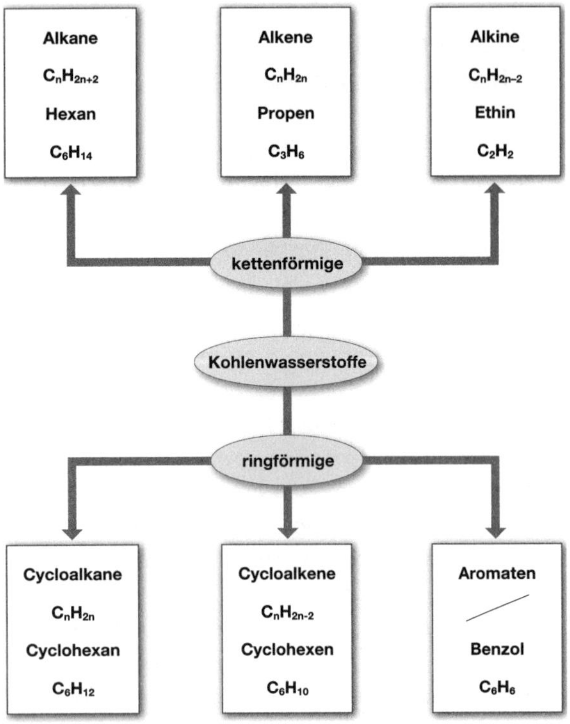

Ermitteln Sie die fehlenden Angaben und vervollständigen Sie die Übersicht.

Arbeitsblatt Radikalische Substitution an Alkanen

Auf einem Tageslichtprojektor wird folgendes Experiment in einer in mehrere Kammern unterteilte Petrischale durchgeführt: In Kammer 1 wird Hexan mit Brom zur Reaktion gebracht. In Kammer 2 befindet sich Universalindikator-Lösung. Kammer 3 enthält Silbernitrat-Lösung. Die Petrischale ist mit einem Deckel verschlossen, jedoch ist jederzeit ein Gasaustausch zwischen den Kammern möglich. Man macht folgende Beobachtungen:
Kammer 1: Die braungefärbte Lösung entfärbt sich.
Kammer 2: Die Universalindikator-Lösung färbt sich rot.
Kammer 3: Es bildet sich ein weißgelblicher Niederschlag

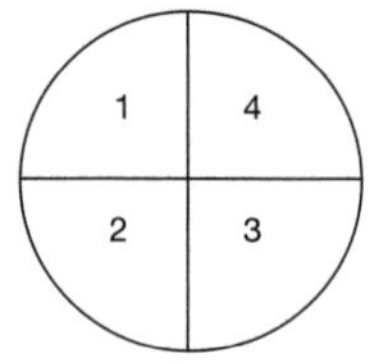

1. Stellen Sie für alle Beobachtungen in den Kammern die jeweiligen Reaktionsgleichungen auf.

Kammer 1: $C_6H_{14}(l) + Br_2(l) \longrightarrow C_6H_{13}Br(l) + HBr(g)$

Kammer 2: $H_2O(l) + HBr(g) \longrightarrow Br^-(aq) + H_3O^+(aq)$

Kammer 3: $Ag^+(aq) + Br^-(aq) \longrightarrow AgBr(s)$

2. Definieren Sie den Begriff *Substitution*.

Bei einer Substitutionsreaktion wird in einem Molekül ein Atom oder eine Atomgruppe gegen ein anderes Atom oder eine Atomgruppe ausgetauscht.

3. Bei der Reaktion von Hexan mit Brom handelt es sich um eine radikalische Substitution. Erläutern Sie den Mechanismus und geben Sie für jeden Teilschritt entsprechende Reaktionsgleichungen an.

Startreaktion: Ein Brom-Molekül wird durch Licht in zwei Brom-Radikale gespalten:
$Br{-}Br \longrightarrow Br\cdot\ \cdot Br$

Kettenreaktion: Hexan-Molekül reagiert mit einem Brom-Radikal unter Ausbildung eines Hexyl-Radikals und eines Bromwasserstoff-Moleküls Bromwasserstoff:
$Br\cdot + H{-}CH_2{-}C_5H_{11} \longrightarrow HBr + \cdot CH_2{-}C_5H_{11}$
Das Hexyl-Radikal reagiert mit einem Brom-Molekül. Es entstehen ein Monobromhexan-Molekül und ein Brom-Radikal:
$Br{-}Br + \cdot CH_2{-}C_5H_{11} \longrightarrow Br\cdot + Br{-}CH_2{-}C_5H_{11}$

Abbruchreaktion: Zwei Radikale schließen sich zu einem Molekül zusammen:
$Br\cdot + \cdot CH_2{-}C_5H_{11} \longrightarrow Br{-}CH_2{-}C_5H_{11}$

Elektrophile Addition an Alkenen **Arbeitsblatt**

Im folgenden Experiment wird in einem Reagenzglas mit Stopfen Hex-1-en mit Bromwasser kräftig geschüttelt.

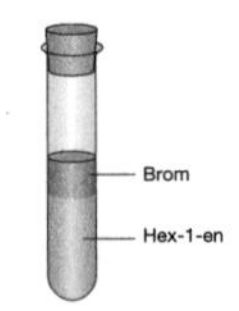

1. Notieren Sie die zu erwartenden Beobachtungen, stellen Sie die zusammenfassende Reaktionsgleichung auf. Welches Reaktionsprodukt wird entstehen? Geben Sie die Reaktionsart an.

Bromwasser wird entfärbt. Es findet eine Addition von Brom unter Bildung von 1,2-Dibromhexan statt.
$CH_2{=}CH{-}CH_2{-}CH_2{-}CH_2{-}CH_3 + Br_2 \longrightarrow CH_2Br{-}CH_2Br{-}CH_2{-}CH_2{-}CH_2{-}CH_3$

2. In wässriger Lösung verläuft die Reaktion von Propen mit Brom nach dem Mechanismus der elektrophilen Addition. Erläutern Sie den Mechanismus und stellen Sie die Reaktionsgleichungen dazu auf.

1. Schritt: Das Brom-Molekül wird bei Annäherung an die Doppelbindung polarisiert und greift das Propen-Molekül elektrophil an. Es bildet sich ein π-Komplex aus.

2. Schritt: Danach kommt es zur Umlagerung zum Carbenium-Kation (Bromonium-Ion).

3. Schritt: Das Bromid-Ion greift im nächsten Schritt das Carbenium-Kation nucleophil an und es entsteht das Endprodukt 1,2-Dibrompropan.

3. Erklären Sie, warum die Reaktionsgeschwindigkeit für die Addition von Brom an Propen größer ist als bei der Addition von Brom an Ethen.

Im Propen-Molekül erhöht die CH_3-Gruppe (Alkylsubstituent) die Reaktivität der Doppelbindung. Es tritt ein positiver Induktionseffekt (+I-Effekt) auf.

4. Stellen Sie für folgende Additionsreaktionen die zusammengefasste Reaktionsgleichung auf und geben Sie die Namen der Reaktionsprodukte an.

a) Ethen addiert Wasser:
$CH_2{=}CH_2 + H_2O \longrightarrow CH_3{-}CH_2OH$; Ethanol

b) Pent-1-en wird hydriert:
$CH_2{=}CH{-}CH_2{-}CH_2{-}CH_3 + H_2 \longrightarrow CH_3{-}CH_2{-}CH_2{-}CH_2{-}CH_3$; Pentan

c) But-2-en reagiert mit Chlorwasserstoff:
$CH_3{-}CH{=}CH{-}CH_3 + HCl \longrightarrow CH_3{-}CH_2{-}CHCl{-}CH_3$; 2-Monochlorbutan

Arbeitsblatt Eliminierungsreaktion

1. Neben Substitutions- und Additionsreaktionen ist die Eliminierungsreaktion eine weitere wichtige Reaktionsart in der organischen Chemie. Definieren Sie den Begriff *Eliminierung* und stellen Sie die Reaktionsgleichung für ein selbst gewähltes Beispiel auf.

Bei Eliminierungen wird aus einem Molekül ein weiteres Molekül unter Ausbildung einer Mehrfachbindung abgespalten. Aus gesättigten Kohlenwasserstoffen erhält man so ungesättigte Kohlenwasserstoffe. $CH_3{-}CH_2{-}CH_2{-}CH_3 \longrightarrow CH_2{=}CH{-}CH_2{-}CH_3 + H_2$

2. Stellen Sie für die folgenden Reaktionen die Reaktionsgleichungen auf und geben Sie die Namen der Reaktionsprodukte an

a) 1-Monochlorbutan wird stark erhitzt.
$CH_2Cl{-}CH_2{-}CH_2{-}CH_3 \longrightarrow CH_2{=}CH{-}CH_2{-}CH_3 + HCl$; But-1-en

b) Propan wird in Gegenwart eines Katalysators dehydriert.
$CH_3{-}CH_2{-}CH_3 \longrightarrow CH_2{=}CH{-}CH_3 + H_2$; Propen

c) Propan-1-ol wird in Gegenwart eines Katalysators dehydratisiert.
$CH_3{-}CH_2{-}CH_2OH \longrightarrow CH_3{-}CH{=}CH_2 + H_2O$; Propen

3. Erklären Sie den Begriff *Cracken*. Unter welchen Voraussetzungen kann die Reaktion stattfinden?

Unter Cracken versteht man die Spaltung von längeren Kohlenwasserstoffketten in kürzere. Es kann thermisch, katalytisch oder bei hohem Druck erfolgen.

4. Stellen Sie für die folgenden Crackprozesse eine mögliche Reaktionsgleichung auf.

a) Hexadecan wird zu Octan:
$C_{16}H_{34} \longrightarrow C_8H_{18} + C_8H_{16}$

b) Aus Leichtbenzin (C_8H_{18}) sollen Ethen und Propen durch Cracken entstehen:
$C_8H_{18} \longrightarrow 2\ C_2H_4 + C_3H_6 + CH_4$

c) Heptan wird thermisch gecrackt. Geben Sie dafür zwei mögliche Zerfallsgleichungen an:
$C_7H_{16} \longrightarrow C_2H_6 + C_5H_{10}$
$C_7H_{16} \longrightarrow C_3H_8 + C_4H_8$

5. Eine andere wichtige chemische Reaktion ist das *Reforming*. Durch Katalysatoren und mittels hoher Temperaturen gewinnt man so Isoalkane und Cycloalkane. Octan wird zu 2,2,4-Trimethylpentan isomerisiert. Entwickeln Sie eine Reaktionsgleichung.

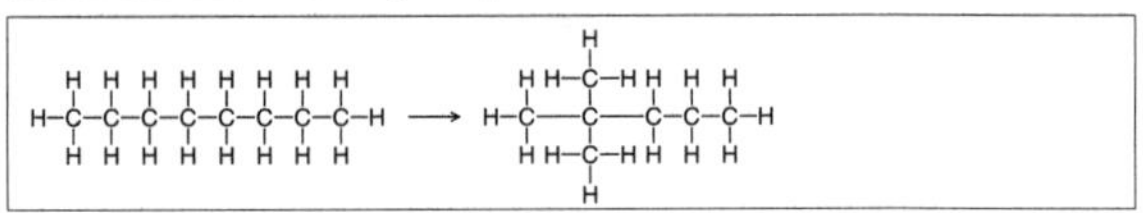

Bindungsverhältnisse im Benzol

Arbeitsblatt

Neben den Alkanen und Alkenen spielt in der organischen Chemie eine weitere Gruppe von Kohlenwasserstoffen eine wichtige Rolle: die Aromaten. Bekanntester Vertreter dieser Verbindungsklasse ist das Benzol, das bereits 1825 von Michael FARADAY entdeckt wurde. Die Struktur des Benzol-Moleküls blieb jedoch lange Zeit ungeklärt. 1865 schlug der deutsche Chemiker Friedrich August KEKULÉ von STRADONITZ eine Sechseckformel vor, die er in den Folgejahren verfeinerte. Der Legende nach kam KEKULÉ die Idee zu dieser Formel in einem Traum: „Wieder gaukelten die Atome vor meinen Augen […] Lange Reihen, alles in Bewegung, schlangenartig sich windend und drehend. Eine Schlange erfasste den eigenen Schwanz und höhnisch wirbelte das Gebilde vor meinen Augen."

1. Formulieren Sie die ausführliche und vereinfachte Strukturformel nach KEKULÉ als LEWIS-Formel. Warum stand diese Formel nicht im Einklang mit den experimentellen Befunden?

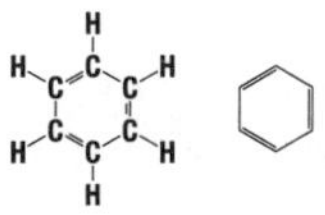

Nach dieser Formel ist Benzol ungesättigt, d. h. im Molekül sind Mehrfachbindungen. Experimente zeigen aber, dass Benzol reaktionsträger ist als Alkene und die charakteristische Addition mit Brom ausbleibt.

2. Die Bindungsverhältnisse im Benzol-Molekül können durch LEWIS-Formeln nicht präzise beschrieben werden. Ein besseres Modell für die Beschreibung dieser Bindungsverhältnisse ist das Mesomerie-Modell. Von welchem Grundgedanken wird bei diesem Modell ausgegangen.

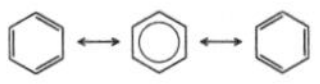

Die Elektronen sind nicht jeweils zwischen zwei Kohlenstoff-Atomen lokalisiert, sondern über den ganzen Ring verteilt, d. h. delokalisiert. Das delokalisierte Elektronensystem wird durch einen Kreis in der Benzolformel symbolisiert. Die LEWIS-Formeln sind danach als Grenzformel zu sehen, denen keine reale Bedeutung zukommt.

3. Erklären Sie die räumliche Struktur von Benzol, die sich aus dem Elektronenpaarabstoßungs-Modell ergibt.

Jedes C-Atom ist von 2 C-Atomen und einem H-Atom umgeben. Daraus ergeben sich Bindungswinkel von 120° und eine ebene Geometrie als energieärmste und damit stabilste Struktur.

4. Bei der Hydrierung von Benzol wird eine Energie von 209 kJ/mol frei, bei dem als hypothetisch angenommenen Cyclohexatrien würden 360 kJ/mol frei werden. Erklären Sie mit Hilfe dieser Zahlen den Begriff Mesomerie-Energie.

Diese Zahlen zeigen, dass pro lokalisiertem Elektronenpaar 120 kJ/mol bei der Hydrierung frei werden. Von den delokalisierten Elektronenpaaren werden aber nicht 360 kJ/mol, sondern nur 209 kJ/mol frei. Den Differenzbetrag von 151 kJ/mol bezeichnet man als Mesomerieenergie. Damit wird nachgewiesen, dass das angenommene delokalisierte Elektronensextett ein energieearmes System ist.

Arbeitsblatt

Benzolderivate

1. Ergänzen Sie für die angegebenen aromatischen Sauerstoffverbindungen.
a) Name des Stoffes, **b)** Summenformel, **c)** funktionelle Gruppe, **d)** Zuordnung einer Stoffklasse der organischen Chemie und **e)** zu erwartende typische Reaktionen aufgrund des Einflusses der funktionellen Gruppe.

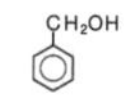	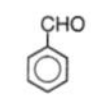	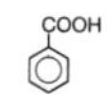
a) **Benzylalkohol** b) **C_6H_5–CH_2OH** c) **Hydroxyl-Gruppe aromatischer Ring** d) **Alkohole** e) **Alkoholatbildung, Esterbildung mit Säuren Oxidation**	a) **Benzaldehyd** b) **C_6H_5–CHO** c) **Aldehyd-Gruppe aromatischer Ring** d) **Aldehyde** e) **reduzierende Wirkung, Oxidation, Hydrierung**	a) **Benzoesäure** b) **C_6H_5–COOH** c) **Carboxyl-Gruppe Aromatischer Ring** d) **Carbonsäure** e) **saure Reaktion, Salzbildung, Esterbildung mit Alkoholen**

2. Phenol (Hydroxybenzol) besteht aus einem Benzol-Molekül, in dem ein Wasserstoff-Atom durch eine Hydroxy-Gruppe ersetzt ist. Stellen Sie die Summen- und Strukturformel für Phenol auf, nennen Sie Eigenschaften und Beispiele für die Verwendung.

Summenformel	Strukturformel	Eigenschaften	Verwendung
C_6H_5–OH	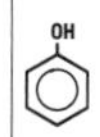	**– giftig, wirkt ätzend – farblose Nadeln, an der Luft rosa – reagiert schwach sauer – wenig in Wasser löslich – bildet mit Laugen Salze**	**Ausgangsstoff für: – Farbstoffe – Arzneimittel – Holzschutzmittel – Kunststoffe**

3. Ist Phenol ein Alkohol oder eine Säure? Begründen Sie Ihre Entscheidung.

Da Phenol eine schwach saure Reaktion zeigt, handelt es sich um eine schwache Säure. Alkohol reagiert dagegen neutral.

4. Zeichnen Sie die Strukturformeln weiterer aromatischer Verbindungen.

1,2-Dihydroxybenzol (Brenzcatechin)	2-Hydroxybenzoesäure (Salicylsäure)	1,3-Dihydroxybenzol (Resorcin)
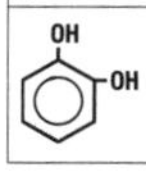	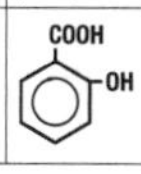	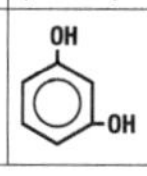

Reaktionen von Aromaten

Arbeitsblatt

Benzol und seine Derivate zeigen verschiedene Reaktionen.

1. Stellen Sie für folgende Substitutionen die Reaktionsgleichung auf und geben Sie die Namen der Substitutionsprodukte an.
a) Benzol reagiert in Gegenwart eines Katalysators mit Brom.

$C_6H_6 + Br_2 \rightarrow C_6H_5Br + HBr$; Monobrombenzol

b) Reagiert Toluol in der Siedehitze mit Chlor, so kommt es zu einer Substitution an der Seitenkette.

$C_6H_5CH_3 + Cl_2 \rightarrow C_6H_5CH_2Cl + HCl$; Benzylchlorid

c) Mit einem kräftigen Oxidationsmittel kann Toluol zu Benzoesäure reagieren.

$2\ C_6H_5CH_3 + 3\ O_2 \rightarrow 2\ C_6H_5COOH + 2\ H_2O$; Benzoesäure

2. a) Phenol hat einen K_S-Wert von $1{,}3 \cdot 10^{-10}\ mol \cdot l^{-1}$. Charakterisieren Sie diese Säure und stellen Sie die Gleichung für die Protolyse von Phenol auf.

$C_6H_5OH + H_2O \rightarrow C_6H_5O^- + H_3O^+$

Es handelt sich um eine sehr schwache Säure.

b) Als schwache Säure reagiert Phenol mit Kaliumhydroxid-Lösung zu einem Salz. Stellen Sie die Reaktionsgleichung auf.

$C_6H_5OH + K^+ + OH^- \rightarrow C_6H_5OK + H_2O$

c) Das Salz Kaliumphenolat reagiert alkalisch. Begründen Sie diese Reaktion und stellen Sie die Gleichung für das Säure-Base-Gleichgewicht auf.

Phenol ist eine sehr schwache Säure. Kalilauge eine starke Base. Bei der Reaktion mit Wasser werden die schwache Säure und Hydroxid-Ionen im Überschuss gebildet.

$C_6H_5O^- + H_2O \rightarrow C_6H_5OH + OH^-$

3. *o*-Hydroxybenzoesäure (Salicylsäure) wird mit Essigsäure verestert. Begründen Sie an welcher funktionellen Gruppe die Veresterung stattfindet und stellen Sie die Reaktionsgleichung auf.

Das Essigsäure-Molekül verfügt über eine Carboxy-Gruppe. Bei der Veresterung wird folglich die Hydroxy-Gruppe der o-Hydroxybenzoesäure angegriffen. Eine Esterbildung läuft immer zwischen einer Hydroxy-Gruppe und einer Carboxy-Gruppe ab.

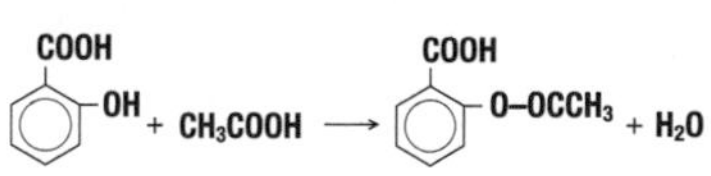

Basiswissen

Kohlenwasserstoffe

Ergänzen Sie die fehlenden Angaben zum Basiswissen.

Alkane

Alkane sind gesättigte Kohlenwasserstoffe, deren Moleküle **C–C-Einfachbindungen** enthalten.

allgemeine Summenformel: **C_nH_{2n+2}**

Aromaten-Regel

HÜCKEL-Regel: **Aromatische Teilchen besitzen ein ringförmig delokalisiertes π-Elektronensystem**

π-Elektronenanzahl = **$4n + 2$**

Alkene

Alkene sind ungesättigte Kohlenwasserstoffe, deren Moleküle eine **C–C-Zweifachbindung** enthalten.

allgemeine Summenformel: **C_nH_{2n}**

Aromatische Stoffe

Strukturformel:  Name: Benzol	Strukturformel: 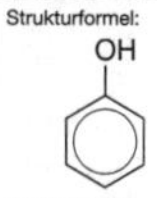 Name: Phenol
Strukturformel: 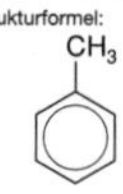 Name: Toluol	Strukturformel: 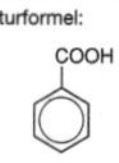 Name: **Benzoesäure**

Alkine

Alkine sind ungesättigte Kohlenwasserstoffe, deren Moleküle eine **C–C-Dreifachbindung** enthalten.

allgemeine Summenformel: **C_nH_{2n-2}**

Reaktive Teilchen

Radikale: **Teilchen mit ungepaarten Elektronen**

Elektrophile: **positiv geladene Ionen oder positiv polarisierte Moleküle**

Nucleophile: **negativ geladene Ionen oder negativ polarisierte Moleküle**

Reaktionen der Aromaten

Substitution von Brom am Benzol:

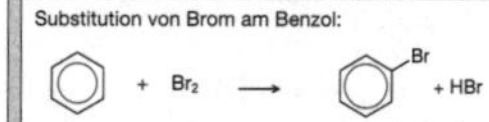

Kern- und Seitenkettensubstitution:

KKK-Regel: **Kälte und Katalysator führen zur Kernsubstitution**

SSS-Regel: **Sonnenlicht und Siedehitze führen zur Seitenkettensubstitution**

Schnelltest

Training

1. **A**; 2. **B**; 3. **C**; 4. **A, B, D**; 5. **A**; 6. **C**; 7. **B, C**

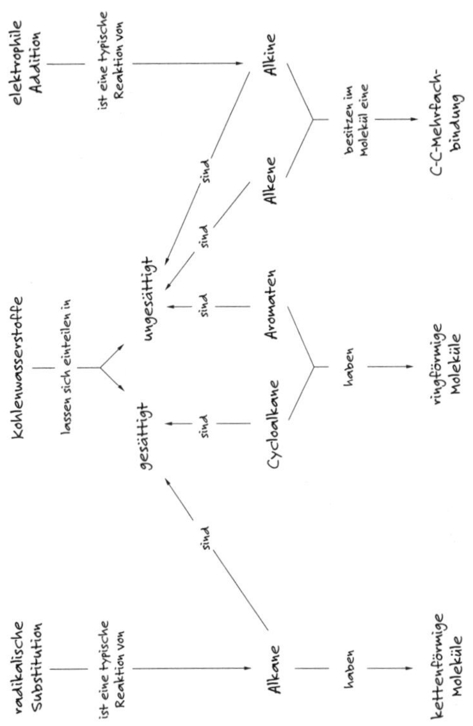

Training

Übungsklausur

Kettenförmige Kohlenwasserstoffe

A1 a) Mit steigender Anzahl der Kohlenstoff-Atome nehmen die Schmelz- und Siedetemperaturen der Alkane zu. Zwischen den Molekülen liegen nur VAN-DER-WAALS-Bindungen vor. Mit steigender Molekülgröße werden die Berührungsflächen zwischen den Molekülen größer. Damit nimmt die Stärke der VAN-DER-WAALS-Bindungen zu.

b) Erdgas besteht zu 95 % aus Methan.
$CH_4(g) + 2\,O_2(g) \longrightarrow CO_2(g) + 2\,H_2O(g)$
$\Delta_r H_m = (\Delta_f H^0_m(CO_2) + 2\,\Delta_f H^0_m(H_2O(g))) - \Delta_f H^0_m(CH_4)$
$= (-394\ kJ \cdot mol^{-1} + 2(-242\ kJ \cdot mol^{-1})) - (-74\ kJ \cdot mol^{-1})$
$= -804\ kJ \cdot mol^{-1}$
Die molare Reaktionsenthalpie für die vollständige Verbrennung von Methan beträgt $-804\ kJ \cdot mol^{-1}$.

$C_8H_{18}(g) + 25{,}5\,O_2(g) \longrightarrow 8\,CO_2(g) + 9\,H_2O(g)$
$\Delta_r H^0_m = (8\,\Delta_f H^0_m(CO_2) + 9\,\Delta_f H^0_m(H_2O(g))) - \Delta_f H^0_m(C_8H_{18})$
$= (8(-394\ kJ \cdot mol^{-1}) + 9(-242\ kJ \cdot mol^{-1})) - (-250\ kJ \cdot mol^{-1})$
$= -5080\ kJ \cdot mol^{-1}$
Die molare Reaktionsenthalpie für die vollständige Verbrennung von Octan beträgt $-5080\ kJ \cdot mol^{-1}$.

c) Erdöl ist ein Gemisch von langkettigen Kohlenwasserstoffen. Um Octan daraus zu gewinnen, muss gecrackt werden. Beim Cracken werden in Gegenwart von Katalysatoren oder bei höheren Temperaturen längere Kohlenwasserstoff-Moleküle in kürzere zerlegt, beispielsweise:
$C_{16}H_{34}(s) \longrightarrow C_8H_{18}(l) + C_8H_{16}(l)$

d) Isomere Stoffe sind Moleküle mit gleicher Summenformel, aber unterschiedlicher Strukturformel.

Isomere von Pentan (C_5H_{12}):

$CH_3-CH_2-CH_2-CH_2-CH_3$

n-Pentan

$CH_3-CH(CH_3)-CH_2-CH_3$ $CH_3-C(CH_3)_2-CH_3$

2-Methylbutan   2,2-Dimethylpropan

e) Im Ethan-Molekül liegen nur Einfachbindungen vor. Die C-Atome sind sp^3-hybridisiert. Die Bindungen sind tetraedrisch angeordnet.
Im Ethen-Molekül liegt zwischen den Kohlenstoff-Atomen eine Doppelbindung vor. Die C-Atome sind sp^2-hybridisiert. Eine C–C-Bindung entsteht dabei durch Überlappung zweier sp^2-Orbitale, die zweite C–C-Bindung durch Überlappung der einfach besetzten $2p_z$-Orbitale.
Im Ethin-Moleküle sind die C-Atome sp-hybridisiert. Zwischen Ihnen liegt eine Dreifachbindung vor. Diese entsteht durch Überlappung zweier sp-Hybridorbitale sowie Überlappung der für die Hybridisierung nicht benötigten p_y- und p_z-Orbitale.

f) Bei der Startreaktion erfolgt durch Licht die Bildung von Brom-Radikalen:
$Br_2 \longrightarrow 2\,Br\cdot$
Bei der anschließenden Kettenreaktion reagieren die Brom-Radikale mit Methan-Molekülen unter Bildung von Methyl-Radikalen und Bromwasserstoff gebildet. Die Methyl-Radikale reagieren mit Brom-Molekülen zu Monobrommethan und neuen Brom-Radikalen:
$CH_4 + Br\cdot \longrightarrow CH_3\cdot + HBr$
$CH_3\cdot Br_2 \longrightarrow CH_3Br + Br\cdot$
Bei der Abbruchreaktion vereinigen sich zwei Radikale zu einem Molekül:
$CH_3\cdot + Br\cdot \longrightarrow CH_3Br$

Training

Übungsklausur

g) $CH_2{=}CH{-}CH_2{-}CH_3 + H_2 \longrightarrow CH_3{-}CH_2{-}CH_2{-}CH_3$

$CH_2{=}CH{-}CH{=}CH_2 + 2\,H_2 \longrightarrow CH_3{-}CH_2{-}CH_2{-}CH_3$

h) Die theoretisch zu erwartende Reaktionsenthalpie beträgt $-251{,}4\ kJ \cdot mol^{-1}$. Die experimentell ermittelte Reaktionsenthalpie liegt niedriger, weil sich im Buta-1,3-dien-Molekül vier p-Orbitale überlappen und der π-Bindungsanteil über das ganze Molekül gleichmäßig verteilt ist. Die π-Elektronen sind delokalisiert, es liegt eine energetisch günstigere Struktur vor.

i) $4\,CH_4(g) + 3\,O_2(g) \longrightarrow 2\,C_2H_2(g) + 6\,H_2O(g)$
Im Ethin-Molekül ist der Kohlenstoffgehalt im Verhältnis zum Wasserstoffanteil sehr groß. Folglich laufen Verbrennungen meist unvollständig ab, was mit einer Rußbildung verbunden ist.

Benzol und seine Derivate

A2 a) Nach dem Orbitalmodell sind die C-Atome im Benzol-Molekül sp^2-hybridisiert. Daraus ergibt sich für die Molekülstruktur ein planares Sechseck mit Bindungswinkeln von 120°. Durch Überlappung der nicht an der Hybridisierung beteiligten p_z-Orbitale bildet sich ein delokalisiertes π-Elektronensystem oberhalb und unterhalb der Molekülebene. Verbindungen mit delokalisierten Elektronen sind in der Regel energieärmer und damit stabiler als solche mit lokalisierten Mehrfachbindungen. Die Energiedifferenz zwischen dem tatsächlich existierenden Teilchen und den durch die jeweiligen Grenzformeln beschriebenen hypothetischen Teilchen bezeichnet man als Mesomerie-Energie.

b) Das Nitronium-Ion greift elektrophil am Benzol-Molekül unter Ausbildung eines π-Komplexes an. Im nächsten Schritt wird das Nitronium-Ion an ein C-Atom gebunden. Es entsteht ein σ-Komplex. Im letzten Schritt wird ein H-Atom abgespalten und das delokalisiertes Elektronensystem wieder hergestellt.

c) $4\,C_7H_5O_6N_3(s) + 5\,O_2(g) \longrightarrow$
$12\,CO_2(g) + 10\,H_2O(g) + 6\,N_2(g) + 16\,C(s)$
Bei dieser Reaktion nimmt das Volumen gewaltig zu, 5 mol Gas der Ausgangsstoffe werden 28 mol Gas. Diese beträchtliche Volumenänderung führt zu einer gewaltigen Druckwelle.

d) Im Phenol-Molekül wird ein freies Elektronenpaar der OH-Gruppe in das delokalisierte Elektronensystem einbezogen. Dadurch wird die O–H-Bindung stärker polar und die Abgabe des H-Atoms als Proton begünstigt. Somit reagiert Phenol sauer.
$C_6H_5OH(aq) + H_2O(l) \longrightarrow C_6H_5O^-(aq) + H_3O^+(aq)$

Training

Übungsklausur

Kommt es wie in diesem Fall zu einer Erhöhung der Elektronendichte im Benzol-Ring, so spricht man von einem positiven Mesomerie-Effekt (+M-Effekt) der OH-Gruppe.

e) –M-Substituenten wie die Nitro-Gruppe am Benzolring verstärken durch ihren elektronenziehenden Effekt die Polarität der OH-Bindung. Dadurch wird die Säurestärke erhöht. So ist Pikrinsäure (2,4,6-Trinitrophenol) als starke Säure bekannt.

f) Reagiert Toluol mit Brom, dann gibt es zwei Möglichkeiten: In der „**K**älte" und in Gegenwart eines **K**atalysators erfolgt eine elektrophile Substitution am aromatischen **K**ern (**KKK**-Regel).
$C_6H_5CH_3 + Br_2 \longrightarrow C_6H_4BrCH_3 + HBr$

Reagiert Toluol mit Brom in der **S**iedehitze oder im **S**onnenlicht, dann erfolgt eine radikalische Substitution an der **S**eitenkette (**SSS**)-Regel).
$C_6H_5CH_3 + Br_2 \longrightarrow C_6H_5CH_2Br + HBr$

Organische Sauerstoff-Verbindungen

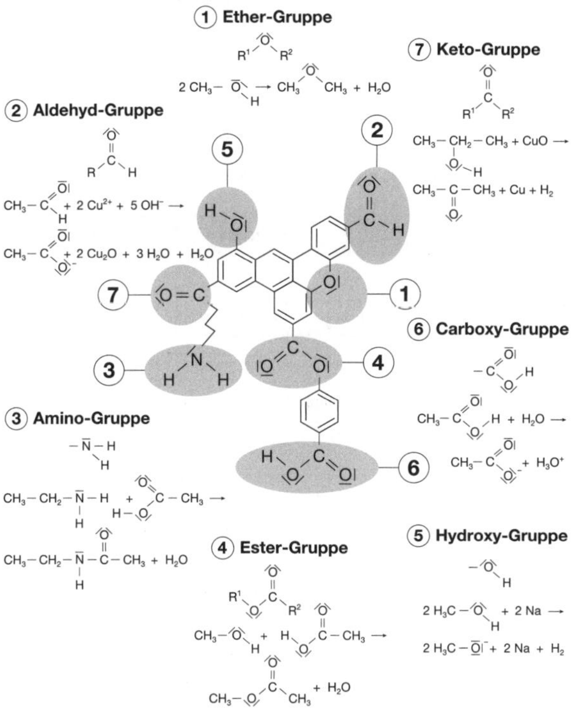

Ordnen Sie den markierten Bereichen in der Strukturformel die entsprechenden funktionellen Gruppen zu. Geben Sie für jede funktionelle Gruppe die allgemeine Strukturformel und eine typische Reaktion an.

Arbeitsblatt | **Nomenklatur organischer Stoffe**

1. Ergänzen Sie die Tabelle.

Stoffklassen	funktionelle Gruppe	Beispiele: Name	Beispiele: Strukturformel
Alkane	C–C-Einfachbindung	But**an**	$H_3C-CH_2-CH_2-CH_3$
verzweigte Alkane	C–C-Einfachbindung	3-**Ethyl**-2-**methyl**-pentan	$H_3C-CH-CH-CH_2-CH_3$ $CH_3\quad C_2H_5$
Halogenkohlenwasserstoffe	Halogen-Atom	1,2-**Dibrom**propan	$H_2C-CH-CH_3$ $Br\quad Br$
Alkene	C=C-Doppelbindung	But-2-**en**	$H_3C-CH=CH-CH_3$
Diene	zwei C=C-Doppelbindung	But-1,3-**dien**	$H_2C=CH-CH=CH_2$
Alkine	C≡C-Dreifachbindung	But-1-**in**	$HC\equiv C-CH_2-CH_3$
Alkanole	Hydroxy-Gruppe (–OH)	Propan-2-**ol**	$H_3C-CH-CH_3$ OH
weitere Alkohole	mehrere Hydroxy-Gruppen	Propan-1,2,3-**triol**	$H_2C-CH-CH_2$ $OH\ OH\ OH$
Alkanale	Aldehyd-Gruppe (–CHO)	Etha**nal**	H_3C-CHO
Ketone	Keto-Gruppe (–CO)	Pentan-2-**on**	$H_3C-C-CH_2-CH_2-CH_3$ $\|\|$ O
Alkansäuren	Carboxy-Gruppe (–COOH)	Ethan**säure**	$H_3C-COOH$
weitere Carbonsäuren	mehrere Carboxy-Gruppen und Mehrfachbindung	Ethan**disäure** But(2)-**ensäure**	$HOOC-COOH$ $H_3C-CH=CH-COOH$
Aminosäuren	Carboxy-Gruppe und Amino-Gruppe	2-**Amino**propan-**säure**	$H_3C-CH-COOH$ NH_2

2. Geben Sie die Formel für Propinsäure an und begründen Sie die Eindeutigkeit dieser.

$H_3C\equiv CH-COOH$, COOH-Gruppe an 1. C-Atom, Dreifachbindung kann wegen der 4-Bindungen nur zwischen dem 2. und dem 3. C-Atom sein.

3. Geben Sie die IUPAC-Namen und die Strukturformeln von 5 Isomeren mit der Summenformel $C_5H_8O_2$ an.

1. $H_2C=CH-CH_2-CH_2-COOH$ — Pent-4-ensäure
2. $H_3C-CH=CH-CH_2-COOH$ — Pent-3-ensäure
3. $H_3C-CH_2-CH=CH-COOH$ — Pent-2-ensäure
4. $H_2C=CH_2-CH-CH_2-CHO$ (OH am 3. C-Atom) — Pent-4-en-3-olaldehyd
5. $H_2C=CH-C=O$ / $O-CH_2-CH_3$ — Prop-2-ensäureethylester

Mischbarkeit verschiedener Alkohole | **Praktikum**

Materialien: 9 Reagenzgläser, Reagenzglasständer, 9 Gummistopfen, 6 graduierte Pipetten; Alkohole (A–C), Wasser, Heptan (F, Xn, N), Natriumchlorid-Lösung (c = 3 mol · l⁻¹).

Durchführung:
1. In drei Reagenzgläsern werden jeweils 2 ml Wasser mit 2 ml Probe (Alkohole A–C) versetzt.
2. Die Reagenzgläser werden mit einem Stopfen verschlossen und es wird gut geschüttelt.
3. Wiederholen Sie den Versuch mit 2 ml Heptan beziehungsweise 2 ml Salzwasser.

Beobachtung:
Protokollieren Sie Ihre Versuchsergebnisse in der Tabelle.

Alkohol	A	B	C
Mischbarkeit mit Wasser	**gut mischbar**	**gut mischbar**	**gut mischbar**
Mischbarkeit mit Heptan	**gut mischbar**	**gut mischbar**	**gut mischbar**
Mischbarkeit mit Salzwasser	**gut mischbar**	**nicht mischbar**	**nicht mischbar**

Auswertung:

a) Vergleichen Sie die Mischbarkeit der unterschiedlichen Alkohole in Wasser, Heptan und Salzwasser miteinander.

Lösungsbeispiel für Alkohol A = Ethanol, Alkohol B = Propanol, Alkohol C = Butanol: Alkohol A ist mit allen Flüssigkeiten mischbar. Alkohol B ist mit Wasser und Heptan mischbar. Alkohol C ist nur mit Heptan mischbar.

b) Erklären Sie, welche Schlussfolgerungen Sie aus der Mischbarkeit der unterschiedlichen Alkohole in Wasser, Heptan und Salzwasser bezüglich der Struktur der Alkohole-Moleküle ziehen können.

Alkohol-Moleküle bestehen aus einem hydrophilen und einem hydrophoben Teil. Bei Alkohol A ist der Einfluss beider Teile in etwa ausgeglichen, bei Alkohol B überwiegt der hydrophobe Teil leicht, bei Alkohol C überwiegt der hydrophobe Teil deutlich.

c) Ordnen Sie die Alkohole in einer auf der Grundlage Ihrer Beobachtungen und Schlussfolgerungen sinnvollen Reihenfolge. Begründen Sie die von Ihnen erstellte Reihenfolge.

Alkohol A – Alkohol B – Alkohol C

Alkohol A hat den kürzesten Alkyl-Rest, Alkohol B hat einen längeren und Alkohol C hat den längsten Alkyl-Rest.

Arbeitsblatt | **Herstellung und Eigenschaften von Ethern**

Typisch für die organische Chemie ist, dass aus gleichen Ausgangsstoffen bei unterschiedlichen Reaktionsbedingungen verschiedene Reaktionsprodukte entstehen.

1. Aus Ethanol entstehen bei 140 °C Ethen und Wasser. Bei niedrigen Temperaturen bildet sich dagegen unter Wasserabspaltung Diethylether. Stellen Sie für beide Reaktionen die Gleichung auf. Geben Sie die Reaktionsart an und charakterisieren Sie diese.

$C_2H_5OH \rightarrow C_2H_4 + H_2O$

Eliminierung, Wasserabspaltung unter Ausbildung einer Mehrfachbindung, ein Edukt ergibt zwei Produkte.

$2\ C_2H_5OH \rightarrow C_2H_5-O-C_2H_5 + H_2O$

Kondensation (Substitution), Ether ist eine gesättigte Verbindung, ein Edukt reagiert zu zwei Produkten.

2. a) Füllen Sie zu den folgenden isomeren Stoffen die Tabelle aus.

Stoff	Summenformel	vereinfachte Strukturformel	molare Masse	Siedetemperatur
Ethanol	C_2H_6O	CH_3-CH_2OH	$46\ g \cdot mol^{-1}$	78 °C
Dimethylether	C_2H_6O	CH_3-O-OH_3	$46\ g \cdot mol^{-1}$	−23 °C
Butan-1-ol	$C_4H_{10}O$	$CH_3-CH_2-CH_2-CH_2OH$	$74\ g \cdot mol^{-1}$	118 °C
Diethylether	$C_4H_{10}O$	$CH_3-CH_2-O-CH_2-CH_3$	$74\ g \cdot mol^{-1}$	35 °C

b) Begründen Sie, worauf trotz gleicher molarer Masse die deutlich unterschiedlichen Siedetemperaturen zurückzuführen sind.

Im Gegensatz zu den Ethern liegen bei den Alkoholen Wasserstoffbrückenbindungen vor, die zu größeren Anziehungen der Moleküle untereinander führen. Zwischen den Ether-Molekülen wirken nur relativ schwache VAN-DER-WAALS-Kräfte.

3. Benennen Sie die beiden Ether.

vereinfachte Strukturformel	Name des Ethers
$CH_3-CH_2-CH_2-CH_2-O-CH_3$	**Butylmethylether**
$CH_3-CH_2-CH_2-CH_2-CH_2-O-CH_3$	**Methylpentylether**

4. Während Alkane absolut wasserunlöslich sind, zeigen Ether eine geringe Wasserlöslichkeit. Erklären Sie diesen Sachverhalt.

Zwischen den Sauerstoff-Atomen der Ether-Moleküle und den Wasserstoff-Atomen der Wasser-Moleküle können sich in geringem Maße Wasserstoffbrücken ausbilden. Bei Alkanen ist das nicht möglich.

Die Carbonyl-Gruppe

Arbeitsblatt

Eine weitere funktionelle Gruppe ist die Carbonyl-Gruppe (CO-Gruppe). Je nach Stellung dieser Gruppe in der Kohlenstoffkette unterscheidet man zwei verschiedene Stoffklassen.

1. a) Füllen Sie die folgende Tabelle aus.

Stellung der CO-Gruppe in der C-Kette	mittelständig	endständig
allgemeine Formel	**R–CO–R**	**R–CHO**
systematischer Name der Stoffklasse	**Alkanone**	**Alkanale**
Trivialname der Stoffklasse	**Ketone**	**Aldehyde**
vereinfachte Strukturformel und Namen der Verbindung mit vier Kohlenstoff-Atomen	**$CH_3–CH_2–C(=O)–CH_3$ Butanon**	**$CH_3–CH_2–CH_2–CHO$ Butanal**
Kalottenmodell (Kohlenstoff = schwarz, Wasserstoff = weiß, Sauerstoff = rot)	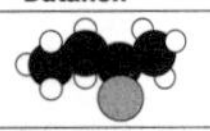	
Summenformel	**C_4H_8O**	**C_4H_8O**
Oxidierbarkeit (wenn ja, mit Reaktionsprodukt)	**nicht möglich**	**ja, Bildung v. Butansäure**
Nachweis mit FEHLING-Lösung	**nicht möglich**	**ja, Bildung von Cu_2O**

b) Begründen Sie, warum Alkanone nicht oxidiert werden können.

Steht die CO-Gruppe mittelständig, steht keine weitere Bindung für Sauerstoff zur Verfügung. Eine dritte Bindung zum Sauerstoff würde die Kette zerstören.

c) Erklären Sie die zwischen Butanon und Butanal vorliegende Isomerie.

Beide Stoffe haben die gleiche Summenformel. Die unterschiedliche Stellung der Carbonyl-Gruppe bedeutet: unterschiedliche Struktur und damit unterschiedliche Eigenschaften

2. Stellen Sie die Reaktionsgleichungen für die Oxidation von Propan-1-ol und Propan-2-ol mit Kupfer(II)-oxid auf und vergleichen Sie beide Oxidationen.

$CH_3–CH_2–CH_2OH + CuO \rightarrow CH_3–CH_2–CHO + Cu + H_2O$

$CH_3–CH(OH)–CH_3 + CuO \rightarrow CH_3–CO–CH_3 + Cu + H_2O$

Bei der Oxidation von primären Alkoholen entstehen Alkanale, bei der Oxidation von sekundären Alkoholen entstehen Alkanone.

3. Wozu wird Propanon (Aceton) verwendet?

Aceton ist Lösemittel für Naturstoffe, Lacke, Farben, Fette und Öle sowie Ausgangsstoff für verschiedene Synthesen in der organischen Chemie.

Arbeitsblatt

Verseifung eines Esters

1. Ergänzen Sie den folgenden Text mit den entsprechenden Fachbegriffen.

Ester werden aus **Alkohol und Säure** gebildet, wobei das Nebenprodukt **Wasser** entsteht. Die Esterbildung bezeichnet man deshalb als **Kondensationsreaktion**.

Die Veresterung ist eine umkehrbare Reaktion, die zu einem **chemischen Gleichgewicht** führt. Durch die Zugabe von **Schwefelsäure** kann die Esterbildung beschleunigt werden. Die Säure hat dabei zwei Aufgaben:

a) **Sie dient als Katalysator.**

b) **Sie entzieht das Wasser ⇒ Das Gleichgewicht wird in Richtung der Esterbildung verschoben.**

Die Rückreaktion der Esterbildung ist eine **Hydrolyse**, die man auch als Verseifung bezeichnet.

2. Die Reagenzgläser wurden entsprechend der Abbildung gefüllt. Anschließend wurden sie fest verschlossen und kräftig geschüttelt. Das Ende der Reaktion konnte anhand der Geruchsprobe festgestellt werden.

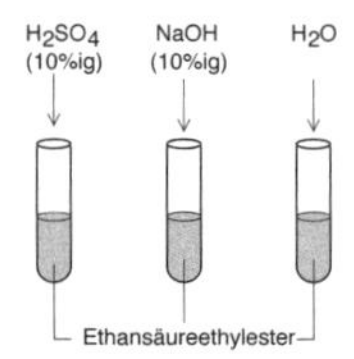

a) Begründen Sie, warum die Geruchsprobe das Reaktionsende anzeigt.

Ester riechen fruchtig. Wenn sie umgesetzt sind, riecht es wie Essig (von der Säure).

b) Die Reaktion im mittleren Reagenzglas (Zusatz von NaOH) ist zuerst beendet. Was passiert in den anderen Reagenzgläsern? Begründen Sie Ihre Aussage mithilfe der Reaktionsgleichungen.

Die Base wirkt als Reaktionspartner und beeinflusst das Gleichgewicht.

Die Ethansäure wird durch NaOH neutralisiert, wodurch es zur Nachbildung der Säure kommt. ⇒ Die Verseifung wird beschleunigt.

$CH_3–COO–C_2H_5 + H_2O \rightleftharpoons CH_3–COOH + C_2H_5OH$

Folge: $CH_3–COOH + NaOH \longrightarrow CH_3–COONa + H_2O$

Die Reaktion mit H_2SO_4 ist als nächstes beendet. Sie katalysiert die Reaktion, verschiebt das Gleichgewicht aber nicht. H_2O verschiebt das Gleichgewicht, beeinflusst die Reaktionsgeschwindigkeit aber nicht ⇒ letzte Reaktion.

Analyse einer unbekannten organischen Substanz

Arbeitsblatt

1. Sie erhalten in nummerierten Reagenzgläsern drei reine organische Stoffe. Diese sind Thioharnstoff, 2-Aminoethansäure und Fructose.

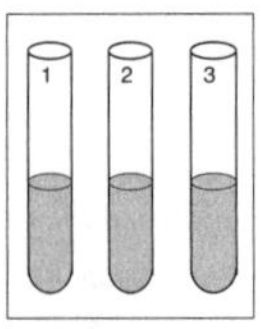

a) Geben Sie die Formeln der drei Stoffe an.

$H_2N–CS–NH_2$; $H_2N–CH_2–COOH$; $C_6H_{12}O_6$

b) Entwickeln Sie einen Plan, wie sie auf effektivste Weise experimentell diese drei Stoffe in den Reagenzgläsern den Nummern zuordnen können. Geben Sie die entsprechenden Nachweismittel, Beobachtungen und Reaktionsgleichungen an.

Thioharnstoff und Aminosäure: Nachweis von Stickstoff: mit NaOH (konz.) erhitzen ⇒ Gase bilden mit HCl (konz.) weißen Rauch; $NH_3 + HCl \rightarrow NH_4Cl$;

Aminosäure reagiert mit unedlem Metall (Mg) ⇒ Gas mit Knallgasprobe nachweisbar; $Mg + 2\ R–COOH \rightarrow (R–COO)_2Mg + H_2$; $2\ H_2 + O_2 \rightarrow 2\ H_2O$

Fructose reagiert mit FEHLING-Lösung 1 und 2 ⇒ gelb-braune Färbung, da sie mit Glucose ein Gleichgewicht in wässriger Lösung bildet.

$2\ Cu^{2+} + 4\ OH^- + R–CHO \rightarrow Cu_2O + R–COOH + 2\ H_2O$

2. In einem weiteren Experiment sollen Sie die funktionellen Gruppen verschiedener organischer Substanzen herausfinden.

a) Füllen Sie als Vorüberlegung die folgende Tabelle aus.

funktionelle Gruppe	**Nachweismittel**	**Beobachtungen**
Hydroxy-Gruppe (–OH)	**Borsäure (krist.)**	**grüner Flammensaum**
Aldehyd-Gruppe (–CHO)	**FEHLING-Lösung 1 und 2** **$AgNO_3$ und NH_3**	**gelb-braune Färbung** **Silberspiegel**
Carboxy-Gruppe (–COOH)	**Indikator,** **Mg-Span,** **Propanol**	**Rotfärbung** **H_2 entsteht** **fruchtiger Geruch**

b) Führen Sie das Experiment entsprechend der Angaben Ihres Lehrers durch. Beachten Sie die Sicherheitsvorschriften. Unterstreichen Sie Ihre Beobachtungen in der Tabelle. Welche funktionellen Gruppen haben Sie nachgewiesen?

Angaben nach Vorschrift des Lehrers.

Arbeitsblatt

Reaktionsmechanismen

Während der Reaktionstyp nur formal den Unterschied zwischen Ausgangsmolekül und Produkt angibt, ist der Reaktionsmechanismus ein Modell, dass die Veränderungen der Teilchen auf ihrem Weg vom Ausgangszustand zu den Produkten beschreibt. Um Aussagen über einen Mechanismus treffen zu können, sind gezielte Untersuchungen von Zwischenstufe, Kinetik und Energetik einer Reaktion nötig.

1. In den beiden Abbildungen sind die energetischen Abläufe zweier exothermer Reaktionen dargestellt.

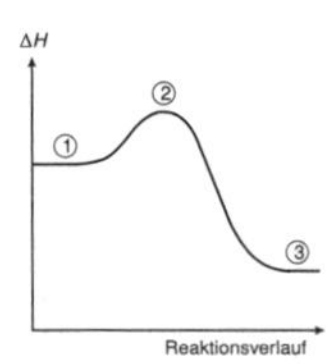

a) Ordnen Sie den Ziffern die entsprechenden Fachbegriffe zu.

1: **Ausgangsstoffe** 2: **Übergangszustand**

3: **Zwischenstufe** 4: **Übergangszustand**

5: **Produkte**

b) Vergleichen Sie die beiden Abbildungen und notieren Sie Ihre Ergebnisse. Erläutern Sie die Begriffe *Übergangszustand* und *Zwischenstufe*.

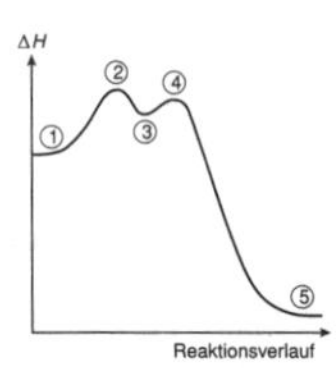

Übergangszustand: Alte Bindungen sind teilweise schon gelöst, neue teilweise schon gebildet; Zustand maximaler Enthalpie.

Zwischenstufe: kurzlebiges, nachweisbares Teilchen; Enthalpie minimal im ersten Abschnitt

⇒ Bestätigung des Mechanismus

2. Nach der Art des angreifenden Teilchens unterscheidet man verschiedene Reaktionsmechanismen.

a) Definieren Sie die folgenden Begriffe:

Radikal: **Teilchen mit einem ungepaarten und daher sehr reaktionsfreudigen Elektron**

Nucleophil: **Teilchen, das an einer Stelle Elektronenüberschuss hat; sucht einen positiven Angriffspunkt**

Elektrophil: **Teilchen, das an einer Stelle Elektronenmangel hat; sucht einen negativen Angriffspunkt**

b) Ordnen Sie die folgenden Teilchen in die Tabelle ein: H^+, H·, OH^-, $·CH_3$, Br^-, Br·, ·OH, CH_3^+, NH_3, H_2O, BF_3, SO_3, $AlCl_3$, NC^-, $O_2N·$, $·OC–CH_3$, R–OH, $CH_2=CH_2$, NO_2^+

Elektrophil	**Nucleophil**	**Radikal**
H^+, CH_3^+, BF_3, SO_3, $AlCl_3$, NO_2^+	**OH^-, Br^-, NH_3, H_2O, NC^-, R–OH, $CH_2=CH_2$**	**H·, $·CH_3$, Br·, ·OH, $O_2N·$, $·OC–CH_3$**

Die nucleophile Substitution – Reaktionsmechanismus

Arbeitsblatt

1. Zeichnen Sie unter den Kugel-Stab-Modellen die Strukturformeln aller aufgeführten Verbindungen und Ionen. Beschreiben Sie den jeweiligen Mechanismus mit eigenen Worten.

S_N2-Mechanismus: **Von der Rückseite greift das OH^--Ion an den positiven Pol des CH_3Cl-Dipols an, lagert sich kurz an (aktivierter Zustand) und verdrängt das Cl^--Ion aus der Verbindung.**

S_N1-Mechanismus: **Das Cl^--Ion wird abgespalten. ⟹ Carbenium-Ion $(CH_3)_3C^+$ (Zwischenprodukt). Das OH^--Ion wird vom $(CH_3)_3C^+$-Ion angezogen.**

2. Zeichnen Sie in Ihrem Hefter ein Enthalpiediagramm für jeden Mechanismus und beschriften Sie es. Vergleichen Sie diese mit den Abbildungen von Arbeitsblatt 22.

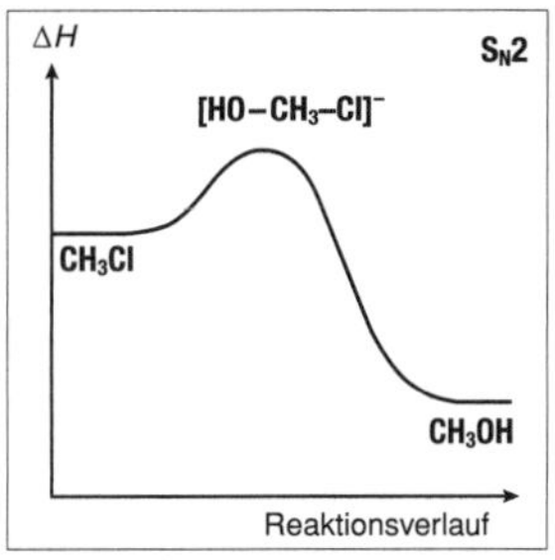

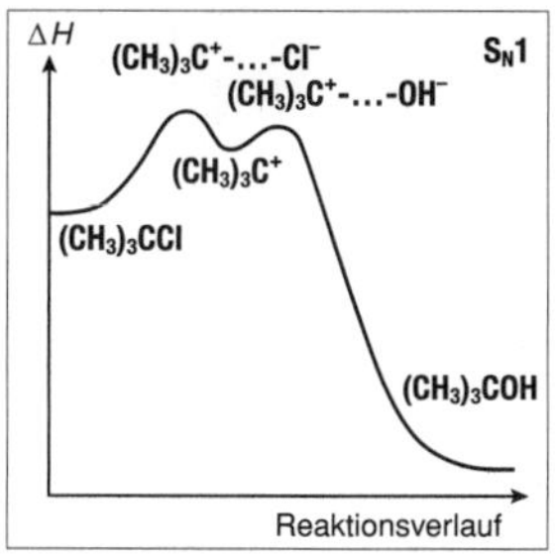

Die elektrophile Addition

Arbeitsblatt

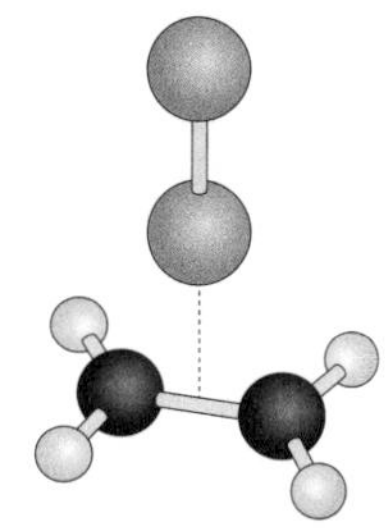

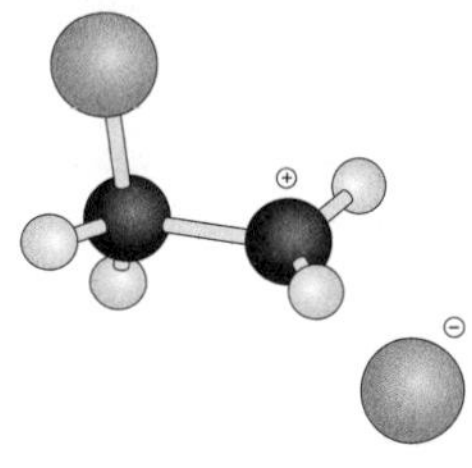

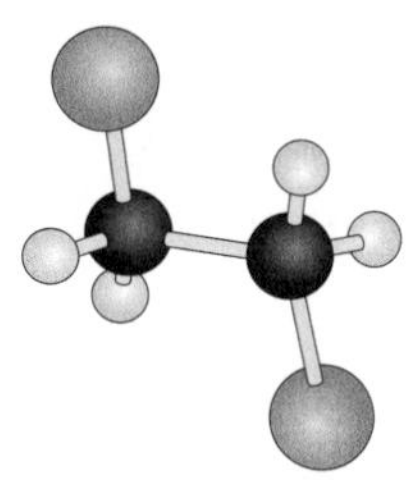

1. Beschreiben Sie Reaktionsbedingungen für die elektrophile Additionsreaktion.

Niedrige Temperatur
wenig bzw. kein Licht
polares Lösungsmittel

2. Das Brom-Molekül wird erst bei Annäherung an die C=C-Doppelbindung zu einem Elektrophil. Begründen Sie diese Aussage.

Bei Annäherung an die Doppelbindung werden die bindenden Elektronen im Brom-Molekül durch Abstoßungskräfte verschoben. Jedes Brom-Atom erhält so eine Teilladung. Die positive Teilladung ermöglicht den Angriff auf die Doppelbindung.

3. Zeichnen Sie jeweils unterhalb der Kugel-Stab-Modelle die Strukturformeln aller aufgeführten Verbindungen und Ionen. Erläutern Sie den Mechanismus in Kurzform.

Angriff des Elektrophils auf die Doppelbindung ⟹ Br^+-Ion lagert sich an eine der Doppelbindungen an und sprengt diese. ⟹ Das Carbenium-Ion bildet sich; das Br^--Ion nähert sich von der Rückseite dem Carbenium-Ion. ⟹ Bildung von $CH_2Br–CH_2Br$

4. Begründen Sie, warum der Angriff des Bromid-Ions bevorzugt an der Molekül-Rückseite erfolgt.

Das angelagerte Brom-Atom hat einen großen Radius. Daher ist auf der Molekül-Vorderseite kein Platz für das Br^--Ion.

Die Eliminierungsreaktion – Reaktionsmechanismus

Arbeitsblatt

1. Am Beispiel der Bildung von Ethen werden beide Mechanismen beschrieben. Zeichnen Sie unter den Kugel-Stab-Modellen die Strukturformeln aller aufgeführten Verbindungen und Ionen. Beschreiben Sie unter Verwendung der Fachbegriffe den jeweiligen Mechanismus.

E1-Mechanismus: Mit dem Katalysator (H^+) entsteht ein Oxonium-Ion. ⟹ Abspaltung von H_2O ⟹ Carbenium-Ion ($CH_3–CH_2^+$). H_2O zieht das H^+ des $CH_3–CH_2^+$ an. ⟹ H^+ wird unter Bildung von H_3O^+ abgespalten. ⟹ H_2O + Ethen

E2-Mechanismus: Der Katalysator (OH^-) wirkt auf das C-Atom. ⟹ Polarisierung ⟹ OH^- bindet H^+ und Cl^- wird abgespalten. ⟹ Ethen

2. Diskutieren Sie Gemeinsamkeiten und Unterschiede von S_N- und E-Mechanismus in Ihrem Hefter.

Gemeinsamkeiten:
Ausgangsstoffe: C–C-Einfachbindung, besonders Halogenalkane; Angriff durch ein Nucleophil; Bau des Ausgangsstoffes Für E1- oder E2-Mechanismus verantwortlich.
Unterschiede:
Die Eliminierung wird durch hohe Temperaturen, voluminöse und stark konzentrierte Nucleophile mit starker Basizität und unpolare Lösungsmittel begünstigt. Unpolare Lösungsmittel drängen den E1-Mechanismus zurück. (Sie verbessern die Basizität des Nucleophils.)

Organische Sauerstoff-Verbindungen

Basiswissen

Ergänzen Sie die fehlenden Angaben zum Basiswissen.

Homologe Reihe der Alkohole

Alkohole-Moleküle bestehen aus einer **Hydroxy-Gruppe** und einem **Alkyl-Rest**. Die allgemeine Formel der Alkohole lautet **$C_nH_{2n+1}OH$**. Für die charakteristischen Eigenschaften der Alkohole ist die **Hydroxy-Gruppe** verantwortlich. Sie wird auch **funktionelle Gruppe** genannt.

Die Siedetemperatur eines Alkohols ist im Vergleich zur Siedetemperatur des entsprechenden Alkans wesentlich **höher**.

Dies ist darauf zurückzuführen, dass sich zwischen den **Hydroxy-Gruppen** der Alkohol-Moleküle starke **Wasserstoff-brückenbindungen** ausbilden, die erst bei **höheren** Temperaturen überwunden werden als **VAN-DER-WAALS**-Bindungen die sich zwischen den Alkan-Molekülen ausbilden.

Oxidation von Alkoholen

Bei Alkoholen unterscheidet man primäre, sekundäre und tertiäre Alkohole.

- Primäre Alkohole: OH-Gruppe an C-Atom mit **einer** Bindung zu **einem** weiterem C-Atom.
  Oxidationsprodukte: **Aldehyde, Carbonsäuren**
- Sekundäre Alkohole: OH-Gruppe an C-Atom mit **zwei** Bindungen zu **zwei** weiteren C-Atomen.
  Oxidationsprodukte: **Ketone**
- Tertiäre Alkohole: OH-Gruppe an C-Atom mit **drei** Bindungen zu **drei** weiteren C-Atomen.
  Oxidationsprodukte: **kann nicht oxidiert werden**

Funktionelle Gruppen

Funtionelle Gruppen haben einen wesentlichen Einfluss auf die Eigenschaften von Verbindungen.

- Hydroxy-Gruppe

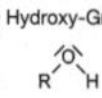

- Aldehyd-Gruppe

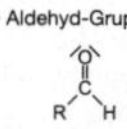

- Keto-Gruppe

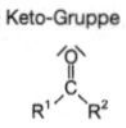

- Carboxy-Gruppe

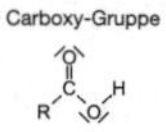

- Ester-Gruppe

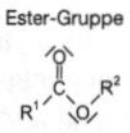

- Ether Gruppe

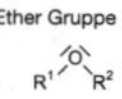

Unterscheidung der Alkohole

Einwertige Alkohole besitzen **eine Hydroxy-Gruppe**.

Mehrwertige Alkohole besitzen **mehrere Hydroxy-Gruppen**.

Schnelltest

Training

1. **A, D**; 2. **B, C**; 3. **A, B, C, D**; 4. **A**; 5. **A**

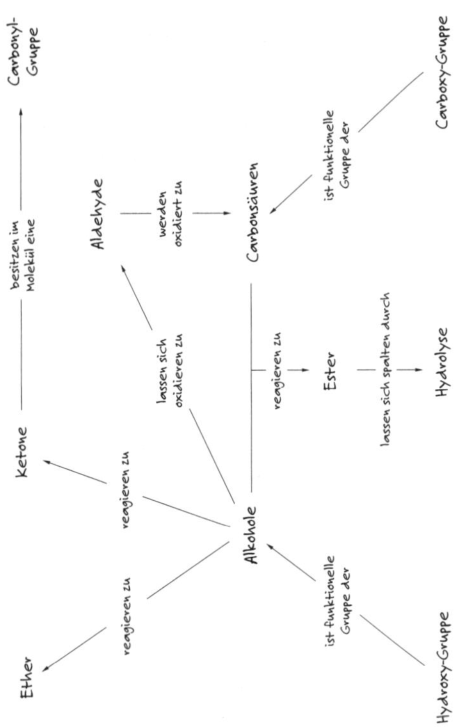

Training

Übungsklausur

Aromastoffe

A1 a)

$$n(\text{C}) = \frac{m(\text{C})}{M(\text{C})} = \frac{0{,}05941\ \text{g}}{12\ \text{g} \cdot \text{mol}^{-1}}$$
$$= 0{,}00495\ \text{mol} = 4{,}95\ \text{mmol}$$

$$n(\text{H}) = \frac{m(\text{H})}{M(\text{H})} = \frac{0{,}00891\ \text{g}}{1\ \text{g} \cdot \text{mol}^{-1}}$$
$$= 0{,}00891\ \text{mol} = 8{,}91\ \text{mmol}$$

$$m(\text{O}) = m(\text{Substanz}) - m(\text{C}) - m(\text{H})$$
$$= 100\ \text{mg} - 59{,}41\ \text{mg} - 8{,}91\ \text{mg}$$
$$= 31{,}68\ \text{mg}$$

$$n(\text{O}) = \frac{m(\text{O})}{M(\text{O})} = \frac{0{,}03168\ \text{g}}{16\ \text{g} \cdot \text{mol}^{-1}}$$
$$= 0{,}00198\ \text{mol} = 1{,}98\ \text{mmol}$$

$$n(\text{C}) : n(\text{H}) : n(\text{O}) = 49{,}5 : 8{,}91 : 1{,}98$$
$$\approx 5 : 9 : 2$$

Aus der Molekülmasse von $10^2\ \text{g} \cdot \text{mol}^{-1}$ ergibt sich die Molekülformel $C_5H_9O_2$.

b) Die Zuordnung der Peaks des Massenspektrums ergibt:
43 (CH_3CO-; $CH_3CH_2CH_2$-)
59 (CH_3COO-; $CH_3CH_2CH_2O$-)
73 (CH_3COOCH_2-)
102 ($CH_3COOCH_2CH_2CH_3$)

c)

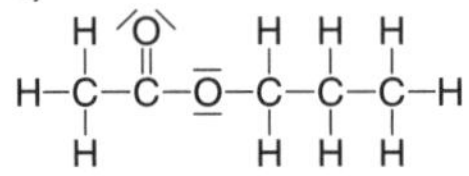

d) Die Substanz zählt zur Stoffgruppe der Ester.

e) Ester entstehen durch Reaktion von Alkoholen mit Carbonsäuren. Daher liegt die Vermutung nahe, dass die Substanz aus Propan-1-ol und Essigsäure (Ethansäure) entstanden ist.

f) Im ersten Schritt wird Ethanol zu Ethansäure oxidiert, im nächsten Schritt erfolgt dann die Veresterung mit Propan-1-ol.

g) Bei der Veresterung handelt es sich um eine Gleichgewichtsreaktion. Die Lage des Gleichgewichts kann auf die Seite der Produkte verschoben werden, indem man eines der Produkte kontinuierlich aus dem Reaktionsgemisch entfernt. Bei den meisten Veresterungen wird normalerweise das Wasser entfernt.

h) Esterbindungen lassen sich leicht hydrolysieren. Dabei entstehen die je nach Bedingung der Alkohol und die Säure beziehungsweise das Carboxylat.

Chemie am Menschen

1. Pigmente sind Farbgeber, die in ihren Anwendungsmedien für die Farbe verantwortlich, jedoch in ihnen nicht löslich sind.

2. Die Farbigkeit beruht bei organischen Chromophoren auf der Anregung von delokalisierten π-Elektronen. Der Farbeindruck entsteht durch Absorption des eingestrahlten Lichts. Bei anorganischen Chromophoren beruht die Farbigkeit auf Licht, das emittiert wird, wenn angeregte Elektronen wieder in den Grundzustand zurückfallen.

3. Seifen-Moleküle bestehen aus einem hydrophoben Alkyl-Rest und einer hydrophilen Carboxy-Gruppe.

4. Seifen bilden mit hartem Wasser Kalkseifen, die sich auf der Wäsche ablagern. Alkalische Seifenlaugen greifen Wolle an.

10 Regeln zum umweltbewussten Waschen

1) **Fassungsvermögen der Waschmaschine voll ausnutzen.**
2) **Bei normaler Verschmutzung auf die Vorwäsche verzichten.**
3) **Waschmittel nach Verschmutzungsgrad dosieren. Meist reicht die Dosierung für leichte Verschmutzung aus.**
4) **Waschmittel nach Wasserhärtegrad dosieren.**
5) **Nutzung flexibler Baukastensysteme zum optimalen Einsatz des Waschmittels und zur Vermeidung unnötiger Substanzen im Waschvorgang.**
6) **Auf Flüssigwaschmittel verzichten.**
7) **Auf Weichspüler verzichten.**
8) **30 °C bzw. 40 °C reichen für den Waschvorgang völlig aus. Kochwäsche sollte nur bei ansteckenden Krankheiten eingesetzt werden.**
9) **Tür zur Waschmaschine und Dosierkammer nach dem Waschen leicht geöffnet lassen, um Bakterienbildung entgegenzuwirken.**
10) **Wäschetrockner und Bügeleisen sparsam einsetzen.**

5. Kunststoffe lassen sich den gewünschten Eigenschaften anpassen.

6. Viele Kunststoffe wie Polyethen verrotten nicht, da sie nicht durch Mikroorganismen abgebaut werden können. Bei der Verbrennung von Kunststoffen werden neben Kohlenstoffdioxid auch umweltschädigende Gase frei, beispielsweise Chlorwasserstoff bei PVC.

Arbeitsblatt

Grundlagen der Polymerchemie

Der Siegeszug der Kunststoffe als Ausgangsmaterial für viele Gebrauchsgüter begann nach dem 2. Weltkrieg und hält bis heute an. Die maßgeschneiderten Eigenschaften der Kunststoffe werden von ihrer **Molekülstruktur** bestimmt. Die Gemeinsamkeit aller Kunststoffe liegt in ihrem Aufbau. Grundbausteine dieser Makromoleküle sind sogenannte **Monomere**, die sich über Polyreaktionen zu **Polymeren** miteinander verknüpfen lassen. Anzahl der Monomere, ihr **Aufbau** und die Art der Polyreaktion charakterisieren das jeweilige Polymer. Grundsätzlich lassen sich Kunststoffe nach ihrem Verhalten bei **Erwärmung** unterscheiden: **Thermoplaste** sind Polymere, die langsam erweichen und somit gut verformbar sind. Sie bestehen aus langen, unverzweigten Molekülketten, die zwischen denen **VAN-DER-WAALS-Bindungen** vorliegen. Thermisch sehr stabil dagegen sind Duroplaste. Sie weisen eine durch **Elektronenpaarbindungen** dreidimensional verknüpfte Raumstruktur der Molekülketten auf. Duroplaste schmelzen nicht bei höheren Temperaturen, sondern **zersetzen** sich. Die dritte Gruppe der Kunststoffe sind die **Elastomere**. Ihre Moleküle sind ähnlich wie bei den Duroplasten **dreidimensional** verknüpft, weisen aber einen wesentlich geringeren Grad der **Verknüpfung** auf. Eine weitere Unterscheidungsmöglichkeit von Kunststoffen ist die Verküpfungsreaktion der Monomere, also die **Polyreaktion**. Bei einer **Polymerisation** reagieren Monomere mit ungesättigten Kohlenstoffketten zu Polymerisaten. Wird eine **Mehrfachbindung** an eine funktionelle Gruppe addiert, liegt eine Polyaddition vor. Die entstehenden Kunststoffe heißen **Polyaddukte**. Monomere können auch über die Reaktion von verschiedenen funktionellen Gruppen miteinander verbunden werden. Bei solchen **Polykondensationsreaktionen** entstehen neben den Polykondensaten immer kleinere Moleküle wie beispielsweise **Wasser**.

1. Ergänzen Sie die nachfolgenden Begriffe im Lückentext: Aufbau, dreidimensional, Elastomere, Elektronenpaarbindungen, Erwärmung, Molekülstruktur, Mehrfachbindung, Monomere, Polyaddukte, Polymeren, Polykondensationsreaktionen, Polymerisation, Polyreaktion, Thermoplaste, VAN-DER-WAALS-Bindungen, Verknüpfung, Wasser, zersetzen

Biokunststoffe

Arbeitsblatt

Pullis vom Kornfeld

Was sich anhört wie Science Fiction ist bereits heute Realität. Ohne jegliche Verluste für den Tragekomfort gibt es den Lieblingspulli jetzt aus echtem Schrot und Korn. Wie ist das möglich? Das Zauberwort heißt Polymilchsäure.
Dabei ist die Idee gar nicht so neu. Bereits in den 30 Jahren des letzten Jahrhunderts gelang es, Kunststoffe auf der Basis von Milchsäure herzustellen. Der hohe Preis limitierte die Anwendung von Polymilchsäure zunächst auf einige spezielle Gebiete wie selbstauflösende Fäden für die Wundvernähung. In den 1990er-Jahren wurde dann ein weiterer Meilenstein erreicht: Das Unternehmen Cargill Inc., der größte Getreidehändler in den USA, und das Chemieunternehmen Dow Chemical Company, ebneten den Weg zu einer viel versprechenden Produktion von Biokunststoffen, indem es ihnen gelang, Milchsäure preisgünstig herzustellen. Der begehrte Rohstoff wird durch Fermentation, einem Prozess ähnlich dem Gären von Bier, aus Glucose gebildet. Glucose ist im Übrigen nichts weiter als Traubenzucker, der sich seinerseits recht einfach aus der im Korn enthaltenen Stärke gewinnen lässt.
Die Milchsäure-Bausteine werden dann über eine Polykondensation zu langen Molekülketten verknüpft.
Die entstehende Polymilchsäure fällt in Rohform als Granulat an, das sich je nach Bedarf zu Folien für Verpackungen oder zu Garn für Stoffe weiterverarbeiten lässt. Und hat der Lieblingspulli dann doch irgendwann einmal ausgedient, gibt es keine Probleme mit dem Müll. Polymilchsäure kann problemlos recycelt werden oder verrottet in kurzer Zeit – übrig bleiben Kohlenstoffdioxid und Wasser.

Zwar bilden Kunststoffe auf der Basis von nachwachsenden Rohstoffen noch immer eine Randerscheinung, doch wächst ihr Anteil an der Kunststoffproduktion in Europa stetig an. So wurden im Jahr 2008 etwa 0,1 Mio. Tonnen Biokunststoffe produziert. Die Wachstumsraten liegen im zweistelligen Bereich und eine Trendwende ist nicht in Sicht. Denn nur durch den Einsatz von Kunststoffen auf der Basis nachwachsender Rohstoffe werden sich langfristig eine stärkere Unabhängigkeit und eine Verringerung des CO_2-Ausstoßes erreichen lassen.

1. Skizzieren Sie mithilfe des Textes die einzelnen Schritte der Herstellung und der möglichen Verwertung von Polymilchsäure-Kunststoffen, ausgehend von den Naturstoffen. Erstellen Sie dazu ein beschriftetes Schaubild.

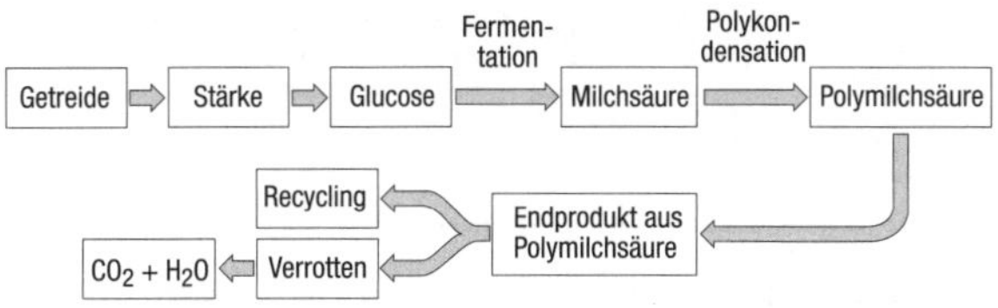

2. a) Stellen Sie die Reaktionsgleichung für die Bildung von Polymilchsäure aus Milchsäure auf.

n HO–CH(CH$_3$)–COOH ⟶ (–O–CH(CH$_3$)–CO–)$_n$ + n H$_2$O

b) Geben Sie an, um welche Art von Reaktion es sich dabei handelt und welcher Stoffgruppe, das gebildete Produkt angehört.

Polykondensation, Polyester

Praktikum

Polymilchsäure

Versuch: Herstellung von Polymilchsäure

Materialien: Gasbrenner, Reagenzglas, Reagenzglashalter, Siedesteinchen, Spatel; Zinn(II)chlorid (Xn), Milchsäure (Xi).

Durchführung:
1. Etwa 5 ml Milchsäure werden in einem Reagenzglas vorgelegt und mit einer Spatelspitze Zinn(II)chlorid versetzt.
2. Erhitzen Sie nach Zugabe von Siedesteinchen den Inhalt des Reagenzglases über dem Gasbrenner.
3. Verfärbt sich die Flüssigkeit gelblich, wird das Erhitzen beendet und die Flüssigkeit kann im Reagenzglas auskühlen.

Aufgaben:

a) Notieren Sie Ihre Beobachtungen.

Beim Abkühlen verfestigt sich das Reaktionsgemisch.

b) Erläutern Sie, ob es sich bei Polymilchsäure um einen Thermoplast, ein Elastomer, oder einen Duroplast handelt.

Es liegen nicht vernetzte Molekülketten vor. Folglich handelt es sich um einen Thermoplasten.

Glucose kann mithilfe von Milchsäurebakterien kostengünstig zu Milchsäure umgesetzt werden. Im Verlauf der weiteren Synthese lässt sich folgendes Lacton nachweisen, das bei Anwesenheit eines Katalysators über eine ionische Ringöffnungspolymerisation mit sich selbst zu Polymilchsäure reagieren kann.

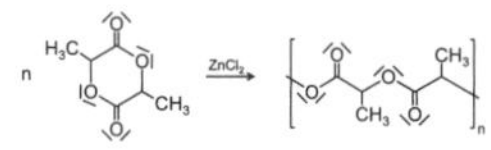

c) Erläutern Sie die Bildung des Lactons aus Milchsäure.

Zwei Milchsäure-Moleküle reagieren in einer Veresterungsreaktion zu einem cyclischen Ester.

d) Benennen Sie den Reaktionstyp der zur Bildung des Lactons führt.

Veresterung, Kondensation

e) Polymilchsäure wird als Garn zur Wundvernähung oder für bioabbaubare Verpackungsmaterialien verwendet. Erläutern Sie, unter welchen chemischen Vorraussetzungen der Abbau von Polymilchsäure besonders günstig ist.

Günstig für den Abbau ist ein leicht saures, wässriges Medium, da unter diesen Bedingungen die Esterbindungen gespalten werden können.

Biokunststoffe – alles fauler Zauber?

Arbeitsblatt

1. Vergleichen Sie die Aussage des Artikels mit dem Texte auf Seite 31. Nennen Sie mögliche Vorteile und Nachteile von Biokunststoffen.

Vorteile	Nachteile
können aus nachwachsenden Rohstoffen erzeugt werden, sind vollständig abbaubar, recyclingfähig, senken Erdölverbrauch	**hoher Energieaufwand bei Erzeugung der Pflanzenrohstoffe, Verdrängung von Pfandsystemen, Verwertung funktioniert in der Praxis schlecht, Ökobilanz nicht ausgeglichen**

2. Diskutieren Sie, wie die unterschiedlichen Standpunkte der Textaussagen zustande kommen.

Ein möglicher Ansatzpunkt für eine Diskussion ist der Konflikt zwischen den knapper werdenden Erdöl-Ressourcen einerseits und der Konkurrenz um Anbauflächen bei der Produktion nachwachsender Rohstoffe andererseits.

Praktikum

Wirkungsweise von Seifen und Tensiden I

Versuch: Wie wirken Seifen und Tenside?

Materialien: Becherglas (25 ml), 3 Tropfpipetten, 1 Glasstab, 1 Petrischale, 3 Reagenzgläser, Reagenzglasständer, 3 Stopfen;
Spülmittel, Wasser, fein gemahlener schwarzer Pfeffer oder Paprikagewürz, Olivenöl.

Tenside contra Pfeffer

Durchführung:
1. In ein Becherglas werden mit der Tropfpipette 5 Tropfen Spülmittel gegeben. Füllen Sie ungefähr zur Hälfte mit Wasser auf und rühren Sie mit einem Glasstab um.
2. Füllen Sie die Petrischale zur Hälfte mit Wasser und bestreuen Sie die Oberfläche leicht mit fein gemahlenem schwarzem Pfeffer oder Paprikagewürz.
3. Geben Sie nun mit der Tropfpipette einen Tropfen Spülmittel-Lösung mitten in die Schale.

Beobachtung:

Der Pfeffer auf der Wasseroberfläche wird von der Eintauchstelle des Tropfens ausgehend zum Rand hin auseinandergeschoben.

Entmischung von Öl-Wasser-Gemischen

Durchführung:
1. Füllen Sie drei Reagenzgläser jeweils zur Hälfte mit Wasser.
2. Geben Sie in alle drei Reagenzgläser mit der Tropfpipette jeweils 1 ml Olivenöl.
3. Das erste Reagenzglas wird mit einem Stopfen verschlossen und dient zum Vergleich.
4. Das zweite Reagenzglas wird mit Stopfen verschlossen und kräftig geschüttelt.
5. Geben Sie mit der Tropfpipette in das dritte Reagenzglas etwa 5 Tropfen Spülmittel-Lösung. Verschließen Sie es mit dem Stopfen und schütteln Sie kräftig.
6. Beobachten Sie die drei Reagenzgläser über einen Zeitraum von 3 Minuten und vergleichen Sie.

Beobachtung:

Zu Beginn befinden sich die Wasser-Phase unten und die Olivenöl-Phase oben.
Durch Schütteln vermischen sich beiden Phasen.
In RG 2 sammelt sich das Öl relativ zügig wieder oberhalb der Wasser-Phase.
In RG 3 sind kleine Öl-Tröpfchen in der Wasserphase eingeschlossen.

Auswertung:

Deuten Sie Ihre Beobachtungen mithilfe des Aufbaus eines Fettsäure-Anions.

Die Seifen-Moleküle ordnen sich an der Oberfläche des Wassers an, wobei die hydrophilen Köpfe ins Wasser ragen und die hydrophoben Schwänzen in die Luft ragen. Die Seifen-Moleküle verdrängen dabei die Pulverpartikel des Pfeffers. Durch Schütteln entstehen Emulsionen, die sich nach einiger Zeit wieder entmischen. Die fein verteilten Öltröpfchen bleiben durch die Seifen-Moleküle länger in der wässrigen Umgebung. Dabei tauchen die Seifen-Moleküle mit den hydrophoben Resten in die Öltröpfchen, während die hydrophilen Köpfe ins Wasser ragen.

Wirkungsweise von Seifen und Tensiden II

Praktikum

Versuch: Der Einfluss des Wassers auf die Schaumbildung

Materialien: 3 Bechergläser (150 ml), Messzylinder (100 ml), Messzylinder (50 ml), 3 Messzylinder (10 ml), 1 graduierte Tropfpipette, 3 Glasstäbe, 3 Reagenzgläser, Reagenzglasständer, 3 Stopfen, wasserfester Filzschreiber;
Spülmittel, destilliertes Wasser, Leitungswasser, Ethylendiamintetraacetat-Lösung (EDTA; $c = 0{,}01\ mol \cdot l^{-1}$), ethanolische Kernseifenlösung (F), Calciumchlorid-Lösung ($w = 1\ \%$).

Durchführung:
1. Bei den nachfolgenden Schritten müssen alle Volumina mit geeigneten Messzylindern abgemessen werden. Füllen Sie 100 ml destilliertes Wasser in Becherglas 1 ein.
2. 100 ml Leitungswasser werden in das zweite Becherglas gefüllt. *Hinweis:* Bei sehr weichem Leitungswasser kann eine Calciumchlorid-Lösung verwendet werden.
3. In Becherglas 3 werden zu 100 ml Leitungswasser 30 ml Ethylendiamintetraacetat-Lösung gegeben.
4. Geben Sie jedes Becherglas mit der graduierten Tropfpipette 5 ml ethanolische Kernseifenlösung und rühren Sie mit den Glasstäben gut um.
5. Messen Sie jeweils mit einem neuen Messzylinder 10 ml der Lösungen ab und überführen Sie die Lösungen in beschriftete Reagenzgläser.
6. Verschließen Sie die Reagenzgläser mit einem Stopfen und schütteln Sie diese kräftig.

Beobachtung:

Reagenzglas 1 destilliertes Wasser	Reagenzglas 2 Leitungswasser	Reagenzglas 3 Leitungswasser + EDTA
Schaumbildung	**flockiger Niederschlag, geringe Schaumbildung**	**Schaumbildung**

Versuchsauswertung:

a) Erläutern Sie Ihre Beobachtungen und belegen Sie Ihre Erkenntnisse – soweit möglich – auf der Grundlage von Reaktionsgleichungen

Die Seife kann in den Reagenzgläsern 1 und 3 die volle Wirkung erzielen, da in der Lösung keine Ca^{2+}-Ionen verfügbar sind, die zur Ausfällung der Kalkseife führen.
In Reagenzglas 2 kommt es zur Ausfällung von Kalkseife:
$Ca^{2+}(aq) + 2\ CH_3(CH_2)_nCOO^-(aq) \longrightarrow [CH_3(CH_2)_nCOO]_2Ca(s)$ n = 9 – 19
In Reagenzglas 3 werden die Calcium-Ionen durch EDTA maskiert:
$Ca^{2+}(aq) + edta^{4-}(aq) \longrightarrow [Ca(edta)]^{2-}(aq)$

b) Welches alltägliche Problem im Badezimmer lässt sich durch die gewonnenen Erkenntnisse erklären?

Graue oder matte Armaturen lassen sich mit der Bildung von Kalkseifen erklären: Calcium- und Magnesium-Ionen im Leitungswasser reagieren mit Seifenanionen.

Arbeitsblatt

Waschwirkung von Tensiden

Im Alltag wird unsere Kleidung durch unterschiedliche Stoffe stark verschmutzt. So lagern sich beispielsweise Farbstoffe, Fette, Kohlenhydrate, Öle, Proteine, Kalk und Salze auf unserer Kleidung ab. Manche dieser Verschmutzungen sind leicht in Wasser löslich, sodass man diese gut von der Kleidung entfernen kann. Andere hingegen lösen sich jedoch nur schwer oder gar nicht in Wasser. Durch den Einsatz von Tensiden werden während des Waschvorgangs auch wasserunlösliche Verschmutzungen von den Textilfasern abgelöst.

1. Veranschaulichen und erklären Sie die Waschwirkung von Tensiden in Bezug auf die Entfernung von ölhaltigen Schmutzflecken aus der Kleidung.

Abbildung	Erklärung
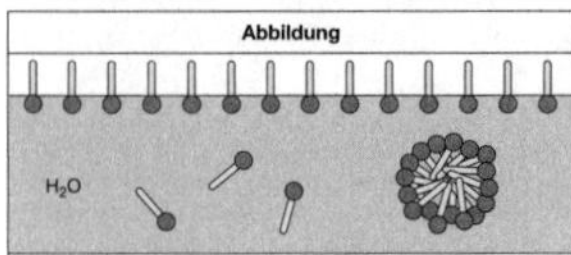	**Tenside lösen sich im Wasser und setzen die Oberflächenspannung herab, sodass die Fasern benetzt werden können.**
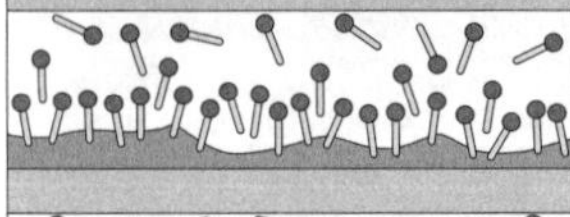	**Mit dem unpolaren Ende lagern sich Tensid-Moleküle an den hydrophoben Schmutzpartikeln an, während das polare Ende der Tensid-Moleküle in Richtung der Wasser-Moleküle zeigt.**
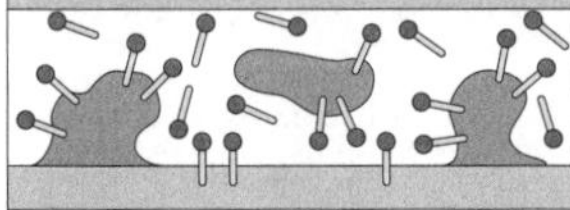	**Die Tensid-Moleküle umlagern die Schmutzpartikel vollständig, sodass sogenannte diese nicht mehr an der Faser haften bleiben.**
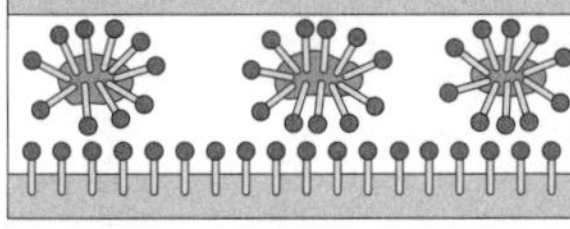	**Die Schmutzpartikel sind innerhalb der Micellen isoliert und werden mit dem Wasser weggespült.**

2. Erläutern Sie zudem, weshalb das von den Textilien abgelöste Öl beim Waschvorgang sich nicht erneut auf den Textilien absetzen kann.

Das Öl ist in Micellen eingeschlossen, die von Tensid-Molekülen umgeben sind. Der hydrophobe Teil der Moleküle ragt nach innen, der hydrophile nach außen. Ebenso lagern sich Tensid-Moleküle mit ihrem hydrophoben Teil an der Faser an, sodass die hydrophilen Enden in die wässrige Phase zeigen. Dadurch sind sowohl die Micellen als auch die Fasern negativ geladen und stoßen sich ab.

Viele Farbstoffe, viele Farben

Arbeitsblatt

1. Es existiert eine Vielzahl verschiedener organischer Farbstofftypen. Ordnen Sie mithilfe des Buches jedem Farbstoff ein Spektrum und ein Beispiel zu. Ergänzen Sie die einzelnen Farbstofftypen um die Charakteristischen Strukturelemente beziehungsweise markieren Sie diese in den Beispielmolekülen.

Kristallviolett 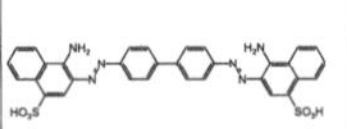	2 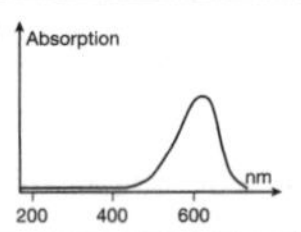	**Azofarbstoffe**
Lycopin (rot) 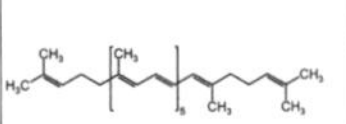	4 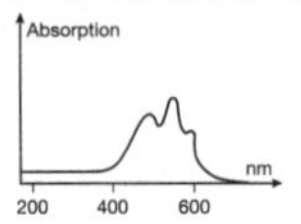	**Carotinoide**
Alizarin (hellrot/gelblich) 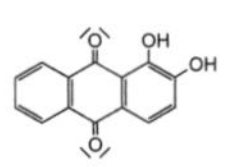	1 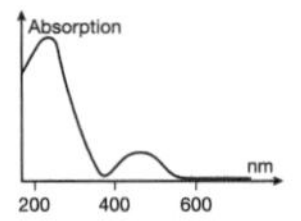	**Anthrachinonfarbstoffe**
Chlorophyll a (grün) 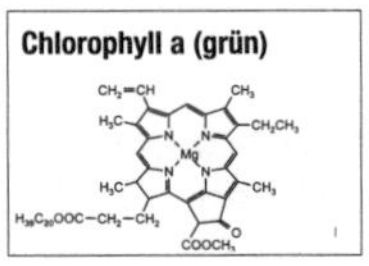	3 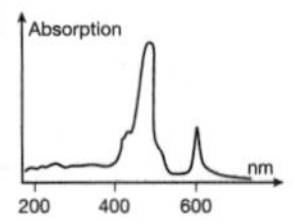	**Chlorophylle**

2. Zeichnen Sie eine Farbtabelle, die es Ihnen ermöglicht, den Spektralfarben die passenden Komplementärfarben zuzuordnen, indem Sie die fehlenden Farben in dieses Schema einfügen.

400 nm	450 nm	500 nm	600 nm	650 nm	700 nm	750 nm
Spektralfarben						
Absorption						
Komplementärfarben						

Praktikum

Synthese von Fluoreszein

Versuch: Synthese von Fluoreszein/Uranin

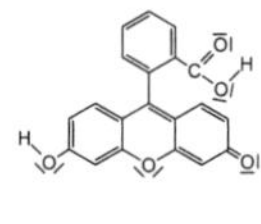

Materialien: Spatel, Gasbrenner, Reagenzglas, Reagenzglasständer, Becherglas (100 ml), Messzylinder (100 ml), Pipette, UV-Lampe;
Phthalsäureanhydrid (Xn), Resorcin (Xn, N), konzentrierte Schwefelsäure (C), Natronlauge ($c = 0{,}5\ mol \cdot l^{-1}$; Xn).

Durchführung:
1. Geben Sie zwei Spatelspitzen Resorcin und eine Spatelspitze Phthalsäureanhydrid in das Reagenzglas.
2. Fügen Sie mit der Pipette 5 Tropfen konzentrierte Schwefelsäure zu.
3. Das Gemisch wird nun mit der Zündflamme des Gasbrenners bis zur Schmelze erhitzt.
4. Lösen Sie das Produkt mit wenig Wasser an und spülen Sie in ein Becherglas mit 50 ml Natronlauge.
5. Betrachten Sie das gelöste Produkt unter der UV-Lampe.

Aufgaben:

a) Notieren Sie Ihre Beobachtungen.

Die Lösung leuchtet unter der UV-Lampe gelbgrün.

b) Bei der Synthese von Fluoreszein wird ein Mol Phthalsäureanhydrid mit zwei Mol Resorcin umgesetzt. Unter der Einwirkung eines Katalysators findet eine zweifache elektrophile aromatische Substitution statt. Während bei der ersten Substitution das Anhydrid durch den Katalysator aktiviert wird, bildet ein Carbeniumion das Elektrophil für die zweite Substitutionsreaktion. Wenden Sie Ihr Wissen über Reaktionsmechanismen an und vervollständigen Sie den untenstehenden Reaktionsweg.

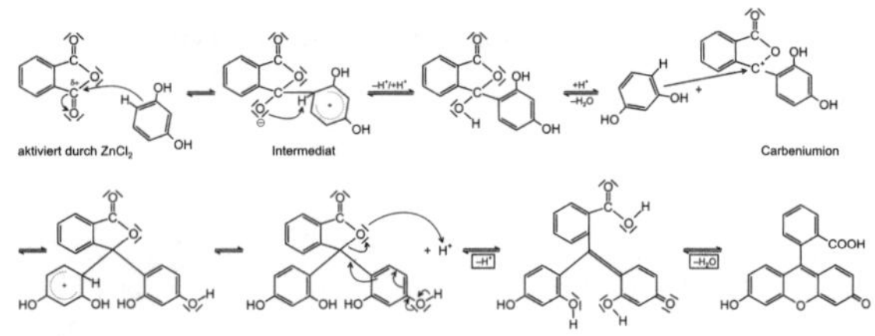

c) Gibt man Fluoreszein in Natronlauge, so entsteht dessen Natriumsalz Uranin, das für die grüne Fluoreszenz an Tageslicht und im UV-Bereich verantwortlich ist.
Entwickeln Sie in nebenstehendem Kasten die Strukturformel von Uranin.

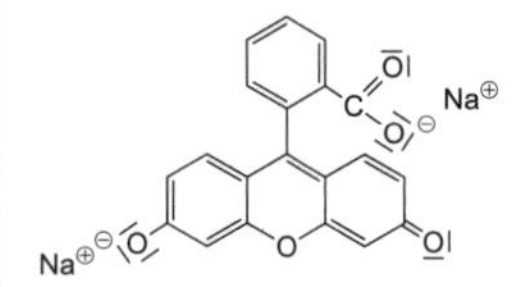

Sichere Geldscheine – Fluoreszenz im Alltag

Arbeitsblatt

Die Phänomene Fluoreszenz und Phosphoreszens beruhen beide auf dem gleichen Prinzip. Phosphoreszenz unterscheidet sich von der Fluoreszens durch ein längeres Nachleuchten, das teilweise über mehrere Stunden anhält und beispielsweise bei Notausgangsschildern ausgenutzt wird.

1. Ordnen Sie den untenstehenden Skizzen die Begriffe *Phosphoreszenz* und *Fluoreszenz* zu und erläutern Sie die Entstehung beider Phänomene.

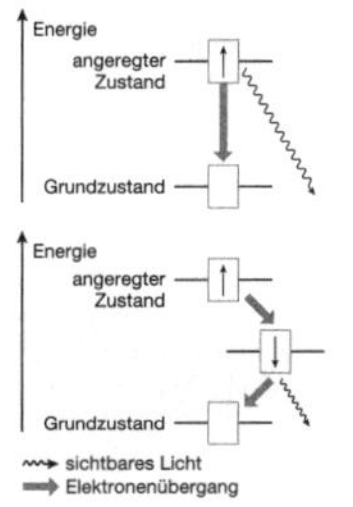

oben: Fluoreszenz, unten: Phosphoreszenz. In beiden Fällen werden Elektronen aus ihrem Grundzustand angeregt. Bei der Fluoreszenz fallen die Elektronen wieder direkt zurück, wodurch Energie in Form sichtbaren Lichts emittiert wird. Bei der Phosphoreszenz fallen zeitverzögert über andere Niveaus wieder in den Grundzustand, wobei Energie in Form sichtbaren Lichts frei wird.

2. An Supermarktkassen werden Banknoten oft unter UV-Licht auf Echtheit getestet. Halten Sie eine 50 oder 100 €-Note sowie eine Farbkopie unter eine UV-Lampe. Beschreiben Sie Ihre Beobachtungen.

Die sonst blaue Europaflagge und die Unterschrift des EZB-Präsidenten fluoreszieren grün.

3. Informieren Sie sich im Internet über die Anwendungsmöglichkeiten von fluoreszierenden und phosphoreszierenden Farben im Alltag. Geben Sie Beispiele an.

fluoreszierend: optische Aufheller, zum Suchen von Löchern in Dächern

phosphoreszierend: Uhren, Notausgangsschilder

4. Erklären Sie, warum Fluoreszein eine rote Farbe hat, jedoch grünlich fluoresziert.

Das Fluoreszein-Molekül absorbiert Licht im grünen Bereich, der Stoff erscheint rot. Durch die Anhebung und das Zurückfallen von Elektronen wird ein Teil des UV-Lichts absorbiert und Licht im grünen Bereich emittiert.

Chemie am Menschen

Basiswissen

Ergänzen Sie die fehlenden Angaben zum Basiswissen.

Einteilung von Kunststoffen

Thermoplast Eigenschaften: **plastisch verformbar** **schmelzbar**	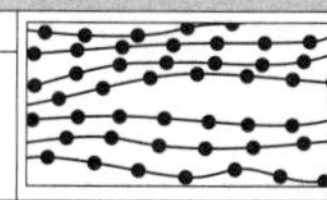
Duroplast Eigenschaften: **nicht verformbar** **zersetzt sich beim Erhitzen**	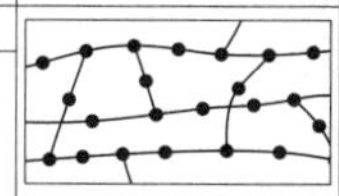
Elastomer Eigenschaften: **dehnbar** **elastisch verformbar**	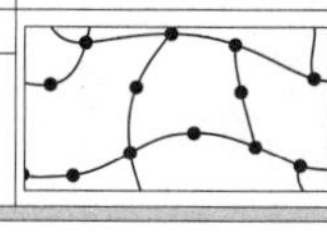

Polyreaktionen

Bei einer Polymerisation werden Monomere mit **C–C-Doppelbindungen** zu Makromolekülen verknüpft.

Beispiel: Bildung von Polyethen

Ethen → Polyethen

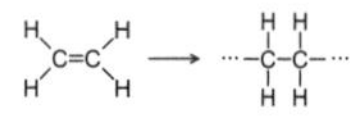

Die Polykondensation ist eine Verknüpfung von Monomeren mit **funktionellen** Gruppen, die unter Abspaltung von **kleinen Molekülen** verläuft.

Beispiel: Bildung eines Polyesters

Terephthalsäure + 1,2-Ethandiol → Polyethylenterephthalat + Wasser

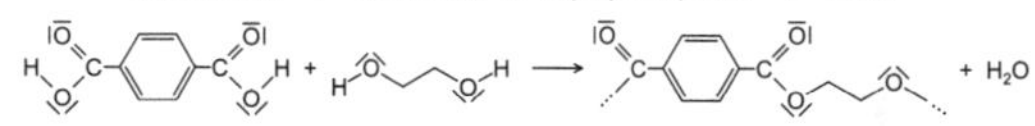

Chemie am Menschen

Basiswissen

Ergänzen Sie die fehlenden Angaben zum Basiswissen.

Struktur und Eigenschaft von Tensiden

Tenside sind **grenzflächenaktive** Stoffe, die einen **hydrophoben** Alkylrest und eine **hydrophile Hydroxy-** Gruppe besitzen. Tenside werden als Waschmittel verwendet, da sie **benetzend**, **emulgierend** und **dispergierend** wirken und gleichzeitig die **Oberflächenspannung** herabsetzen.

Tenside sind für den Waschvorgang geeignet, da sie in Wasser **Micellen** bilden, in denen die **Schmutzpartikel eingeschlossen** werden.

Wie Farbstoffe Farbstoffe werden

Organische Farbstoffe besitzen ein **delokalisiertes π-Elektronensystem**. Durch einstrahlendes **Licht** wird die Delokalisierung der Elektronen angeregt. Dabei wird ein Teil Licht mit bestimmten **Wellenlängen absorbiert**. Für das Auge ist somit die **Komplementärfarbe** zum absorbierten Licht sichtbar. Wird z. B. im **violetten** Bereich (etwa 400 nm) absorbiert, wirkt der Stoff **gelb**.

Inhaltsstoffe von Waschmitteln

Neben den waschaktiven Substanzen sind in Waschmitteln noch eine Reihe weiterer Bestandteile enthalten.

- **Enthärter**
- **Bleichmittel**
- **Vergrauungsinhibitoren**
- **Enzyme**
- **Farbübertragungsinhibitoren**
- **optische Aufheller**

Aufbau von Farbstoffmolekülen

Die Moleküle von Naturfarbstoffen und von synthetisch hergestellten Farbstoffen sind nach dem gleichen Bauprinzip zusammengesetzt:

1. Elektronendonator:
Auxochrom

2. Elektronenakzeptor:
Antiauxochrom

3. Delokalisiertes Elektronensystem:
Chromophor

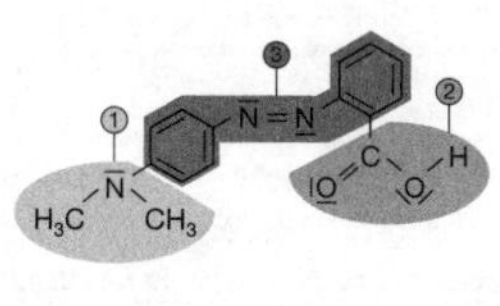

Schnelltest

Training

1. **D**; 2. **A, C, D**; 3. **B**; 4. **A**; 5. **C**; 6. **B**

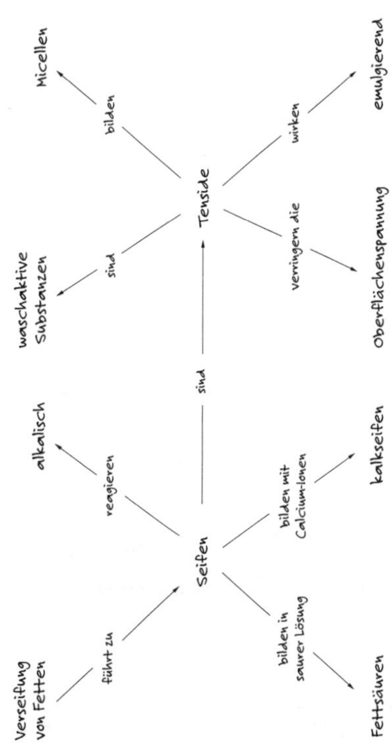

Schnelltest

Training

1. A; 2. C; 3. C; 4. D; 5. B; 6. C, D

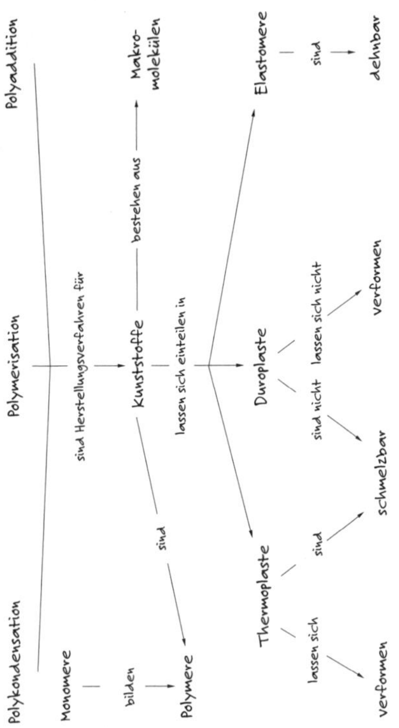

Training

Übungsklausur

Wasserenthärter schonen die Waschmaschine

A1 a) Obwohl die Calciumsalze und Magnesiumsalze synthetischer anionischer Tenside leichter löslich sind als Kalkseifen, wird der Waschvorgang durch die Härtebildner des Wassers behindert. Beim Erhitzen des Wassers fällt Caliumcarbonat aus und setzt sich als Kesselstein an den Heizstäben der Waschmaschine und auf der Wäsche als Grauschleier ab. Deshalb muss Wasser enthärtet werden. Allerdings muss der Verbraucher beim Wäsche waschen berücksichtigen, dass in Gegenden mit weichem Wasser weniger Härtebildner im Wasser enthalten sind, die zu einer Ausfällung des Calciumcarbonats führen. Darüber hinaus fällt bei niedrigeren Temperaturen weniger Calciumcarbonat aus der Waschlösung aus. Der Einsatz von Wasserenthärtern ist also nicht immer und in jedem Maße sinnvoll. Bei weichem Wasser und niedriger Waschtemperatur kann teilweise ganz darauf verzichtet werden.

b) In Gegenden mit hartem Wasser ist der Gebrauch an Seife und Waschmittel generell höher, da es hier aufgrund der erhöhten Konzentration an Calcium-Ionen zunächst zur Ausfällung von Kalkseifen kommt, ehe Seifen und Waschmittel ihre Reinigungswirkung entfalten können.

Gelbe Farbstoffe

A2 a)

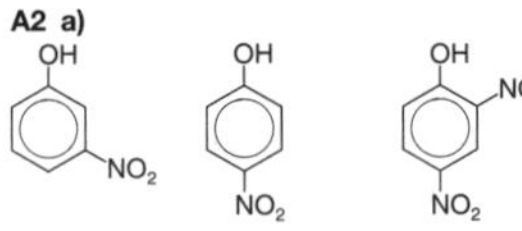

Die Farbtiefe nimmt der Anzahl an möglichen mesomeren Grenzformeln zu, die man für ein Molekül angeben kann. Für 3-Nitrohydroxybenzol lassen sich 5 Grenzformeln angeben, für 4-Nitrohydroxybenzol sind es 6 Grenzformeln und für 2,4-Dinitrohydroxybenzol 9.

b) Trifft Licht auf ein Farbstoffmolekül, wird dessen delokalisiertes Elektronensystem angeregt. Dabei wird Licht bestimmter Wellenlängen absorbiert. Das reflektierte Licht wird im Auge als Komplementärfarbe zum absorbierten Licht wahrgenommen. Der gelbe Farbeindruck kommt etwa durch Absorption von violettem Licht zu Stande. Einen grünen Farbeindruck hingegen kann man entweder erhalten, wenn Licht im roten Bereich absorbiert wird oder Licht mit Wellenlängen im gelben und violetten Bereich. So werden gelbe und blaue Farbeindrücke zu grün gemischt. Welche Wellenlängen absorbiert werden, lässt sich mithilfe der Absoptionsspektroskopie nachweisen, da dort das ganze Spektrum monochromatisch auf seine Absorption in der Probe getestet wird. Im Ersten Fall existiert entsprechend ein hoher Peak zwischen 750 und 800 nm, im zweiten Fall ergäben sich zwei Peaks – einer im Bereich um 400 nm, der andere zwischen 530 und 570 nm.

Synthese eines Biokunststoffs

A3 a) Cellulose kann vollständig zum Cellulosetriacetat verestert werden. Dabei liegt ein Additions-Eliminierungs-Mechanismus vor.

b) Das bei der Veresterung entstehende Wasser reagiert mit Essigsäureanhydrid zu Essigsäure und erhöht damit einerseits die Konzentration an Edukten, andererseits wird mit das Reaktionsprodukt Wasser entzogen. Das Gleichgewicht verschiebt sich zur Seite der Produkte.

Chemie im Menschen

Mundhöhle: **Amylase, Amylose, Maltose**

Leber und Gallenblase: **Glycogen, Glucose, Glycerin**

Dünndarm: **Trypsin, Amylase, Lipase**

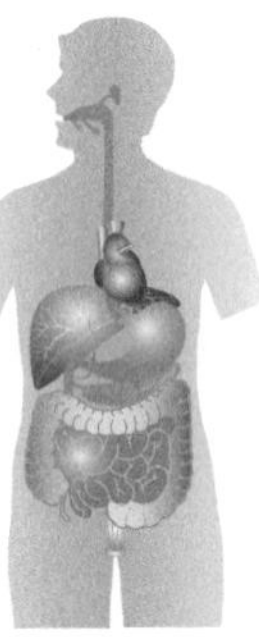

Muskelzelle: **Glucose**

Blut: **Hämoglobin, Insulin**

Magen: **Pepsin**

Pankreas: **Insulin, Glucagen, Amylase, Trypsin, Lipase**

Biomolekül	Kohlenhydrate	Proteine	Fette	Funktion und Eigenschaft
Aminosäure		×		Baustein der **Proteine**
Amylase		×		**Enzym zur Amylasespaltung**
Amylose	×			Polysaccharid, Bestandteil der Stärke
Fettsäure			×	**Baustein der Fette**
Glucose	×			**Monosaccharid**
Glucagon		×		**Hormon**
Glycogen	×			**verzweigtes Polysaccharid**
Glycerin			×	Baustein der Fette, dreiwertiger Alkohol
Hämoglobin		×		**roter Blutfarbstoff**
Insulin		×		**Hormon**
Lipase		×		**Enzym zur Fettspaltung**
Lecithin			×	**Phospholipid**
Maltose	×			Disaccharid, Spaltprodukt der Stärkeverdauung
Pepsin		×		**Enzym zur Eiweißverdauung**
Trypsin		×		Enzym zur **Eiweißverdauung**

1. Ergänzen Sie die fehlenden Angaben in der Tabelle.
2. Ordnen Sie die Biomoleküle den entsprechenden Stoffwechselvorgängen in Zellen, Organen oder Organsystemen zu (Mehrfachnennungen möglich).

Praktikum

Strukturaufklärung von Saccharose

Versuch 1: Strukturaufklärung von Saccharose

B1 B2

Materialien: Dreifuß mit Ceranplatte, großes Becherglas, Gasbrenner, Reagenzglasständer, vier Reagenzgläser, Pipette, Universalindikator-Papier, Filtrierpapier, Glasstab;
Saccharose, FEHLING-Lösung I, FEHLING-Lösung II (C), Salzsäure (verd.; Xi), Natronlauge (verd.; C), Glucosetest-Papier, Resorcin gelöst in konzentrierter Salzsäure (C).

Durchführung:
1. Füllen Sie Reagenzglas 1 zur Hälfte mit FEHLING-Lösung I und FEHLING-Lösung II und erhitzen Sie es im Wasserbad.
2. Tauchen Sie einen Streifen Filtrierpapier zur Hälfte in eine 5%ige Saccharose-Lösung. Nach dem Trocknen wird der Streifen für etwa 10 Sekunden in die heiße FEHLING-Lösung getaucht. Tauchen Sie den Streifen anschließend sofort in siedendes Wasser.
3. Geben Sie zu 10 ml Saccharose-Lösung 1 ml verdünnte Salzsäure und erwärmen Sie die Lösung für 5 Minuten im siedenden Wasserbad.
4. Kühlen Sie die Lösung unter fließendem Wasser ab und geben Sie solange vorsichtig Natronlauge zu bis die Lösung neutral ist.
5. Verteilen Sie die Lösungen gleichmäßig auf die Reagenzgläser 2 bis 4 und führen Sie folgende Nachweise durch: Zu der Lösung in Reagenzglas 2 werden jeweils einige Tropfen FEHLING-Lösung I und FEHLING-Lösung II gegeben. Tauchen Sie einen Streifen Glucosetest-Papier in die Lösung in Reagenzglas 3. Versetzen Sie die Lösung in Reagenzglas 4 mit einigen Tropfen salzsaurer Resorcin-Lösung.

	Reagenz	Beobachtung	Deutung
1	FEHLING-Lösung	**keine Farbänderung**	**Saccharose wirkt nicht reduzierend.**
2	FEHLING-Lösung	**ziegelroter Niederschlag**	**Es ist ein reduzierender Zucker vorhanden.**
3	Glucosetest-Papier	**verläuft positiv**	**Saccharose enthält Glucose-Bausteine.**
4	Resorcin	**Rotfärbung**	**Saccharose enthält Fructose-Bausteine.**

Auswertung:
a) Füllen Sie die Tabelle aus.
b) Ergänzen Sie das vorgegebene Formelbild zu einem Saccharose-Molekül.
c) Erläutern Sie anhand der Strukturformel Ihre Versuchsergebnisse.

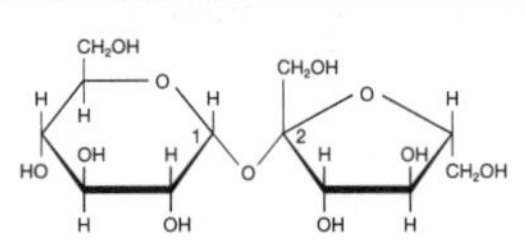

Saccharose ist ein Disaccharid, bei dem Glucose und Fructose 1,2 glycosidisch miteinander verbunden sind. Die FEHLING-Probe verläuft negativ, da bei Saccharose durch Blockade der beiden reaktiven C-Atome keine Öffnung zur Kettenform mit Aldehyd-Gruppe möglich ist.

Wie viel Zucker ist im Eistee?

Praktikum

Versuch 1: Bestimmung des Gesamtzuckergehalts im Eistee

Materialien: Waage, Pipetten (10 ml), Abdampfschale, Gasbrenner, Dreifuß, Ceranplatte, Eistee.

Durchführung:

1. Tragen Sie die Produktinformationen von der Eistee-Verpackung in untenstehendes Etikett ein.
2. Wiegen Sie die leere und trockene Abdampfschale; notieren Sie das Gewicht in unten stehender Tabelle (m_{leer}).
3. In die Abdampfschale werden 10 ml Eistee gefüllt und auf der Ceranplatte stark erhitzt.
4. Schließen Sie Luftzufuhr des Gasbrenners, wenn fast alle Flüssigkeit verdampft ist und beenden Sie das Erhitzen, sobald Verkohlung auftritt.
5. Die abgekühlte Schale wird erneut gewogen und der Wert in der Tabelle eingetragen (m_R).

Angaben auf dem Etikett:

z. B. 1 Glas (250 ml) Eistee enthalten 20 g Zucker.

Masse der leeren Schale m_{leer}:	Masse nach dem Erhitzen m_R:	Masse an Zucker m_{Zucker}:

Aufgaben:

a) Berechnen Sie den Zuckergehalt (m_{Zucker}).
b) Ermitteln Sie anhand der Werte der anderen Gruppen den durchschnittlichen Zuckergehalt in 100 ml Eistee.

Gruppe	1	2	3	4	5	6	7	8	9	10	Summe	Mittelwert
Zuckergehalt in %												

c) Ein Gramm Zucker hat einen Energiegehalt von 17 kJ. Berechnen Sie den Energieinhalt eines Glases (250 ml) Eistee.

250 ml Eistee enthalten etwa 20 g Zucker, das entspricht etwa 340 kJ.

d) Diskutieren Sie in Ihrer Gruppe die ernährungsphysiologische Bedeutung von Eistee. Berücksichtigen Sie dabei auch Aspekte wie beispielsweise Karies oder Gewicht.
e) Sie sollen experimentell ermitteln, *welche* Zucker im Eistee enthalten sind. Geben Sie begründend an, welche Nachweismethoden Sie einsetzen wollen. Erstellen Sie hierzu in Ihrem Hefter eine Tabelle.

Arbeitsblatt

Inulin – Naturstoff und Lebensmittelinhaltsstoff

1. Vergleichen Sie den Aufbau des Inulin-Moleküls mit dem der Amylose und der Cellulose tabellarisch in Ihrem Hefter (Monomere, Anzahl der Einheiten, Sekundärstruktur, Verknüpfungsstellen, Art/Bezeichnung der Bindung).

	Inulin	Amylose	Cellulose
Monomere	**Fructose, endständiger Glucoserest**	**Glucose**	**Glucose**
Anzahl der Einheiten	**bis zu 100 Fructoseeinheiten**	**100–1400 α-Glucose-Einheiten**	**etwa 5000 Glucose-Einheiten**
Sekundärstruktur	**unverzweigte Ketten, intramolekulare Wasserstoffbrückenbindungen**	**unverzweigte Ketten, α-Helix durch intramolekulare Wasserstoffbrückenbindungen**	**unverzweigte Ketten, intramolekulare Wasserstoffbrückenbindungen**
Bezeichnung der Bindung	**β-2,1-glycosidische Bindung**	**α-1,4-glycosidische Bindung**	**β-1,4-glycosidische Bindung**

2. Schlagen Sie einen Versuch zur Gewinnung von Inulin aus Pflanzenmaterial vor. Recherchieren Sie dazu im Internet über weitere chemische Eigenschaften des Inulins. Fassen Sie die Ergebnisse der Recherche in Ihrem Hefter zusammen.

Pflanzenmaterial mit Wasser erhitzen, filtrieren, zum Filtrat Ethanol hinzufügen.

3. Erklären Sie die Abhängigkeit des Inulingehalts von der Jahreszeit.

Während der Wintermonate (Ruhezeit) sowie beim Auskeimen und Austreiben wird der Reservestoff durch Enzyme abgebaut (mobilisiert).

4. Stellen Sie Hypothesen auf, warum der physiologische Brennwert von Inulin so gering ist (zum Vergleich: Stärke weist den vierfachen Brennwert auf). Nutzen Sie Ihren Hefter

Mögliche Hypothese: Inulin kann im Magen-Darm-Trakt nicht oder nur schlecht abgebaut werden.

5. Prüfen Sie die folgenden Aussagen auf ihre Richtigkeit und begründen Sie Ihre Entscheidung.

Hydrolysiertes Inulin wirkt reduzierend.	Inulin ist ein Ballaststoff	Inulin enthält Glucose	Inulin lässt sich zur Gewichtsreduktion einsetzen
❑ *richtig* ☒ *falsch*	☒ *richtig* ❑ *falsch*	☒ *richtig* ❑ *falsch*	☒ *richtig* ❑ *falsch*
Reaktive C-Atome sind blockiert. Es existiert keine offenkettige Form.	**Inulin kann im Magen-Darm-Trakt nicht verdaut werden.**	**Am Ende eines jeden Inulin-Moleküls befindet sich eine Glucose-Einheit.**	**Inulin hat einen niedrigen physiologischen Brennwert.**

Kohlenhydrate im Überblick

Arbeitsblatt

1. Ergänzen Sie die folgende Tabelle.

wissenschaftlicher Name	Trivialname	Summenformel	Monosaccharid-baustein(e)	Vorkommen
Glucose	Traubenzucker	**$C_6H_{12}O_6$**	–	**Früchte, Honig**
Fructose	**Fruchtzucker**	**$C_6H_{12}O_6$**	–	**Früchte, Honig**
Saccharose	**Haushaltszucker**	**$C_{12}H_{22}O_{11}$**	Glucose und Fructose	**Zuckerrübe**
Maltose	**Malzzucker**	**$C_{12}H_{22}O_{11}$**	**Glucose**	in keimender Gerste
Stärke	–	$(C_6H_{10}O_5)_n$	**Glucose**	Mais, Reis
Cellulose	–	**$(C_6H_{10}O_5)_n$**	**Glucose**	**Holz, Schilf**

2. Ordnen Sie die folgenden Begriffe in die Übersicht ein: Cellulose, Disaccharide, Fructose, Glucose, Kohlenhydrate, Maltose, Monosaccharide, Polysaccharide, Saccharose, Stärke.

Kohlenhydrate

Monosaccharide	**Disaccharide**	**Polysaccharide**
Beispiele: **Glucose**, **Fructose**	Beispiele: **Saccharose**, **Maltose**	Beispiele: **Cellulose**, **Stärke**

3. Der Abbau der Stärke kann durch folgende schematische Darstellung vereinfacht erklärt werden.

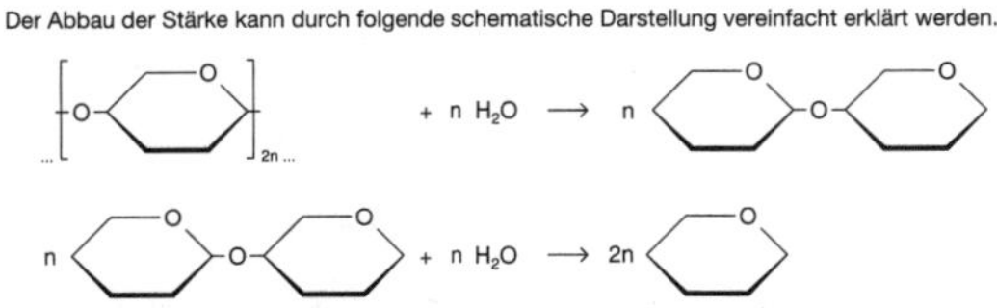

a) Stellen Sie die Wortgleichungen auf.

Stärke + Wasser ⟶ Maltose

Maltose + Wasser ⟶ Glucose

b) Nennen Sie die Reaktionsarten für den Abbau der Stärke zu Glucose sowie die Umkehrung der Reaktion.

Abbau der Stärke: Hydrolyse

Umkehrung: Kondensation (Polykondensation)

Arbeitsblatt

Fette als natürliche Ester

1. Ordnen Sie die folgenden Fettsäuren den gesättigten oder den ungesättigten Säuren zu: Linolensäure ($C_{17}H_{29}COOH$), Buttersäure (C_3H_7COOH), Palmitinsäure ($C_{15}H_{31}COOH$), Ölsäure ($C_{17}H_{33}COOH$), Stearinsäure ($C_{17}H_{35}COOH$), Linolsäure ($C_{17}H_{31}COOH$).

Vorkommen	gesättigte Fettsäuren
z. B.: in Butter, Kokosfett und Schmalz	**Palmitinsäure**
	Buttersäure
	Stearinsäure

Vorkommen	ungesättigte Fettsäuren
z. B.: in Leinöl, Margarine und Maiskeimlingen	**Linolsäure**
	Ölsäure
	Linolensäure

2. Wie lassen sich ungesättigte Fettsäuren einfach nachweisen?

durch Addition von Brom unter Aufspaltung der Mehrfachbindung

3. Zur Bildung eines Fettes werden drei Fettsäuren mit dem dreiwertigen Alkohol Glycerin verestert. Vervollständigen Sie die schematische Reaktionsgleichung der Fettsäureveresterung.

Glycerin + **Fettsäure** ⟶ **Fett** + **Wasser**

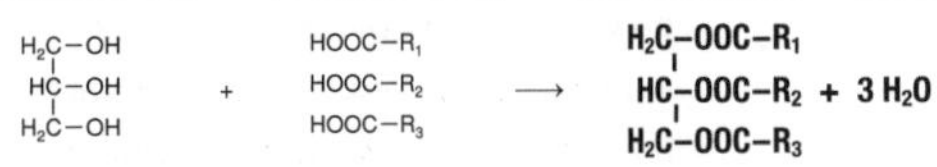

4. Geben Sie den Reaktionstyp der Fettsäureveresterung an.

Substitution, Kondensation

5. Erläutern Sie, warum Fette keine konkrete Schmelztemperatur, sondern einen Schmelzbereich besitzen.

Natürliche Fette sind Stoffgemische mit unterschiedlichen Anteilen gesättigter und ungesättigter Fettsäuren.

6. Nennen Sie weitere Eigenschaften der Fette.

– wasserunlöslich, löslich in organischen Lösungsmitteln,

– Fette werden durch Natronlauge in Glycerin und Natriumsalze der Fettsäuren gespalten.

7. Geben Sie an, wo Fette und fette Öle vorkommen.

Fette sind Bestandteile der lebenden Zellen. Bei Pflanzen kommen sie in Früchten und Samen und bei Tieren im Fettgewebe vor. Der Mensch nimmt gesättigte und ungesättigte Fettsäuren mit der pflanzlichen und tierischen Nahrung zu sich.

Verdauung der Fette beim Menschen

Arbeitsblatt

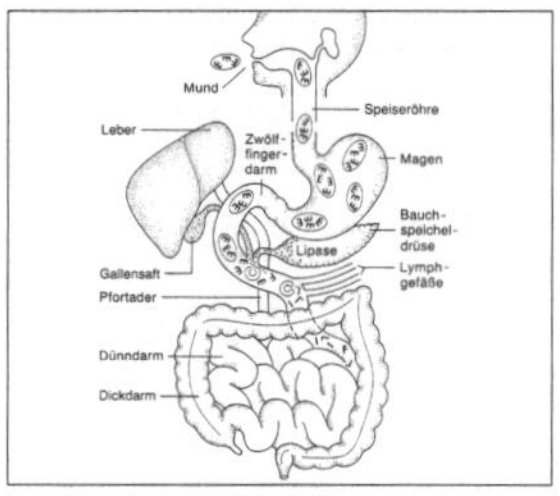

Fettverdauung beim Menschen

Ergänzen Sie den Lückentext mit folgenden Begriffen:
Magen, Lipasen, Glycerin und Fettsäuren, Pfortader, Triglyceriden, Zwölffingerdarm, Fett spaltenden, emulgieren, Leber.

Fette sind Ester aus **Glycerin und Fettsäuren**.

Durch die Verdauung werden die mit der Nahrung aufgenommenen Fette mit Hilfe von Enzymen in Glycerin und Fettsäuren gespalten.

Die Fettverdauung beginnt im **Magen**, wo die Magenlipase einen geringen Anteil der aufgenommenen Nahrungsfette aufspaltet.

Der Hauptanteil der Fette wird erst im **Zwölffingerdarm** abgebaut. Die in der Leber gebildeten Gallensäuren **emul-gieren** die großen Fetttröpfchen zu kleinen Fetttröpfchen, sodass die **Fett spaltenden** Enzyme der Bauchspeicheldrüse, die **Lipasen**, diese besser angreifen und spalten können.

Größere Fettbruchstücke werden nach der Aufnahme durch die Darmwand sofort wieder zu **Triglyceriden** zusammengesetzt und über die Lymphgefäße abtransportiert. Kleinere Bruchstücke werden auf dem direkten Weg über die **Pfortader** in die **Leber** transportiert.

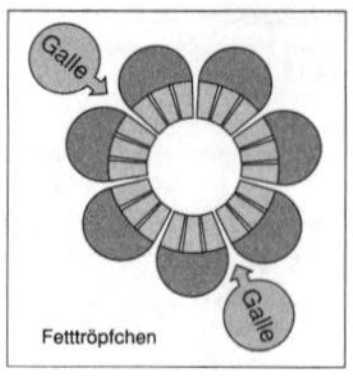

Fetttröpfchen

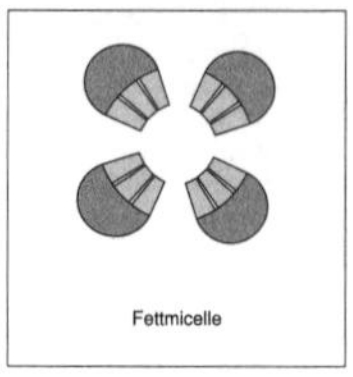

Fettmicelle

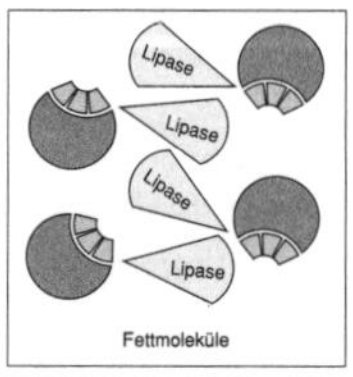

Fettmoleküle

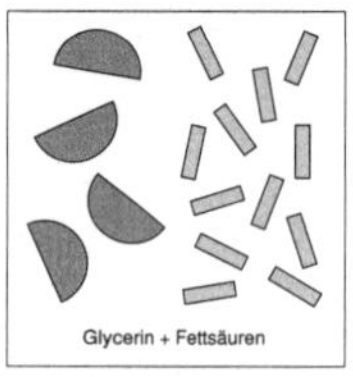

Glycerin + Fettsäuren

Emulgierung und Abbau von Fettmolekülen

Aminosäuren – Peptidbindung

Arbeitsblatt

1. Glycin (Gly) ist Aminoethansäure. Alanin (Ala) ist 2-Aminopropansäure.
Stellen Sie die Strukturformel beider Aminosäuren auf und entwickeln Sie daraus die Reaktionsgleichung für die Bildung eines Dipeptides aus diesen Aminosäuren.

$$\underset{(Gly)}{H_2N\text{-}CH_2\text{-}COOH} + \underset{(Ala)}{H_2N\text{-}CH(CH_3)\text{-}COOH} \longrightarrow H_2N\text{-}CH(CH_3)\text{-}CO\text{-}NH\text{-}CH_2\text{-}COOH + H_2O$$

2. Beschreiben Sie, wie sich die Peptidbindung bildet. Wie erfolgt die Abspaltung des Wassers? Welche Reaktionsart liegt beim Entstehen einer Peptidbindung vor?

Eine Peptidbindung entsteht durch Reaktion der Carboxy-Gruppe eines Aminosäure-Moleküls mit einer Amino-Gruppe einer zweiten Aminosäure. Aus dem OH-Rest der Carboxy-Gruppe und einem H-Atom der Amino-Gruppe wird Wasser gebildet.

3. Vergleichen Sie die drei Aminosäuren hinsichtlich der auftretenden funktionellen Gruppen und der Reaktion in wässriger Lösung.

Strukturformel	$HO\text{-}CH_2\text{-}CH(NH_2)\text{-}COOH$	$CH_2(NH_2)\text{-}(CH_2)_3\text{-}CH(NH_2)\text{-}COOH$	$CH_2(COOH)\text{-}CH_2\text{-}CH(NH_2)\text{-}COOH$
Trivialname	Serin	Lysin	Glutaminsäure
wissenschaftlicher Name	**2-Amino-3-Hydroxy-propansäure**	**2,6-Diamino-hexansäure**	**2-Aminohexan-1,6-disäure**
funktionelle Gruppen	**–OH –NH_2 –COOH**	**2× –NH_2 –COOH**	**–NH_2 2× –COOH**
Färbung von Universal-indikator-Papier	**grün**	**blau**	**orange**
Reaktion in Wasser	**neutral**	**basisch**	**sauer**

4. Aus welchen Aminosäuren ist das Tripeptid aufgebaut? Kennzeichnen Sie die Peptidbindungen farbig.

$$H_2N\text{-}CH(CH_3)\text{-}CO\text{-}NH\text{-}CH_2\text{-}CO\text{-}NH\text{-}CH(CH_2\text{-}OH)\text{-}COOH$$

2-Aminopropansäure (Alanin), Aminoethansäure (Glycin), 2-Amino-3-Hydroxypropansäure (Serin)

Proteine – eine haarige Sache

Arbeitsblatt

Der Grundbaustein des Proteins im Haar ist eine Proteinkette, die zu einer rechts gängigen Schraube aufgedreht ist. Sie wird als α-Helix bezeichnet. Aus dieser Helix werden zunehmend komplexere Strukturen bis hin zum vollständigen Haar aufgebaut.

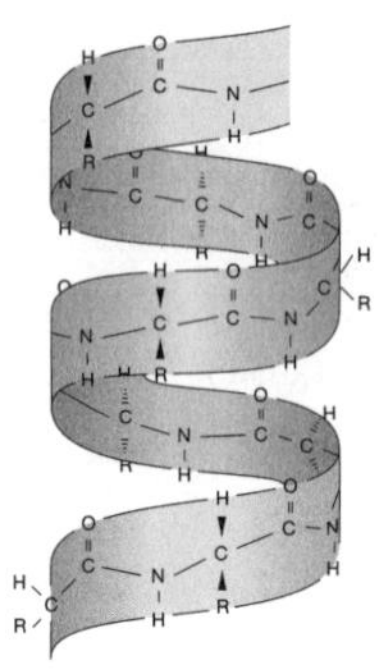

1. Die räumliche Struktur der α-Helix wird durch Wasserstoffbrückenbindungen stabilisiert. Zeichnen Sie Wasserstoffbrückenbindungen in die Abbildung ein und erklären Sie ihre Entstehung.

Die α-Helix wird durch Wasserstoffbrückenbindungen zwischen den Peptidbindungen stabilisiert. Dabei tritt das Sauerstoff-Atom der CO-Gruppe mit einem Wasserstoff-Atom der NH_2-Gruppe in Wechselwirkung.

2. Erklären Sie die relative Dehnbarkeit und Elastizität von Haaren.

Bei starker Dehnung werden die Wasserstoffbrückenbindungen zwischen den Bindungen der Helix gebrochen und eine gestreckte Struktur entsteht. Über Disulfidbrücken bleiben die Polypeptidketten aber weiterhin miteinander verknüpft. Entfällt die Zugbelastung, so nimmt die α-Helix und somit das Haar wieder die ursprüngliche Form an.

3. Erläutern Sie den grundsätzlichen Unterschied zwischen Disulfidbrücken und Wasserstoffbrückenbindungen.

Disulfidbrücken: Elektronenpaarbindungen zwischen Schwefel-Atomen; Wasserstoffbrückenbindung: elektrostatische Kräfte wirken zwischen Sauerstoff- und Wasserstoff-Atomen.

4. Vergleichen Sie die Begriffe: Polypeptid und Protein.

Werden viele Aminosäure-Moleküle über Peptidbindungen untereinander verbunden, so spricht man von Polypeptiden. Bei über 100 Aminosäure-Bausteinen spricht man von einem Protein.

Enzymwirkung beim Abbau von Stärke

Praktikum

Enzympräparate werden u. a. bei Funktionsstörungen der Bauchspeicheldrüse eingesetzt. Sie ersetzen in diesem Fall die von der Bauchspeicheldrüse nicht oder nicht mehr ausreichend produzierten Enzyme und bauen Stärke zu Mono- und Disacchariden ab.

Versuch zum Abbau von Stärke durch ein Enzympräparat

Materialien: Gasbrenner, Dreifuß, Drahtnetz, Becherglas (250 ml) als Wasserbad, Reagenzgläser, Reagenzglashalter, Thermometer, Spatel; Stärke, Iod-Lösung (LUGOLsche Lösung) (Xn), FEHLING-Lösung I, FEHLING-Lösung II (C), Enzympräparat.

Durchführung:

1. Geben Sie zwei Spatel Stärke in 10 ml kaltes Wasser, schütteln Sie und verteilen Sie die Aufschlämmung gleichmäßig auf drei Reagenzgläser.
2. Prüfen Sie die Stärke-Aufschlämmung im Glas 1 mit zwei Tropfen Iod-Lösung (LUGOLsche Lösung) und im Glas 2 mit je zehn Tropfen FEHLING-Lösung I und II. Erwärmen Sie den zweiten Ansatz und notieren Sie Ihre Beobachtung.
3. Geben Sie zur Stärke-Aufschlämmung im Glas 3 eine Spatelspitze des Enzympräparates und stellen Sie dieses Reagenzglas zehn Minuten in das Wasserbad. Das Wasser sollte anfangs eine Temperatur von etwa 40 °C haben.
4. Geben Sie die Hälfte der Lösung aus dem Reagenzglas 3 in ein viertes Reagenzglas. Kühlen Sie die Lösung im Glas 3 auf Zimmertemperatur ab und geben Sie zwei Tropfen Iod-Lösung (LUGOLsche Lösung) dazu. Die Lösung im Glas 4 prüfen Sie mit je zehn Tropfen FEHLING-Lösung I und II.

Auswertung:

a) Tragen Sie Ihre Beobachtungsergebnisse und Schlussfolgerungen in die Tabelle ein.

RG	Prüfung mit …	Beobachtung	Schlussfolgerung
1	Iod-Lösung	**Blau-/Schwarzfärbung**	**Stärke nachgewiesen**
2	FEHLING-Lösung	**keine Farbänderung**	**keine CHO-Gruppe vorhanden**
3	Iod-Lösung	**keine Farbänderung**	**keine Stärke**
4	FEHLING-Lösung	**orangeroter Niederschlag**	**CHO-Gruppe nachgewiesen**

b) Erklären Sie, weshalb die Lösung im Glas 3 vor der Prüfung mit Iod-Lösung auf Zimmertemperatur abgekühlt werden muss.

Bei erhöhter Temperatur verschiebt sich das Iod/Stärke-Gleichgewicht auf die Seite von Iod und Stärke.

c) Stellen Sie eine Reaktionsgleichung für den Abbau von Stärke zu Glucose auf.

$$(C_6H_{10}O_5)_n + n\,H_2O \longrightarrow n\,(C_6H_{12}O_6)$$

Insulin – ein Hormon nicht nur zur Blutzuckerregulation

Arbeitsblatt

1. Beschreiben Sie den Aufbau des menschlichen Insulin-Moleküls. Ergänzen Sie die fehlenden Aminosäuren an den Disulfidbrücken.

Das Insulin-Molekül besteht aus 2 Polypeptidketten; A-Kette aus 21 Aminosäureresten, B-Kette aus 30 Aminosäureresten. Ketten sind durch 2 Disulfidbrücken miteinander verbunden. Innerhalb der A-Kette gibt es eine weitere Disulfidbrücke. (An den Disulfidbrücken liegt die Aminosäure Cystein (cys) vor.)

2. Vergleichen Sie die Primärstruktur des Humaninsulins mit der des Rinderinsulins; markieren Sie jeden Unterschied in der Aminosäuresequenz durch Umkreisen mit einem farbigen Stift.

Rinderinsulin besitzt in der A-Kette an Position 8 die Aminosäure Alanin statt Threonin, an Position 10 Valin statt Isoleucin und in der B-Kette an Position 30 Alanin anstelle von Threonin.

3. Beschreiben Sie den Wirkungsort und die Wirkung des Insulin-Moleküls anhand der unteren Abbildung.

Das Insulin-Molekül dockt an ein Insulinrezeptor-Molekül auf der Zellmembran an. Dadurch wird über ein Transmembransignal ein zelluläres Signalprotein aktiviert.

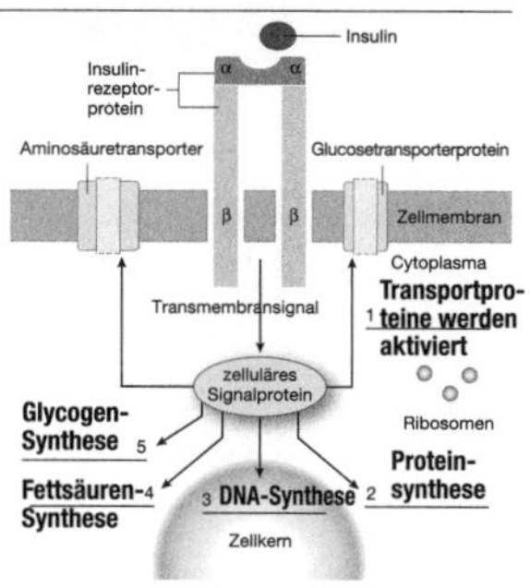

4. Ergänzen Sie die fehlenden Begriffe 1–5.

5. Stellen Sie eine begründete Vermutung darüber an, warum Rinderinsulin nicht zur Therapie von Diabetes mellitus geeignet ist.

Durch die unterschiedliche Aminosäuresequenz ergibt sich für das Rinderinsulin eine andere räumliche Struktur als für das Humaninsulin. Das Rinderinsulin kann sich nicht an das Rezeptorprotein anlagern.

Isolierung der eigenen DNA

Praktikum

Versuch

Hinweis: Der Versuch kann in der Schule oder als experimentelle Hausaufgabe durchgeführt werden.

Materialien: (Einweg-)Trinkbecher (0,2 l), Reagenzglas, Reagenzglasständer, Glasstab (alternativ: Holzstab);
Handspülmittel (möglichst farblos), 5%iges Salzwasser (5 g Natriumchlorid mit 100 ml Wasser auffüllen), Ethanol (eisgekühlt; F).

Durchführung:

1. Geben Sie etwa 2 ml Handspülmittel in ein Reagenzglas.
2. Nehmen Sie einen Schluck Salzwasser und bewegen Sie ihn etwa eine Minute im Mund; reiben Sie dabei mit der Zunge an Wange und Gaumen.
3. Geben Sie das mit Speichel und Zellen gemischte Salzwasser in das Reagenzglas und mischen Sie es mit dem Spülmittel.
4. Schichten Sie nun vorsichtig Ethanol darüber in das Reagenzglas; lassen Sie es anschließend etwa drei Minuten stehen.
5. Die DNA-Fäden werden anschließend mit einem Glasstab aufgewickelt.

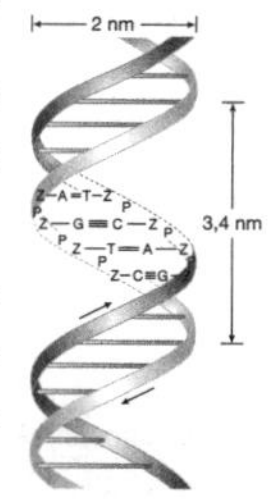

Aufgaben:

a) Notieren Sie Ihre Beobachtungen.

An der Grenzschicht entstehen weiße Fäden, die sich gut auf den Glasstab wickeln lassen.

b) Informieren Sie sich über die Funktion von Spülmittel, Natriumchlorid-Lösung und Ethanol bei der DNA-Extraktion.

Spülmittel: **löst Zell- und Kernmembran, inaktiviert Proteine**

Natriumchlorid-Lösung: **reduziert die Löslichkeit des Natriumsalzes der DNA**

Ethanol: **fungiert als Fällungsmittel**

c) Konstruieren Sie ein DNA-Modell aus selbst ausgewählten Materialien (zum Beispiel Holzperlen, Styropor®, Papier, Alufolie, Zahnstocher). Notieren Sie zunächst Ihre Ideen:

individuelle Lösung

d) Stellen Sie Ihr selbst erstelltes Modell im Kurs vor und diskutieren Sie Vorzüge und Grenzen.

Giftwirkung am Beispiel von Curare

Arbeitsblatt

1. Beschreiben Sie die Folgen eines im Endknöpfchen einlaufenden Signals in Stichpunkten und markieren Sie den Wirkungsort des Acetylcholin in der Zeichnung farbig.

1. **Aktionspotential bewirkt Öffnung der Ca^{2+}-Poren, Ca^{2+}-Ionen strömen ein.**
2. **Verschmelzung der synapt. Bläschen mit der Membran; Ausschüttung und Diffusion der Acetylcholin-Moleküle.**
3. **Bindung an den Rezeptoren der post-syn. Membran, bewirkt Öffnung der Na^+-Ionen-Kanäle.**
4. **Spaltung des Acetylcholin mit Hilfe des Enzyms Cholinesterase in ein Acetat-Ion und Cholin.**
5. **Aufnahme der Spaltprodukte, Synthese von Acetylcholin und Speicherung in den synaptischen Bläschen.**

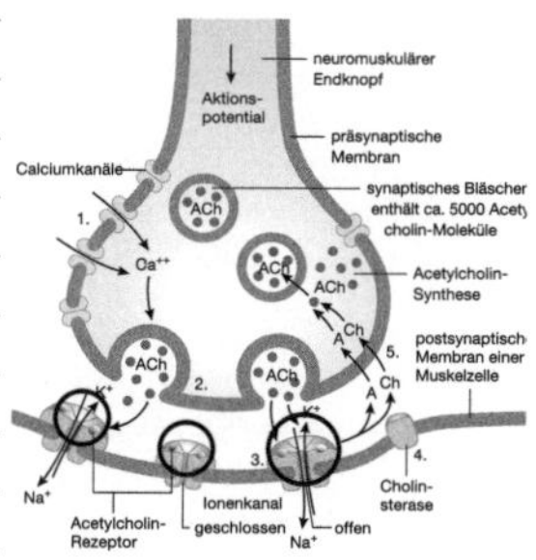

2. Markieren Sie die quartären Stickstoff-Atome in den Molekülen.

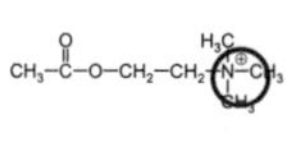

Acetylcholin

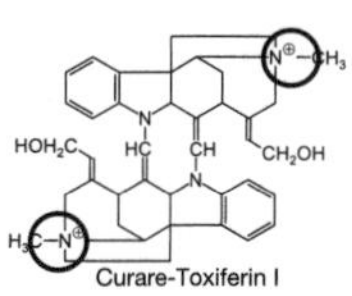

Curare-Toxiferin I

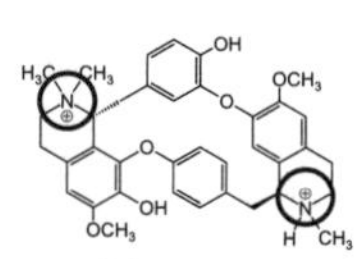

Tubocurarin

Giftwirkung am Beispiel von Curare

Arbeitsblatt

3. **Das Acetylcholin-Molekül lagert sich nach dem Schlüssel-Schloss-Prinzip mit den quartären Stickstoff-Atom an die Acetylcholinrezeptoren.**

4. **Tubocurarin-Moleküle besetzen die Acetylcholin-Rezeptoren an der post-synaptischen Membran und verdrängen so Acetylcholin. Es erfolgt keine Öffnung der Kanäle mehr; die Erregungsleitung wird unterbunden. Eine Erschlaffung (Lähmung) der Muskulatur ist die Folge. Tubocurarin kann durch Acetylcholin-esterase wieder abgebaut werden.**

5. **Durch die Wirkung von Tubocurarin ist die Atemmuskulatur gelähmt.**

5. **Kobratoxin geht mit den Rezeptoren feste chemische Bindungen ein. Die Substanz kann nicht mehr enzymatisch abgebaut werden.**

Basiswissen

Chemie im Menschen

Ergänzen Sie die fehlenden Angaben zum Basiswissen.

Kohlenhydrate

Grundbausteine: **Einfachzucker**

Summenformel (Glucose): **$C_6H_{12}O_6$**

Strukturformel (Glucose):

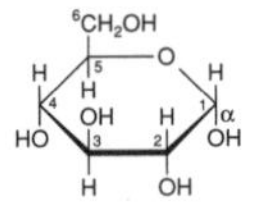

Einteilung der Kohlenhydrate:
Monosaccharide
Disaccharide
Polysaccharide

Nachweis von Glucose:
FEHLINGsche Probe

Nachweis von Stärke:
Iod-Kaliumiodid-Lösung

Eiweiße (Proteine)

Grundbausteine: **Aminosäuren**

allgemeiner Aufbau einer Aminosäure: $H_2N-CH(R)-COOH$

Einteilung der Peptide:
Dipeptide
Oligopeptide
Polypeptide

Nachweis: **Biuretreaktion oder Xanthoproteinreaktion**

Fette

Grundbausteine: **Glycerin, Fettsäuren**

Einteilung der Fettsäuren:
gesättigt
ungesättigt

Nachweis: **Fettfleckprobe**

Kondensation und Hydrolyse

Kohlenhydrate	Glucose	+	Fructose	⇌	**Saccharose**	**+**	**Wasser**
	$C_5H_{12}O_6$	+	$C_6H_{12}O_6$	⇌	**$C_{12}H_{22}O_{11}$**	**+**	**H_2O**
Eiweiße	Aminosäure	+	Aminosäure	⇌	**Dipeptid**	**+**	**Wasser**
	$2\ H_2N-CH(R)-COOH$			⇌	**$C_2N-CH(R)-CO-NH-CH(R)-COOH$**	**+**	**H_2O**
Fette	Glycerin	+	Fettsäure	⇌	**Fett**	**+**	**Wasser**
	H_2C-OH / $HC-OH$ / H_2C-OH	+	$3\ R-COOH$	⇌	**$H_2C-O-CO-R$ / $HC-O-CO-R$ / $H_2C-O-CO-R$**	**+**	**$3\ H_2O$**

Schnelltest

Training

1. **A, B, D**; 2. **A, D**; 3. **B, C, D**; 4. **B, C, D**; 5. **D**; 6. **B, D**; 7. **A, C**; 8. **B, C, D**.

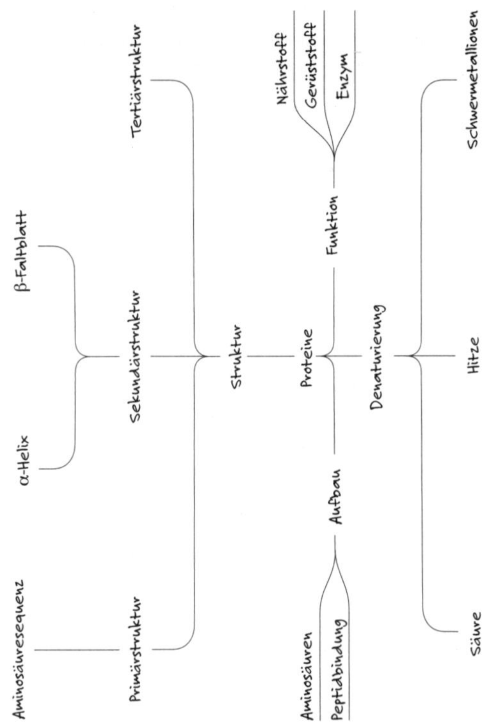

Training

Übungsklausur

Zuckeraustauschstoffe

A1 a)

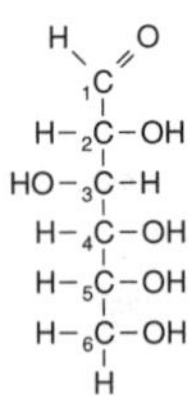

Am C-Atom 1 befindet sich eine Aldehyd-Gruppe. Die C-Atome 2 bis 6 tragen jeweils eine Hydroxy-Gruppe.

b) Die Moleküle beider Zucker bestehen aus einer α-D-Glucose-Einheit und einer β-D-Fructose-Einheit. Bei Saccharose liegt eine 1,2-Verknüpfung vor, bei Isomaltulose eine 1,6-Verknüpfung.

c) Die FEHLING-Probe verläuft bei Saccharose negativ, da die reaktiven C-Atome blockiert sind. Isomaltulose zeigt dagegen eine positive FEHLING-Probe, da das C-Atom 2 in der Fructose-Einheit oxidiert werden kann.

d) Durch Hydrierung entsteht im Molekül ein neues asymmetrisches Zentrum und dementsprechend erhält man zwei Spiegelbildisomere.

e) Wegen der anderen Raumstruktur aufgrund bedingt durch die 1,6-Verknüpfung ist Isomaltulose stabiler als Saccharose. Die Hydrolyse erfolgt nur langsam. Geeignete Enzyme sind in Mund und Dünnndarm nicht vorhanden. Isomaltulose eignet sich als Zuckeraustauschstoff, da der Blutzuckerspiegel nur langsam ansteigt. Ferner eignet es sich für eine kalorienreduzierte Ernährung und verursacht seltener Karies.

Analyse von Fetten

A2 a) Bei der Bestimmung der Verseifungszahl wird ausgenutzt, dass Fette Ester sind, die sich im alkalischen Medium spalten lassen. Je kürzer die Fettsäure-Moleküle sind, desto mehr Kaliumhydroxid wird für die Verseifung eines Fettes benötigt. Ungesättigte Fettsäuren besitzen eine oder mehrere C–C-Doppelbindungen, an die Iod-Moleküle addiert werden können:

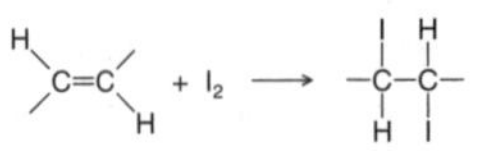

Je mehr Iod addiert werden kann, desto größer die Anzahl der Doppelbindungen in den Verbindungen.

b) Kokosfett besitzt von den drei angegebenen Fetten die Moleküle mit den kürzesten Fettsäureresten (überwiegend Palmitinsäure $C_{15}H_{31}COOH$). Die niedrige Iodzahl zeigt an, dass es sich überwiegend um gesättigte Fettsäuren handelt. Rindertalg hat deutlich längere Fettsäure-Reste und einen höheren Anteil an ungesättigten Fettsäuren. Bei Erdnussöl ist der Anteil an ungesättigten Fettsäure-Resten am größten. Die Länge der Fettsäure-Reste entspricht in etwa der Länge der Fettsäure-Rest in Rindertalg.

c) Mineralöle sind Gemische von Kohlenwasserstoffen, Pflanzenöle dagegen Ester des dreiwertigen Alkohols Glycerin mit Fettsäuren.

d) Pflanzenöle lassen sich im alkalischen Medium verseifen, Mineralöle sind dagegen unreaktiv.
Eine weitere Möglichkeit bietet die Acrolein-Probe zum Nachweis von Glycerin: Beim Erhitzen von Fett entsteht Acrolein (Propenal), das beim Einleiten in einer Bromwasser zur Entfärbung führt.